模糊数学与系统及其应用丛书　7

一　致　模

王住登　苏　勇　史雪荣　著

科学出版社

北　京

内 容 简 介

本书系统地梳理并总结国内外同行专家近年来在偏序集或格上的模糊联结词和聚合算子方面的研究成果. 全书共 5 章, 主要包括: 预备知识; 偏序集或格上的三角模和三角余模以及它们诱导的模糊蕴涵和模糊余蕴涵的基本性质; 单位闭区间上的一致模的分类及几类特殊一致模的特征; 有界格上一致模的构造与表示, 一致模诱导的模糊蕴涵和模糊余蕴涵的特征及关系; 完备格上左(右)半一致模、模糊蕴涵和模糊余蕴涵的构造及关系.

本书可作为模糊逻辑、模糊推理和智能计算等方向的科研人员的参考资料, 也可作为数学、计算机、信息与计算等相关专业的研究生教材或者教学参考书, 还可供中学数学教师和教研员阅读参考.

图书在版编目(CIP)数据

一致模/王住登, 苏勇, 史雪荣著. —北京: 科学出版社, 2023.1
(模糊数学与系统及其应用丛书; 7)
ISBN 978-7-03-074676-4

I. ①一… II. ①王…②苏…③史… III. ①模(数学) IV. ①O153.3

中国版本图书馆 CIP 数据核字(2023)第 016762 号

责任编辑: 胡庆家　贾晓瑞 / 责任校对: 彭珍珍
责任印制: 吴兆东 / 封面设计: 无极书装

科学出版社 出版
北京东黄城根北街 16 号
邮政编码: 100717
http://www.sciencep.com
北京中科印刷有限公司印刷
科学出版社发行　各地新华书店经销
*
2023 年 1 月第 一 版　开本: 720×1000　B5
2024 年 1 月第二次印刷　印张: 16
字数: 320 000
定价: 128.00 元
(如有印装质量问题, 我社负责调换)

《模糊数学与系统及其应用丛书》序

自然科学和工程技术, 表现的是人类对客观世界有意识的认识和作用, 甚至表现了这些认识和作用之间的相互影响, 例如, 微观层面上量子力学的观测问题.

当然, 人类对客观世界最主要的认识和作用, 仍然在人类最直接感受、感知的介观层面发生, 虽然往往需要以微观层面的认识和作用为基础, 以宏观层面的认识和作用为延拓.

而人类在介观层面认识和作用的行为和效果, 可以说基本上都是力图在意识、存在及其相互作用关系中, 对减少不确定性, 增加确定性的一个不可达极限的逼近过程; 即使那些目的在于利用不确定性的认识和作用行为, 也仍然以对不确定性的具有更多确定性的认识和作用为基础.

正如确定性以形式逻辑的同一律、因果律、排中律、矛盾律、充足理由律为形同公理的准则而界定和产生一样, 不确定性本质上也是对偶地以这五条准则的分别缺损而界定和产生. 特别地, 最为人们所经常面对的, 是因果律缺损所导致的随机性和排中律缺损所导致的模糊性.

与随机性被导入规范的定性、定量数学研究对象范围已有数百年的情况不同, 人们对模糊性进行规范性认识的主观需求和研究体现, 仅仅开始于半个世纪前 1965 年 Zadeh 具有划时代意义的 *Fuzzy sets* 一文.

模糊性与随机性都具有难以准确把握或界定的共同特性, 而从 Zadeh 开始延续下来的 "以赋值方式量化模糊性强弱程度" 的模糊性表现方式, 又与已经发展数百年而高度成熟的 "以赋值方式量化可能性强弱程度" 的随机性表现方式, 在基本形式上平行——毕竟, 模糊性所针对的 "性质", 与随机性所针对的 "行为", 在基本的逻辑形式上是对偶的. 这也就使得 "模糊性与随机性并无本质差别" "模糊性不过是随机性的另一表现" 等疑虑甚至争议, 在较长时间和较大范围内持续.

然而时至今日, 应该说不仅如上由确定性的本质所导出的不确定性定义已经表明模糊性与随机性在本质上的不同, 而且人们也已逐渐意识到, 表现事物本身性质的强弱程度而不关乎其发生与否的模糊性, 与表现事物性质发生的可能性而不关乎其强弱程度的随机性, 在现实中的影响和作用也是不同的.

例如, 当情势所迫而必须在 "于人体有害的可能为万分之一" 和 "于人体有害的程度为万分之一" 这两种不同性质的 150 克饮料中进行选择时, 结论就是不言而喻的, 毕竟前者对 "万一有害, 害处多大" 没有丝毫保证, 而后者所表明的 "虽然有害, 但极微小" 还是更能让人放心得多. 而这里, 前一种情况就是 "有害" 的随机性表现, 后一种情况就是 "有害" 的模糊性表现.

模糊性能在比自身领域更为广泛的科技领域内得到今天这一步的认识, 的确不是一件容易的事, 到今天, 模糊理论和应用的研究所涉及和影响的范围也已几乎无远弗届. 这里有一个非常基本的原因: 模糊性与随机性一样, 是几种基本不确定性中, 最能被人类思维直接感受, 也是最能对人类思维产生直接影响的.

对于研究而言, 易感知、影响广本来是一个便利之处, 特别是在当前以本质上更加逼近甚至超越人类思维的方式而重新崛起的人工智能的发展已经必定势不可挡的形势下. 然而也正因为如此, 我们也都能注意到, 相较于广度上的发展, 模糊性研究在理论、应用的深度和广度上的发展, 还有很大的空间; 或者更直接地说, 还有很大的发展需求.

例如, 在理论方面, 思维中模糊性与直感、直观、直觉是什么样的关系? 与深度学习已首次形式化实现的抽象过程有什么样的关系? 模糊性的本质是在于作为思维基本元素的单体概念, 还是在于作为思维基本关联的相对关系, 还是在于作为两者统一体的思维基本结构, 这种本质特性和作用机制以什么样的数学形式予以刻画和如何刻画才能更为本质深刻和关联广泛?

又例如, 在应用方面, 人类是如何思考和解决在性质强弱程度方面难以确定的实际问题的? 是否都是以条件、过程的更强定量来寻求结果的更强定量? 是否可能如同深度学习对抽象过程的算法形式化一样, 建立模糊定性的算法形式化? 在比现在已经达到过的状态、已经处理过的问题更复杂、更精细的实际问题中, 如何更有效地区分和结合 "性质强弱" 与 "发生可能" 这两类本质不同的情况? 从而更有效、更有力地在实际问题中发挥模糊性研究本来应有的强大效能?

这些都是模糊领域当前还需要进一步解决的重要问题; 而这也就是作为国际模糊界主要力量之一的中国模糊界研究人员所应该、所需要倾注更多精力和投入的问题.

针对相关领域高等院校师生和科技工作者, 推出这套《模糊数学与系统及其应用丛书》, 以介绍国内外模糊数学与模糊系统领域的前沿热点方向和最新研究成果, 从上述角度来看, 是具有重大的价值和意义的, 相信能在推动我国模糊数学与模糊系统乃至科学技术的跨越发展上, 产生显著的作用.

为此, 应邀为该丛书作序, 借此将自己的一些粗略的看法和想法提出, 供中国模糊界同仁参考.

罗懋康

国际模糊系统协会 (IFSA) 副主席 (前任)

国际模糊系统协会中国分会代表

中国系统工程学会模糊数学与模糊系统专业委员会主任委员

2018 年 1 月 15 日

前　言

　　信息聚合就是将不同来源的信息聚合成一个具有代表性 "数值" 的过程, 而描述信息聚合过程的函数又称为聚合算子或聚合函数. 目前它是智能领域中的研究热点之一, 并被广泛应用于数学与应用数学、概率与统计学、运筹学、模式识别和图像分析、数据融合、自动推理、多目标决策和社会科学等领域.

　　信息聚合模型的选择与实际应用密切相关, 所以存在不同类型信息聚合的具体模型. 最古老的例子就是算术平均数, 它是物理学和实验科学中很常用的模型. 在模糊集合理论中使用的信息聚合模型三角模和三角余模可看成经典逻辑中逻辑联结词 "与" 和 "或" 的推广, 1996 年, Yager 和 Rybalov 组合这两个聚合模型引入单位闭区间 $[0,1]$ 上一致模概念, 这一类特殊的聚合模型在模糊逻辑、专家系统、神经网络、聚类分析和模糊系统模拟等领域都有应用, 这一概念受到广泛关注并取得若干重要结论. 由于复杂的智能系统需要处理非数字化信息, 因此如何处理那些还没有数字化甚至不能数字化的信息便成为信息处理研究的一个重要课题. 众所周知, 有界格上信息聚合模型一致模是处理非数字化信息的一个典型聚合模型. 近年来, 这个特殊的混合型聚合模型已经成为机器智能领域中的研究热点之一并取得丰硕成果. 本书结合作者的研究成果系统地梳理并总结国内外同行专家近年来在偏序集或格上三角模和三角余模、模糊蕴涵和模糊余蕴涵、一致模和左 (右) 半一致模等方面的研究成果, 为我国在信息聚合相关方向的教学、研究和应用提供参考.

　　本书分为 5 章.

　　第 1 章介绍序代数理论中偏序集、剩余映射、关联映射、序半群和剩余格等知识, 为后面讨论各种聚合模型和多值逻辑中联结词之间的关系做些必要的准备工作.

　　第 2 章首先讨论有界偏序集上的三角模和三角余模的概念, 研究三角模和三角余模的构造及直积分解问题, 介绍 $[0,1]$ 上连续三角模和三角余模的表示公式; 其次介绍模糊蕴涵和模糊余蕴涵的基本性质及其相互关系, 阐述三类主要模糊蕴涵的特征; 最后给出通过上、下近似得到的模糊蕴涵和模糊余蕴涵的计算公式.

　　第 3 章简单介绍 $[0,1]$ 上一致模的分类并研究几类常见的一致模 (即 $\mathcal{U}_{\min}$ 和 $\mathcal{U}_{\max}$ 类一致模、单位开区间上连续一致模、可表示一致模、幂等一致模、在 $A(e)$ 上局部内部一致模和基础算子连续一致模) 的特征刻画问题.

第 4 章首先引入有界格上的一致模概念, 分析一致模的结构, 讨论一致模的分解问题; 其次研究一致模的构造与表示问题; 最后探讨一致模诱导的模糊蕴涵和模糊余蕴涵的特征, 以及这些模糊蕴涵和模糊余蕴涵之间的相互关系.

第 5 章首先引入完备格上的左 (右) 半一致模等概念, 给出三类上、下近似左 (右) 半一致模的计算公式, 并且讨论这些计算公式之间的关系; 其次研究左 (右) 半一致模诱导的模糊蕴涵和模糊余蕴涵的性质, 并且给出上、下近似 INP 模糊蕴涵, CNP 模糊余蕴涵, IOP 模糊蕴涵和 COP 模糊余蕴涵的计算公式; 最后探讨上、下近似左 (右) 半一致模与这些上、下近似模糊蕴涵和模糊余蕴涵之间的关系.

盐城师范学院史雪荣撰写了本书的第 1 章, 苏州科技大学苏勇撰写了本书的第 2 章和第 3 章, 盐城师范学院王住登撰写了本书的第 4 章和第 5 章. 感谢盐城师范学院于延栋教授审阅了第 1 章以及第 4 章部分内容, 感谢南京师范大学方锦暄教授审阅了第 5 章内容.

在本书撰写的过程中, 参考了国内外同行专家的许多文献, 作者在此一并向这些文献的作者表示谢意. 作者还要特别感谢山东大学刘华文教授、西安科技大学张小红教授、陕西师范大学李永明教授、南京师范大学严从华教授、齐鲁工业大学李钢教授、湖州师范学院欧阳耀教授、南京邮电大学张化朋博士等国内同行专家, 他们阅读或与作者讨论了部分书稿, 提出了宝贵建议. 作者也要感谢盐城师范学院林兆兵和王远老师, 他们为本书的排版付出了辛勤的劳动.

本书的出版得到了国家自然科学基金项目 (11971417, 12271393) 和盐城师范学院省重点建设学科 (数学) 与省高校一流本科专业 (数学与应用数学) 的资助, 在此表示感谢. 盐城师范学院科技处和数学与统计学院为本书的撰写出版提供了多方面支持, 在此谨致谢忱.

限于作者水平和能力, 本书难免存在疏漏、不妥之处, 恳请各位专家和读者提出宝贵意见, 以便本书进一步完善.

王住登 苏 勇 史雪荣

2022 年 2 月

目　　录

《模糊数学与系统及其应用丛书》已出版书目

第 1 章 预 备 知 识

本章介绍序代数理论中偏序集、剩余映射、关联映射、序半群和剩余格等知识, 为后面讨论各种聚合模型和多值逻辑中联结词之间的关系做些必要的准备工作. 只要读者熟悉有关集合与代数 (可参见文献 [1]) 中的一些基本概念即可阅读本章.

1.1 偏 序 集

本节首先引入偏序集的概念, 接着定义和讨论剩余映射和关联映射, 为后面讨论多值逻辑中联结词之间的关联性做些必要的准备工作.

1.1.1 偏序集的概念

定义 1.1.1[2-4] 设 E 是一个非空集合, $\leqslant$ 是 E 上的一个二元关系. 若 $\leqslant$ 具有

(1) 自反性, 即 $x \leqslant x, \forall x \in E$;

(2) 反对称性, 即 $x \leqslant y$ 且 $y \leqslant x \Rightarrow x = y, \forall x, y \in E$;

(3) 传递性, 即 $x \leqslant y$ 且 $y \leqslant z \Rightarrow x \leqslant z, \forall x, y, z \in E$,

则称 $\leqslant$ 为偏序关系, 并称 E 关于 $\leqslant$ 构成偏序集, 或者称 $(E, \leqslant)$ 为偏序集, 不致混淆时, 简称 E 为偏序集.

设 $(E, \leqslant)$ 是偏序集, 任意给定 $x, y \in E$. 若 $x \leqslant y$, 则称 x 小于或者等于 y. 若 $x \leqslant y$ 与 $y \leqslant x$ 至少有一个成立, 则称 x 与 y 是可比的; 否则称 x 与 y 是不可比的, 记作 $x \parallel y$. 若 $x \leqslant y$ 且 $x \neq y$, 则称 x 小于 y, 记作 $x < y$. 若 $x < y$ 并且不存在 $a \in E$ 使得 $x < a < y$, 则称 x 被 y 覆盖, 记作 $x \prec y$. 此外, 我们约定, 当 $x \leqslant y$ ($x < y$, $x \prec y$) 时, 又可以称 y 大于或者等于 x (y 大于 x, y 覆盖 x), 并且相应地改写成 $y \geqslant x$ ($y > x$, $y \succ x$).

仍设 $(E, \leqslant)$ 是偏序集.

对于任意给定的 $a \in E$, 我们将 E 中与元素 a 不可比的所有元素组成的集合记作 I_a, 即 $I_a = \{x \in E | x \parallel a\}$.

设 X 是 E 的一个非空子集. 若 X 中任意两个元素都是可比的, 则称 X 为链. 特别地, 当 E 是一个链时, 称 $\leqslant$ 为全序关系 (或线序关系), 并称 $(E, \leqslant)$ 为

全序集 (相应地, 线序集). 若 X 中任意两个不同元素都是不可比的, 则称 X 为 $(E, \leqslant)$ 中的一个反链.

例 1.1.1 设 $E = \{a, b, c\}$ 是三元集. 我们定义 E 上的二元关系 $\leqslant_1$ 和 $\leqslant_2$ 如下:

$$x \leqslant_1 y \Leftrightarrow x = a, x \leqslant_2 y \Leftrightarrow y = b, \quad \forall x, y \in E.$$

再定义 E 上的二元关系 $\leqslant_3$ 如下: 对于任意的 $x, y \in E$,

$$x \leqslant_3 y \Leftrightarrow x = a, \text{或者 } x = b \text{ 且 } y = b, \text{或者 } x = b \text{ 且 } y = c, \text{或者 } x = y = c.$$

显然 $\leqslant_1$, $\leqslant_2$ 和 $\leqslant_3$ 都是偏序关系.

例 1.1.2 不难验证: 任何一个集合 X 的幂集 $P(X)$ 关于 X 的子集之间的包含关系 $\subseteq$ 构成偏序集. 正整数集 $\mathbb{N}$ 关于整除关系 $|$ ($m \mid n$ 是指 m 整除 n) 构成偏序集. 实数集 $\mathbb{R}$ 以及其中的各个区间关于实数之间平常的 "小于或等于" 关系 $\leqslant$ 都构成全序集, 实数集 $\mathbb{R}$ 的任何非空子集关于实数之间平常的 "小于或等于" 关系 $\leqslant$ 也都构成全序集.

本书中, 不致混淆时, $[0, 1]$ 总表示实数集 $\mathbb{R}$ 的子集 $\{x \in \mathbb{R} | 0 \leqslant x \leqslant 1\}$, 其中 0 和 1 都是实数. 每当我们提及 $[0, 1]$ 上的偏序关系 $\leqslant$ 时, $\leqslant$ 总是表示实数之间平常的大小关系.

有限集上的偏序关系可以用 Hasse 图来表示: 用圆圈或点表示元素. 当 $x \prec y$ 时, 把 y 画在较 x 高些的位置, 并用线段将 x 和 y 连接起来.

例如, 令 $E_1 = \{1, 2, 3, 4, 6, 12\}$, 则 $(E_1, |)$ 是偏序集, 其中 $|$ 表示 E_1 中各个数之间的整除关系. 图 1.1 就是偏序关系 $|$ 的 Hasse 图. 又如, 设 $\{a, b, c\}$ 是三元集 (即由三个不同元素 a, b, c 组成的集合), 令 $E_2 = P(\{a, b, c\})$, 则 $(E_2, \subseteq)$ 为偏序集, 其中 $\subseteq$ 表示 $\{a, b, c\}$ 的子集之间的包含关系. 图 1.2 就是偏序关系 $\subseteq$ 的 Hasse 图.

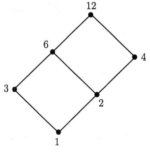

图 1.1 偏序集 $(E_1, |)$ 的 Hasse 图

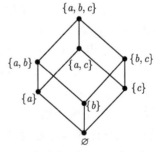

图 1.2 偏序集 $(E_2, \subseteq)$ 的 Hasse 图

这里我们特别强调一下: 对于任意给定的偏序集 $(E_1, \leqslant_1)$ 和 $(E_2, \leqslant_2)$, 只有

在 $E_1 = E_2$ 并且 $\leqslant_1$ 和 $\leqslant_2$ 是相同的偏序关系时, 我们才认为 $(E_1, \leqslant_1)$ 和 $(E_2, \leqslant_2)$ 是同一个偏序集. 换句话说, 即使 $E_1 = E_2$, 只要 $\leqslant_1$ 和 $\leqslant_2$ 不是同一个偏序关系, 我们就认为 $(E_1, \leqslant_1)$ 和 $(E_2, \leqslant_2)$ 不是同一个偏序集. 其次, 在同时谈论多个偏序关系时, 一般地说, 对于不同的偏序关系应该采用不同的名称和记号来称呼和表示它们, 以示区别. 但是, 对于不同集合上的偏序关系, 只要不会引起混淆, 也允许用相同的名称和记号 (例如 $\leqslant$) 来称呼和表示它们.

定义 1.1.2[5] 设 $(E, \leqslant)$ 是偏序集, X 为 E 的一个子集, $a \in E$. 若对于任意的 $x \in X$ 总有 $a \leqslant x$ $(x \leqslant a)$, 则称 a 为 X 的一个下界 (相应地, 上界). 若 a 为 X 的一个下界 (上界), 并且对于 X 的每个下界 (相应地, 上界) b 总有 $b \leqslant a$ (相应地, $a \leqslant b$), 则称 a 为 X 的下确界 (相应地, 上确界).

显而易见, 当 E 的一个非空子集 X 有下确界 (上确界) 时, 其下确界 (相应地, 上确界) 是唯一的. 当 E 的一个非空子集 X 有下确界 (上确界) 时, 我们将其下确界 (相应地, 上确界) 记作 $\inf X$ (相应地, $\sup X$). 特别地, 当 E 有下确界时, 称 $(E, \leqslant)$ 为下有界的, 并且称 $\inf E$ 为 E 的最小元, 不致混淆时记作 0; 当 E 有上确界时, 称 $(E, \leqslant)$ 为上有界的, 并且称 $\sup E$ 为 E 的最大元, 不致混淆时记作 1.

容易看出: E 中任意元素都是 E 的空子集的下界 (上界). 这样, E 的空子集的下确界 (上确界) 存在当且仅当 E 有最大元 (相应地, 最小元). 因此我们约定, 上有界偏序集的空子集的下确界 $\inf \varnothing$ 为 1, 下有界偏序集的空子集的上确界 $\sup \varnothing$ 为 0.

若 $(E, \leqslant)$ 既下有界又上有界, 则称 $(E, \leqslant)$ 为有界偏序集.

利用已知偏序集构造新偏序集, 不仅是寻求新偏序集的一个途径, 而且对我们剖析偏序集的结构很有帮助. 构造偏序集的 "直积" 是最常用的一种构造新偏序集的方法.

现在设 $\{(E_\alpha, \leqslant)\}_{\alpha \in A}$ 是一簇偏序集. 定义集族 $\{E_\alpha\}_{\alpha \in A}$ 的直积 $E = \prod_{\alpha \in A} E_\alpha$ 上的二元关系 $\leqslant$ 如下: 对于任意的 $(x_\alpha)_{\alpha \in A}, (y_\alpha)_{\alpha \in A} \in E$,

$$(x_\alpha)_{\alpha \in A} \leqslant (y_\alpha)_{\alpha \in A} \Leftrightarrow x_\alpha \leqslant y_\alpha, \quad \forall \alpha \in A,$$

则 $(E, \leqslant)$ 是偏序集. 这个偏序集称为偏序集族 $\{(E_\alpha, \leqslant)\}_{\alpha \in A}$ 的直积.

特别地, 当 $A = \{1, 2\}$ 时, 将集族 $\{E_\alpha\}_{\alpha \in A}$ 的直积 $\prod_{\alpha \in A} E_\alpha$ 记作 $E_1 \times E_2$. 它是形如 (x, y) (其中 $x \in E_1, y \in E_2$) 的有序二元组全体组成的集合, 即

$$E_1 \times E_2 = \{(x, y) | x \in E_1, y \in E_2\}.$$

$(E, \leqslant)$ 称为 $(E_1, \leqslant)$ 与 $(E_2, \leqslant)$ 的直积; 对于任意的 $(x_1, y_1), (x_2, y_2) \in E$, 有

$$(x_1, y_1) \leqslant (x_2, y_2) \Leftrightarrow x_1 \leqslant x_2 \text{ 且 } y_1 \leqslant y_2.$$

我们现在介绍一下对偶原理.

设 $(E, \leqslant)$ 是任意一个偏序集. 定义 E 上的二元关系 $\leqslant^d$ 如下:

$$x \leqslant^d y \Leftrightarrow y \leqslant x, \quad \forall x, y \in E.$$

容易验证, $\leqslant^d$ 也是偏序关系. 我们称 $\leqslant^d$ 为 $\leqslant$ 的对偶关系, 并称 $(E, \leqslant^d)$ 为 $(E, \leqslant)$ 的对偶偏序集.

显然, 若偏序集 $(E, \leqslant)$ 有最小元 0 (最大元 1), 则偏序集 $(E, \leqslant^d)$ 有最大元 0 (相应地, 最小元 1).

我们称 P 是关于偏序集 $(E, \leqslant)$ 的一个命题, 就是指它是用 "$\leqslant$", "$\geqslant$", "$=$" 以及括号等符号将 E 中的一些元素按一定规则连接起来而构成的一个具有明确内涵的陈述句. 将命题 P 中所有的 "$\leqslant$" 和 "$\geqslant$" 都分别换成 "$\leqslant^d$" 和 "$\geqslant^d$" (其余部分不变) 后所构成的新命题称为命题 P 的对偶命题, 记作 P^d. 如果命题 P 对任意偏序集 $(E, \leqslant)$ 都成立, 那么命题 P 对偏序集 $(E, \leqslant^d)$ 当然成立, 即命题 P 的对偶命题 P^d 成立. 根据定义, "$\leqslant^d$" 就是 "$\geqslant$", "$\geqslant^d$" 就是 "$\leqslant$". 所以我们有

对偶原理 (关于偏序集)　　如果关于偏序集的一个命题 P 对任意的偏序集都成立, 那么将命题 P 中所有的 "$\leqslant$" 和 "$\geqslant$" 都分别换成 "$\geqslant$" 和 "$\leqslant$" 后所构成的新命题也成立.

映射是现代数学中一个永恒的话题, 我们讨论偏序集时将一直围绕着这个话题.

定义 1.1.3　设 $(E, \leqslant)$ 和 $(F, \leqslant)$ 都是偏序集, φ 是 E 到 F 的映射. 若 φ 满足条件:

$$x \leqslant y \Rightarrow \varphi(x) \leqslant \varphi(y), \quad \forall x, y \in E,$$

则称 φ 为 $(E, \leqslant)$ 到 $(F, \leqslant)$ 的保序映射, 不致混淆时, 简称 φ 为 E 到 F 的保序映射, 有时也称 φ 是 E 到 F 的单调递增映射. 若 φ 满足条件:

$$x \leqslant y \Rightarrow \varphi(x) \geqslant \varphi(y), \quad \forall x, y \in E,$$

则称 φ 为 $(E, \leqslant)$ 到 $(F, \leqslant)$ 的反序映射, 不致混淆时, 简称 φ 为 E 到 F 的反序映射, 有时也称 φ 是 E 到 F 的单调递减映射.

显而易见, 对于任意的偏序集 $(E, \leqslant)$ 和 $(F, \leqslant)$, 总存在 E 到 F 的保序映射. 例如, 任取 $a \in F$, 规定 $\varphi(x) = a, \forall x \in E$, 则 φ 为 E 到 F 的保序映射. 又如, 集合 E 的恒等映射 1_E 是 E 到 E 的保序映射.

设 $(E, \leqslant)$, $(F, \leqslant)$ 和 $(G, \leqslant)$ 都是偏序集, φ 是 E 到 F 的映射, 并且 ϕ 是 F 到 G 的映射. 若 φ 和 ϕ 都是保序映射, 或者都是反序映射, 则 $\phi \circ \varphi$ 是保序映射; 若 φ 和 ϕ 中一个是保序映射, 而另一个是反序映射, 则 $\phi \circ \varphi$ 是反序映射.

定义 1.1.4 设 $(E, \leqslant)$ 和 $(F, \leqslant)$ 都是偏序集, φ_1 和 φ_2 都是 E 到 F 的映射. 若对于 E 中每个元素 x 总有 $\varphi_1(x) \leqslant \varphi_2(x)$, 则称 φ_1 小于或等于 φ_2, 记作 $\varphi_1 \leqslant \varphi_2$; 也可以称 φ_2 大于或等于 φ_1, 记作 $\varphi_2 \geqslant \varphi_1$.

显然, 定义 1.1.4 所界定的 E 到 F 的映射之间的 "小于或等于" 关系 $\leqslant$ 也是偏序关系. 对于 E 到 F 的任意给定的两个映射 φ_1 和 φ_2, 到底 "$\varphi_1 \leqslant \varphi_2$" 成立与否, 不仅与 φ_1 和 φ_2 本身有关, 还与 E 和 F 上的具体偏序关系有关.

命题 1.1.1 设 $(E, \leqslant)$, $(F, \leqslant)$ 和 $(G, \leqslant)$ 都是偏序集, φ_1 和 φ_2 都是 E 到 F 的映射, ϕ_1 和 ϕ_2 都是 F 到 G 的映射. 则下列断言成立:

(1) 若 $\phi_1 \leqslant \phi_2$, 则 $\phi_1 \circ \varphi_1 \leqslant \phi_2 \circ \varphi_1$.

(2) 若 $\varphi_1 \leqslant \varphi_2$ 并且 ϕ_1 是保序映射, 则 $\phi_1 \circ \varphi_1 \leqslant \phi_1 \circ \varphi_2$.

(3) 若 $\varphi_1 \leqslant \varphi_2$, $\phi_1 \leqslant \phi_2$, 并且 ϕ_1 或 ϕ_2 是保序映射, 则 $\phi_1 \circ \varphi_1 \leqslant \phi_2 \circ \varphi_2$.

证明 直接验证. □

注意, 断言 (3) 中前提 "ϕ_1 或 ϕ_2 是保序映射" 不能删去, 否则结论不再普遍成立.

定义 1.1.5 设 $(E, \leqslant)$ 是偏序集, D 是 E 的非空子集. 若 D 满足条件:

$$y \in D \Rightarrow \{x \in E | x \leqslant y\} \subseteq D, \quad \forall y \in D,$$

则称 D 为 $(E, \leqslant)$ 的下集, 不致混淆时简称为 E 的下集. 若 D 满足条件:

$$y \in D \Rightarrow \{x \in E | x \geqslant y\} \subseteq D, \quad \forall y \in D,$$

则称 D 为 $(E, \leqslant)$ 的上集, 不致混淆时简称为 E 的上集.

我们约定, 空集既是 $(E, \leqslant)$ 的下集, 又是 $(E, \leqslant)$ 的上集.

定义 1.1.6[5] 设 $(E, \leqslant)$ 是一个偏序集, $y \in E$. 集合 $\{x \in E | x \leqslant y\}$ 称为 $(E, \leqslant)$ 的主下集, 简称为 E 的主下集, 记作 $\downarrow y$. 集合 $\{x \in E | x \geqslant y\}$ 称为 $(E, \leqslant)$ 的主上集, 简称为 E 的主上集, 记作 $\uparrow y$.

由于下集和上集是一对对偶的概念, 因此根据对偶原理关于下集所得到的结论都可以转换成关于上集的结论; 反之亦然.

例 1.1.3 设 $X = \{a, b, c\}$ 是三元集, $E = P(X)$, $\leqslant$ 表示 X 的子集之间的包含关系. 由例 1.1.2 知, $(E, \leqslant)$ 是偏序集. 根据下集的定义, $(E, \leqslant)$ 的全部下集如下:

$$\varnothing, \ \{\{a\}\}, \ \{\{b\}\}, \ \{\{c\}\}, \ \{\{a\}, \{b\}, \{a, b\}\},$$

$$\{\{a\}, \{c\}, \{a, c\}\}, \ \{\{b\}, \{c\}, \{b, c\}\}, \ E.$$

例 1.1.4 用 $\mathbb{Q}^+$ 表示正有理数组成的集合, 则 $D = \{q \in \mathbb{Q}^+ | q^2 \leqslant 2\}$ 是全序集 $\mathbb{Q}^+$ 的下集, 但它不是 $\mathbb{Q}^+$ 的主下集.

下面的命题用下集的概念来刻画保序映射.

命题 1.1.2 设 $(E, \leqslant)$ 和 $(F, \leqslant)$ 都是偏序集, φ 是 E 到 F 的映射. 则下列断言成立:

(1) φ 是 E 到 F 的保序映射, 当且仅当 F 的每个主下集在 φ 之下的原像都是 E 的下集, 当且仅当 F 的每个主上集在 φ 之下的原像都是 E 的上集.

(2) φ 是 E 到 F 的反序映射, 当且仅当 F 的每个主下集在 φ 之下的原像都是 E 的上集, 当且仅当 F 的每个主上集在 φ 之下的原像都是 E 的下集.

证明 这里只证明断言 (1) 中第一个结论成立.

设 φ 是 E 到 F 的保序映射. 考察 F 的任意一个主下集 $\downarrow b$: 若 $\varphi^{-1}(\downarrow b) = \varnothing$, 则 $\varphi^{-1}(\downarrow b)$ 是 E 的下集. 现在假设 $\varphi^{-1}(\downarrow b) \neq \varnothing$. 任取 $y \in \varphi^{-1}(\downarrow b)$. 假设 $x \in E$ 使得 $x \leqslant y$. 由于 φ 是 E 到 F 的保序映射, 因此 $\varphi(x) \leqslant \varphi(y) = b$. 根据 $\downarrow b$ 的定义, $\varphi(x) \in \downarrow b$, 从而, $x \in \varphi^{-1}(\downarrow b)$. 由于 $y \in \varphi^{-1}(\downarrow b)$ 的任意性, 这就表明 F 的主下集 $\downarrow b$ 在 φ 之下的原像 $\varphi^{-1}(\downarrow b)$ 是 E 的下集.

假设 φ 不是保序映射, 即存在 $x, y \in E$, 使得 $x \leqslant y$, 但是 $\varphi(x) \leqslant \varphi(y)$ 不成立. 令 $\varphi(x) = a$, $\varphi(y) = b$. 则 $y \in \varphi^{-1}(\downarrow b)$, $a = \varphi(x) \notin \downarrow b$, 从而 $x \notin \varphi^{-1}(\downarrow b)$, 因此 $\varphi^{-1}(\downarrow b)$ 不是 E 的下集. $\square$

1.1.2 剩余映射和 Galois 关联

定义 1.1.7[5] 设 $(E, \leqslant)$ 和 $(F, \leqslant)$ 都是偏序集, φ 是 E 到 F 的映射. 若存在 F 到 E 的映射 ϕ, 使得

$$\varphi(x) \leqslant y \Leftrightarrow x \leqslant \phi(y), \quad \forall x \in E, y \in F, \tag{1.1.1}$$

则称 φ 为 $(E, \leqslant)$ 到 $(F, \leqslant)$ 的剩余映射 (residuated mapping), 不致混淆时, 简称 φ 为 E 到 F 的剩余映射. 称二元组 (φ, ϕ) 为一个剩余对, 称 ϕ 为 φ 的右伴随, φ 为 ϕ 的左伴随. 偏序集 $(E, \leqslant)$ 到自己的剩余映射又称 E 上的剩余映射.

定理 1.1.1 设 $(E, \leqslant)$ 和 $(F, \leqslant)$ 都是偏序集, φ 是 E 到 F 的映射. 则下列三个断言是等价的.

(1) φ 是 E 到 F 的剩余映射.

(2) F 的每一个主下集在 φ 之下的逆像是 E 的主下集.

(3) φ 是保序映射, 并且存在保序映射 $\phi: F \to E$, 使得

$$\phi \circ \varphi \geqslant 1_E, \quad \varphi \circ \phi \leqslant 1_F. \tag{1.1.2}$$

证明 若 φ 为 E 到 F 的剩余映射, 则存在 F 到 E 的映射 ϕ, 使得 (1.1.1) 式成立. 这样对于 F 的任意一个主下集 $\downarrow b$, 其中 $b \in F$, 都有

$$x \in \varphi^{-1}(\downarrow b) \Leftrightarrow \varphi(x) \in \downarrow b \Leftrightarrow \varphi(x) \leqslant b \Leftrightarrow x \leqslant \phi(b) \Leftrightarrow x \in \downarrow \phi(b), \quad \forall x \in E,$$

即 $\varphi^{-1}(\downarrow b) = \downarrow \phi(b)$. 因此断言 (2) 成立.

若断言 (2) 成立, 则由命题 1.1.2 知, φ 是保序的, 并且对于任意的 $y \in F$, 存在 $x \in E$, 使得 $\varphi^{-1}(\downarrow y) = \downarrow x$. 显然, 这样的 $x \in E$ 是唯一的. 令 $\phi(y) = x$, 则 ϕ 是 F 到 E 的一个保序映射, 并且

$$x \in \varphi^{-1}(\downarrow \varphi(x)) = \downarrow \phi(\varphi(x)) \Rightarrow x \leqslant \phi(\varphi(x)), \quad \forall x \in E,$$

$$\phi(y) \in \downarrow \phi(y) = \downarrow x = \varphi^{-1}(\downarrow y) \Rightarrow \varphi(\phi(y)) \leqslant y, \quad \forall y \in F,$$

即 $\phi \circ \varphi \geqslant 1_E$, $\varphi \circ \phi \leqslant 1_F$. 因此断言 (3) 成立.

若断言 (3) 成立, 则由 φ 和 ϕ 都是保序映射及 (1.1.2) 式得

$$\varphi(x) \leqslant y \Rightarrow x \leqslant \phi(\varphi(x)) \leqslant \phi(y) \Rightarrow \varphi(x) \leqslant \varphi(\phi(y)) \leqslant y,$$

即 $\varphi(x) \leqslant y \Leftrightarrow x \leqslant \phi(y), \forall x \in E, y \in F$. 因此 φ 是 E 到 F 的剩余映射. $\quad\square$

注 1.1.1 若 ϕ 和 ϕ^* 都满足定理 1.1.1 断言 (3), 则由命题 1.1.1 得

$$\phi = 1_E \circ \phi \leqslant (\phi^* \circ \varphi) \circ \phi = \phi^* \circ (\varphi \circ \phi) \leqslant \phi^* \circ 1_F = \phi^*.$$

同理可证, $\phi^* \leqslant \phi$. 因此 $\phi^* = \phi$. 这样, 当 φ 为 $(E, \leqslant)$ 到 $(F, \leqslant)$ 的剩余映射时, φ 的右伴随是唯一的. 我们约定, 将 φ 的右伴随记作 φ^+. 同样, 当 ϕ 有左伴随时, 将 ϕ 的左伴随记作 ϕ^-.

当 (φ, φ^+) 是一个剩余对时, 由 (1.1.1) 式和 (1.1.2) 式得

$$\varphi(x) = \min\{y \in F \mid x \leqslant \varphi^+(y)\}, \quad \forall x \in E,$$

$$\varphi^+(y) = \max\{x \in E \mid \varphi(x) \leqslant y\}, \quad \forall y \in F.$$

定义 1.1.8 设 φ 是 $(E, \leqslant)$ 到 $(F, \leqslant)$ 的映射. 若对于任意的 $X \subseteq E$, 当 $\sup X$ 存在时, $\varphi(\sup X) = \sup \varphi(X)$, 则称 φ 为保上确界的映射.

对偶地, 可以定义保下确界的映射.

命题 1.1.3 设 (φ, φ^+) 是一个剩余对, 则 φ 是保上确界的映射, 并且 φ^+ 是保下确界的映射.

证明 设 (φ, φ^+) 是一个剩余对, 则由定理 1.1.1 知, φ 和 φ^+ 都是保序映射. 设 $X \subseteq E$ 并且 $\sup X$ 存在, 则 $\varphi(\sup X)$ 是 $\varphi(X)$ 的一个上界; 若 y 是 $\varphi(X)$ 的一个上界, 则

$$\varphi(x) \leqslant y, \forall x \in X \Rightarrow x \leqslant \varphi^+(y), \forall x \in X$$

$$\Rightarrow \sup X \leqslant \varphi^+(y) \Rightarrow \varphi(\sup X) \leqslant \varphi(\varphi^+(y)) \leqslant 1_F(y) = y,$$

即 $\varphi(\sup X)$ 是 $\varphi(X)$ 的上确界. 因此 $\varphi(\sup X) = \sup \varphi(X)$.

同理可证, φ^+ 是保下确界的映射.　　□

下面讨论剩余映射的运算性质.

命题 1.1.4　设 φ 是 E 到 F 的剩余映射, 则

$$\varphi \circ \varphi^+ \circ \varphi = \varphi, \quad \varphi^+ \circ \varphi \circ \varphi^+ = \varphi^+.$$

证明　若 φ 是剩余映射, 则由命题 1.1.1 和 (1.1.2) 式得

$$\varphi = \varphi \circ 1_E \leqslant \varphi \circ (\varphi^+ \circ \varphi) = (\varphi \circ \varphi^+) \circ \varphi \leqslant 1_F \circ \varphi = \varphi,$$

即 $\varphi \circ \varphi^+ \circ \varphi = \varphi$.

同理可证: $\varphi^+ \circ \varphi \circ \varphi^+ = \varphi^+$.　　□

命题 1.1.5　设 $(E, \leqslant)$, $(F, \leqslant)$ 和 $(G, \leqslant)$ 都是偏序集, φ_1 是 E 到 F 的剩余映射, φ_2 是 F 到 G 的剩余映射, 则 $\varphi_2 \circ \varphi_1$ 是 E 到 G 的剩余映射, 并且

$$(\varphi_2 \circ \varphi_1)^+ = \varphi_1^+ \circ \varphi_2^+.$$

证明　若 φ_1 是 E 到 F 的剩余映射, φ_2 是 F 到 G 的剩余映射, 则 φ_1 和 φ_2 都是保序映射, 于是 $\varphi_2 \circ \varphi_1$ 也是保序映射. 由 (1.1.2) 式得

$$(\varphi_1^+ \circ \varphi_2^+) \circ (\varphi_2 \circ \varphi_1) = \varphi_1^+ \circ (\varphi_2^+ \circ \varphi_2) \circ \varphi_1 \geqslant \varphi_1^+ \circ 1_F \circ \varphi_1 = \varphi_1^+ \circ \varphi_1 \geqslant 1_E.$$

同理可证:

$$(\varphi_2 \circ \varphi_1) \circ (\varphi_1^+ \circ \varphi_2^+) \leqslant 1_G.$$

因此, 由定理 1.1.1 知, $\varphi_2 \circ \varphi_1$ 是剩余映射, 并且 $(\varphi_2 \circ \varphi_1)^+ = \varphi_1^+ \circ \varphi_2^+$.　　□

现在定义和讨论关联映射.

定义 1.1.9[5]　设 $(E, \leqslant)$ 和 $(F, \leqslant)$ 都是偏序集, φ 是 E 到 F 的映射, ϕ 是 F 到 E 的映射. 若 φ 和 ϕ 满足关联条件:

$$y \leqslant \varphi(x) \Leftrightarrow x \leqslant \phi(y), \quad \forall x \in E, y \in F, \tag{1.1.3}$$

则称 φ 和 ϕ 构成 Galois 关联.

注意到 $y \leqslant \varphi(x)$ 当且仅当 $\varphi(x) \leqslant^d y$. 容易明白, φ 和 ϕ 构成 Galois 关联, 当且仅当

$$\varphi(x) \leqslant^d y \Leftrightarrow x \leqslant \phi(y), \quad \forall x \in E, y \in F.$$

这就是说, 映射 $\varphi: (E, \leqslant) \to (F, \leqslant^d)$ 和 $\phi: (F, \leqslant^d) \to (E, \leqslant)$ 构成剩余对. 因此 φ 和 ϕ 构成 Galois 关联, 当且仅当 $\varphi: (E, \leqslant) \to (F, \leqslant^d)$ 和 $\phi: (F, \leqslant^d) \to (E, \leqslant)$

都是保序映射, 即 $\varphi : (E, \leqslant) \to (F, \leqslant)$ 和 $\phi : (F, \leqslant) \to (E, \leqslant)$ 都是反序映射, 并且

$$\phi \circ \varphi \geqslant 1_E, \quad \varphi \circ \phi \leqslant^d 1_F.$$

由此我们得到 Galois 关联的一个特征性质如下:

定理 1.1.2 设 $(E, \leqslant)$ 和 $(F, \leqslant)$ 都是偏序集, φ 是 E 到 F 的映射, ϕ 是 F 到 E 的映射, 则 φ 和 ϕ 构成一个 Galois 关联, 当且仅当 φ 和 ϕ 都是反序映射并且

$$\phi \circ \varphi \geqslant 1_E, \quad \varphi \circ \phi \geqslant 1_F. \tag{1.1.4}$$

□

这样一来, 从 Galois 关联和剩余对之间的关系出发, 由对偶原理和剩余对的性质可以得到下面的命题.

命题 1.1.6 设 $(E, \leqslant)$ 和 $(F, \leqslant)$ 都是偏序集, φ 是 E 到 F 的映射, ϕ 是 F 到 E 的映射, 并且 φ 和 ϕ 构成一个 Galois 关联. 则下列断言成立.

(1) φ 和 ϕ 都是反序映射, 若 $\sup X$ 存在, 则 $\inf \varphi(X)$ 和 $\inf \phi(X)$ 也存在并且

$$\varphi(\sup X) = \inf \varphi(X), \quad \phi(\sup X) = \inf \phi(X).$$

换句话说, φ 和 ϕ 都是将上确界转变为下确界的映射.

(2) $\varphi \circ \phi \circ \varphi = \varphi, \phi \circ \varphi \circ \phi = \phi$.

(3) $\varphi(x) = \max\{y \in F | x \leqslant \phi(y)\}, \forall x \in E$; $\phi(y) = \max\{x \in E | y \leqslant \varphi(x)\}, \forall y \in F$.

(4) $\varphi \mid_{\phi(F)}$ 和 $\phi \mid_{\varphi(E)}$ 互为逆映射.

(5) $\varphi \circ \phi$ 和 $\phi \circ \varphi$ 都是保序映射, 并且都是幂等的, 即

$$(\varphi \circ \phi) \circ (\varphi \circ \phi) = \varphi \circ \phi, \quad (\phi \circ \varphi) \circ (\phi \circ \varphi) = \phi \circ \varphi.$$

证明 略. □

当 $\varphi \circ \phi = 1_F$ 并且 $\phi \circ \varphi = 1_E$ 时, 称 φ 和 ϕ 构成对合对, 并且将这两个等式称为关于 φ 和 ϕ 的双重否定律. 当 $E = F$ 时, 称 φ 和 ϕ 构成偏序集 E 上的对合对, 并称 $(E, \leqslant, \varphi, \phi)$ 为对合偏序集.

注 1.1.2 当 φ 和 ϕ 构成 Galois 关联时, 由命题 1.1.6(4) 知, $\varphi \mid_{\phi(F)}$ 和 $\phi \mid_{\varphi(E)}$ 满足双重否定律. 当 $E = F$ 时, $\varphi \mid_{\phi(E)}$ 和 $\phi \mid_{\varphi(E)}$ 构成偏序集 $\varphi(E)$ 上的对合对, 即 $(\varphi(E), \leqslant, \varphi \mid_{\phi(E)}, \phi \mid_{\varphi(E)})$ 是对合偏序集.

1.2 格

本节主要讨论一类极为重要的偏序集——格, 为后面定义和讨论三角模、三角余模以及一致模等概念提供必不可少的背景知识.

1.2.1 半格和格的概念

定义 1.2.1[3] 设 $(L, \leqslant)$ 是偏序集. 若对于任意的 $x, y \in L$, $\inf\{x, y\}$ 总有意义, 则称 $(L, \leqslant)$ 为交半格. 若对于任意的 $x, y \in L$, $\sup\{x, y\}$ 总有意义, 则称 $(L, \leqslant)$ 为并半格. 交半格和并半格统称为半格. 若 $(L, \leqslant)$ 既是交半格, 又是并半格, 则称 $(L, \leqslant)$ 为格.

定义 1.2.2 当 $(L, \leqslant)$ 是交半格时, 定义 L 上的二元运算 $\wedge$ 如下:

$$x \wedge y = \inf\{x, y\}, \quad \forall x, y \in L.$$

$\wedge$ 称为交半格 $(L, \leqslant)$ 的代数运算或者交运算, 二元组 $(L, \wedge)$ 称为交半格的代数. 这时交半格 $(L, \leqslant)$ 可以记作 $(L, \wedge, \leqslant)$.

当 $(L, \leqslant)$ 是并半格时, 定义 L 上的二元运算 $\vee$ 如下:

$$x \vee y = \sup\{x, y\}, \quad \forall x, y \in L.$$

$\vee$ 称为并半格 $(L, \leqslant)$ 的代数运算或者并运算, 二元组 $(L, \vee)$ 称为并半格的代数. 这时并半格 $(L, \leqslant)$ 可以记作 $(L, \vee, \leqslant)$.

当 $(L, \leqslant)$ 是格时, 将 $(L, \leqslant)$ 作为交半格时的代数运算 $\wedge$ 和作为并半格时的代数运算 $\vee$ 都称为格 $(L, \leqslant)$ 的代数运算, 三元组 $(L, \wedge, \vee)$ 称为格 $(L, \leqslant)$ 的代数. 这时格 $(L, \leqslant)$ 可以记作 $(L, \wedge, \vee, \leqslant)$.

在不需要强调格上偏序关系和交、并运算时, 为了简便, 我们也将格 $(L, \leqslant)$ 或 $(L, \wedge, \vee)$ 简记为 L.

再设 $(L, \leqslant)$ 是任意一个交半格. 不难验证, $(L, \leqslant^d)$ 是并半格. 将 $(L, \leqslant)$ 和 $(L, \leqslant^d)$ 的代数运算分别记作 $\wedge$ 和 $\vee'$. 于是, 对于任意的 $x, y \in L$, 我们有

$$x \leqslant^d y \Leftrightarrow x \geqslant y, x \geqslant^d y \Leftrightarrow x \leqslant y, x \vee' y = z \Leftrightarrow x \wedge y = z.$$

由此可见, 从本质上说, $\vee'$ 和 $\wedge$ 是 L 上的同一个代数运算, 两者区别仅仅是名称和记号的区别. 显然凡是并半格都是交半格的对偶, 因此凡是对交半格 $(L, \leqslant)$ 都成立的命题都可以逐字逐句地转换成对并半格 $(L, \leqslant^d)$ 成立的命题. 这里所说的 "转换", 就是将原来命题中的 "$\leqslant$", "$\geqslant$" 和 "$\wedge$" 都分别换成 "$\geqslant^d$", "$\leqslant^d$" 和 "$\vee'$". 反过来, 我们同样可以将任何一个对并半格都成立的命题转换成对交半格都成立的命题, 这里不必赘述.

现在设 $(L, \wedge, \vee, \leqslant)$ 是任意一个格. 由于 $(L, \leqslant)$ 是交半格, 因此 $(L, \leqslant^d)$ 是并半格; 我们将并半格 $(L, \leqslant^d)$ 的代数运算记作 $\vee'$, 将交半格 $(L, \leqslant^d)$ 代数运算记作 $\wedge'$. 于是, $(L, \wedge', \vee', \leqslant^d)$ 也是一个格. 这就是说, 作为偏序集, 格 $(L, \wedge, \vee, \leqslant)$ 的对偶是 $(L, \wedge', \vee', \leqslant^d)$. 如果一个关于格的命题 P 对任意的格 $(L, \wedge, \vee, \leqslant)$ 都成

立, 那么命题 P 对格 $(L, \wedge', \vee', \leqslant^d)$ 成立, 即命题 P 的对偶命题成立. 这就意味着我们有

对偶原理 (关于格) 若关于格的一个命题 P 对任意的格都成立, 则将命题 P 中所有的 "$\leqslant$", "$\geqslant$", "$\wedge$" 和 "$\vee$" 都分别换成 "$\geqslant$", "$\leqslant$", "$\vee$" 和 "$\wedge$" 后所构成的命题也成立.

为了方便起见, 我们约定: 以下, 如无特别说明, 凡是提到 "半格 (格) L", 总是指半格 (格)$(L, \leqslant)$, 其代数运算总是记作 $\wedge$ 或 $\vee$. 对于不同集合上的同名运算, 允许用相同的记号标记. 当然, 对于同一集合上不同运算只能用不同的记号标记.

定义 1.2.3[3] 若 L 是交 (并) 半格, M 是 L 的非空子集, 并且 M 关于 $\wedge$ $(\vee)$ 封闭, 也就是说, 对于任意的 $x, y \in M$ 总有 $x \wedge y \in M$ (相应地, $x \vee y \in M$), 则称 M 为 L 的子半格. 若 L 是一个格, M 是 L 的非空子集, 并且 M 关于 $\wedge$ 和 $\vee$ 都封闭, 则称 M 为 L 的子格.

由定义可知, 当 M 是交半格 L 的子半格时, M 关于 $\wedge|_M$ (习惯上仍记作 $\wedge$) 构成交半格. 当 M 是并半格 L 的子半格时, M 关于 $\vee|_M$ (习惯上仍记作 $\vee$) 构成并半格. 当 M 是格 L 的子半格时, M 关于 $\wedge|_M$ 和 $\vee|_M$ 构成格.

例 1.2.1 例 1.1.2 中提到的偏序集 $(P(X), \subseteq)$ 是格, 其交运算 $\wedge$ 和并运算 $\vee$ 分别为 $\cap$ 和 $\cup$. 对于 X 的任意子集 Y, $(P(Y), \subseteq)$ 是 $(P(X), \subseteq)$ 的子格.

例 1.2.2 设 L 是一个格, $a, b \in L$ 并且 $a \leqslant b$, 则 $[a, b] = \{x \in L | a \leqslant x \leqslant b\}$ 是 L 的子格, 而

$$]a, b] = \{x \in L | a < x \leqslant b\}, \quad [a, b[= \{x \in L | a \leqslant x < b\},$$

$$]a, b[= \{x \in L | a < x < b\}$$

都不一定是 L 的子格.

例 1.2.3 设 L 和 M 是两个格. 容易看出, 偏序集 $(L, \leqslant)$ 和偏序集 $(M, \leqslant)$ 直积 $(L \times M, \leqslant)$ 是一个偏序集. 对于任意的 $(x_1, y_1), (x_2, y_2) \in L \times M$, 定义

$$(x_1, y_1) \wedge (x_2, y_2) = (x_1 \wedge x_2, y_1 \wedge y_2), \quad (x_1, y_1) \vee (x_2, y_2) = (x_1 \times x_2, y_1 \vee y_2).$$

不难验证, $(L \times M, \wedge, \vee)$ 是格. 这个格称为格 $(L, \leqslant)$ 和格 $(M, \leqslant)$ 的直积, 简记为 $L \times M$.

定义 1.2.4 设 L 和 M 都是格, φ 是 L 到 M 的一个映射. 若

$$\varphi(x \wedge y) = \varphi(x) \wedge \varphi(y), \quad \forall x, y \in L,$$

则称 φ 是保交的; 若

$$\varphi(x \vee y) = \varphi(x) \vee \varphi(y), \quad \forall x, y \in L,$$

则称 φ 是保并的. 若 φ 既是保交的, 又是保并的, 则称 φ 是 L 到 M 的一个同态 (或同态映射). 若 φ 既是同态, 又是满射, 则称 φ 是 L 到 M 的满同态 (或满同态映射). 若 φ 既是同态, 又是双射, 则称 φ 是 L 到 M 的同构 (或同构映射).

当存在 L 到 M 的满同态时, 称格 L 同态于格 M, 或称格 L 与格 M 格同态, 记作 $L \sim M$; 当存在 L 到 M 的同构时, 称格 L 同构于格 M, 或称格 L 与格 M 格同构, 记作 $L \cong M$.

格 L 到格 L 的同态 (同构) 称为格 L 的自同态 (相应地, 自同构).

显然, 格 L 到格 M 的保交映射或保并映射都是保序映射. 对于任意的格 L, 恒等映射 1_L 是格 L 的自同构. 对于任意的格 L_i, $i = 1, 2, 3$, 若 φ 是 L_1 到 L_2 的同态 (同构), ϕ 是 L_2 到 L_3 的同态 (同构), 则 $\phi \circ \varphi$ 是 L_1 到 L_3 的同态 (相应地, 同构).

命题 1.2.1 当 L 和 M 都是格时, $L \cong M$ 当且仅当存在 L 到 M 的一个双射 φ, 使得 φ 和 φ^{-1} 都是保序映射.

证明 当 φ 和 φ^{-1} 都是保序映射时,

$$\varphi(x) \vee \varphi(y) \leqslant \varphi(x \vee y), \quad \forall x, y \in L.$$

若 $u \in L$ 并且 $\varphi(x) \vee \varphi(y) \leqslant u$, 则 $\varphi(x) \leqslant u, \varphi(x) \leqslant u$. 于是, $x \leqslant \varphi^{-1}(u), y \leqslant \varphi^{-1}(u)$. 因此,

$$x \vee y \leqslant \varphi^{-1}(u) \Rightarrow \varphi(x \vee y) \leqslant \varphi(\varphi^{-1}(u)) = u.$$

这样就得到 $\varphi(x \vee y) \leqslant \varphi(x) \vee \varphi(y)$. 所以 $\varphi(x \vee y) = \varphi(x) \vee \varphi(y)$, 即 φ 是保并的. 同理可证, φ 是保交的. 所以 φ 是 L 到 M 的同构映射.

若 φ 是 L 到 M 的同构映射, 则 φ 自然是 L 到 M 的一个双射并且 φ 是保序映射. 对于任意的 $y_1, y_2 \in M$, 存在 $x_1, x_2 \in L$, 使得 $\varphi(x_1) = y_1$, $\varphi(x_2) = y_2$, 即 $x_1 = \varphi^{-1}(y_1)$, $x_2 = \varphi^{-1}(y_2)$. 当 $y_1 \leqslant y_2$ 时,

$$\varphi(x_1) = y_1 = y_1 \wedge y_2 = \varphi(x_1) \wedge \varphi(x_2) = \varphi(x_1 \wedge x_2).$$

由于 φ 是双射, 因此 $x_1 = x_1 \wedge x_2$, 即 $x_1 \leqslant x_2$. 所以 φ^{-1} 也是保序映射. □

1.2.2 完备格、分配格和模格

定义 1.2.5[3] 设 $(L, \leqslant)$ 为偏序集. 如果偏序集 L 的每一个子集 X 均有下确界 $\inf X$, 那么称 L 是交完备的; 如果偏序集 L 的每一个子集 X 均有上确界 $\sup X$, 那么称 L 是并完备的. 如果对于 L 的任意子集 X, $\sup X$ 与 $\inf X$ 都存在, 那么称 $(L, \leqslant)$ 为完备偏序集.

交完备的偏序集当然是交半格, 并完备的偏序集当然是并半格. 完备偏序集自然都是格, 也称为完备格.

显然, 偏序集 $(L, \leqslant)$ 为完备格, 当且仅当 L 既是交完备的又是并完备的.

完备格有最大元, 即 $\sup L = 1$, 也有最小元, 即 $\inf L = 0$. 有最小元和最大元的格也称为有界格. 这样完备格总是有界格. 但是, 有界格未必是完备格.

例 1.2.4 设 $\mathbb{Q}$ 是有理数集, 令 $L = \mathbb{Q} \cup \{-\infty, +\infty\}$, 则 L 是有界格, 最小元和最大元分别是 $-\infty$ 和 $+\infty$. 因为 $\sup\{x \in L | x^2 \leqslant 2\}$ 不存在, 所以 L 不是完备格.

定理 1.2.1[6] 一个交完备的偏序集是完备格. 对偶地, 一个并完备的偏序集也是完备格.

证明 设偏序集 $(L, \leqslant)$ 是交完备的, X 是 L 的任意一个子集. 令

$$X^u = \{y | y \text{ 是} X \text{的一个上界}\},$$

则 $\inf X^u$ 存在. 令 $a = \inf X^u$. 因为对于任意的 $x \in X$ 和任意的 $y \in X^u$ 都有 $x \leqslant y$, 所以 x 是 X^u 的下界. 这样根据下确界的定义知, $x \leqslant a, \forall x \in X$, 即 a 也是 X 的上界并且 $a = \sup X$, 因此, $(L, \leqslant)$ 是完备格.

同理可证, 并完备的偏序集也是完备格. □

注 1.2.1 在定理 1.2.1 的证明中, $\inf \varnothing$ 存在说明 L 有最大元 1, $\sup \varnothing$ 存在说明 L 有最小元 0. 因此, 定理 1.2.1 也可以表述为: 如果一个偏序集 $(L, \leqslant)$ 有最大 (小) 元并且 L 的任意非空子集都有下 (上) 确界, 那么 $(L, \leqslant)$ 是完备格.

在完备格 $(L, \leqslant)$ 中, 对于 L 的任意一个子集 X, $\inf X$ 和 $\sup X$ 分别简记为 $\wedge X$ 和 $\vee X$.

例 1.2.5 有限格总是完备格. 例 1.1.2 中提到的偏序集 $(P(X), \subseteq)$ 是完备格. 实数集 $\mathbb{R}$ 关于实数之间的通常的 "小于或等于" 关系 $\leqslant$ 构成的偏序集 $(\mathbb{R}, \leqslant)$ 是一个格, 但不是完备格.

当 L 和 M 都是格时, 若 φ 是 L 到 M 的剩余映射, 则由命题 1.1.3 知, φ 是保上确界映射并且 φ^+ 是保下确界映射, 因此 φ 是保并映射, φ^+ 是保交映射.

对于完备格来说, 我们有更理想的结果.

定理 1.2.2 设 L 和 M 都是完备格, φ 是 L 到 M 的映射. 则 φ 是剩余映射, 当且仅当 φ 是保任意并的映射, 即对于任意的 $X \subseteq L$, $\varphi(\vee X) = \vee \varphi(X)$.

对偶地, φ^+ 是剩余映射 φ 的右伴随, 当且仅当 φ^+ 是保任意交的映射, 即对于任意的 $X \subseteq L$, $\varphi^+(\wedge X) = \wedge \varphi^+(X)$.

证明 设 φ 是剩余映射, 则由命题 1.1.3 知, φ 是保上确界的映射, 当然是保任意并的映射.

若 φ 是保任意并的映射, 则 φ 是保序映射. 由于 L 是完备格, 因此对于任意的 $y \in M$, $\vee\{x \in L | \varphi(x) \leqslant y\}$ 存在. 令

$$\varphi^*(y) = \vee\{x \in L | \varphi(x) \leqslant y\}.$$

显然, φ^* 是保序映射. 若 $x \in L$ 并且 $\varphi(x) \leqslant y$, 则 $x \leqslant \varphi^*(y)$; 若 $x \leqslant \varphi^*(y)$, 则

$$\varphi(x) \leqslant \varphi(\varphi^*(y)) = \vee\{\varphi(x) | \varphi(x) \leqslant y\} \leqslant y,$$

即 φ 和 φ^* 构成剩余对. 因此 φ 是剩余映射并且 φ^* 是 φ 的右剩余.

同理可证, φ^+ 是剩余映射 φ 的右伴随, 当且仅当 φ^+ 是保任意交的映射. □

对于关联映射, 与定理 1.2.2 相对应的结论如下:

定理 1.2.3　设 L 和 M 都是完备格, φ 是 L 到 M 的映射, 则存在 M 到 L 的映射 ϕ, 使得 φ 和 ϕ 构成 Galois 关联, 当且仅当 φ 将任意并运算转变为任意交运算, 即对于任意的 $X \subseteq L$, $\varphi(\vee X) = \wedge \varphi(X)$.

证明　若 φ 和 ϕ 构成 Galois 关联, 由命题 1.1.6(1) 知, φ 将上确界转变为下确界, 自然能将任意并运算转变为任意交运算.

若 φ 将任意并运算转变为任意交运算, 则 φ 是反序映射. 对于任意的 $y \in M$, 令 $\phi(y) = \vee\{x \in L | y \leqslant \varphi(x)\}$. 显然 ϕ 是反序映射. 若 $x \in L$ 并且 $y \leqslant \varphi(x)$, 则 $x \leqslant \phi(y)$; 若 $x \leqslant \phi(y)$, 则

$$\varphi(x) \geqslant \varphi(\phi(y)) = \varphi(\vee\{x \in L | y \leqslant \varphi(x)\}) = \wedge\{\varphi(x) | y \leqslant \varphi(x)\} \geqslant y.$$

因此 φ 和 ϕ 构成一个 Galois 关联. □

定义 1.2.6[3]　设 L 是一个格. 若 L 满足两个分配律:

(D1) 第一分配律, 即 $x \wedge (y \vee z) = (x \wedge y) \vee (x \wedge z), x, y, z \in L$;

(D2) 第二分配律, 即 $x \vee (y \wedge z) = (x \vee y) \wedge (x \vee z), \forall x, y, z \in L$,

则称 L 为分配格.

显然, 分配格的子格也是分配格.

容易验证, $(\mathbb{R}, \leqslant)$, $([0, 1], \leqslant)$ 和 $(P(X), \subseteq)$ 都是分配格, 全序集也是分配格.

命题 1.2.2　设 L 是格. 如果 (D1) 与 (D2) 之一成立, 则另一个也成立, 从而 L 是分配格.

证明　设 (D1) 成立, 下面证明 (D2) 也成立. 事实上, 对于任意的 $x, y, z \in L$, 因为 $x \leqslant x \vee y$, $x \wedge z \leqslant x$, 所以 $(x \vee y) \wedge x = x$, $x \vee (x \wedge z) = x$. 因此由 (D1) 得

$$(x \vee y) \wedge (x \vee z) = ((x \vee y) \wedge x) \vee ((x \vee y) \wedge z)$$

$$= x \vee ((x \vee y) \wedge z) = x \vee (x \wedge z) \vee (y \wedge z) = x \vee (y \wedge z),$$

即 (D2) 成立. 类似地, 若 (D2) 成立, 可以证明 (D1) 也成立. □

定义 1.2.7[3] 设 L 是格. 若 L 满足模律:

$$x \leqslant y \Rightarrow x \vee (y \wedge z) = y \wedge (x \vee z), \quad \forall x, y, z \in L,$$

则称 L 为模格或 Dedekind 格.

若 L 是分配格, 则对于任意的 $x, y, z \in L$, 当 $x \leqslant y$ 时,

$$x \vee (y \wedge z) = (x \vee y) \wedge (x \vee z) = y \wedge (x \vee z).$$

因此 L 是模格, 即分配格一定是模格.

图 1.3 和图 1.4 所示的两个五元格 M_5 和 N_5 中, 等式

$$a \vee (b \wedge c) = (a \vee b) \wedge (a \vee c)$$

均不成立, 说明 M_5 和 N_5 都不是分配格. 在 N_5 中, 我们看到: $a \leqslant b$ 并且

$$a \vee (b \wedge c) \neq b \wedge (a \vee c).$$

说明 N_5 也不是一个模格. 容易验证: M_5 是一个模格但不是分配格, 即模格未必是分配格.

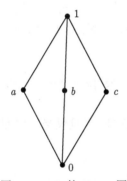

图 1.3 M_5 的 Hasse 图

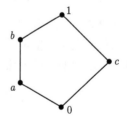

图 1.4 N_5 的 Hasse 图

实际上, 在代数学中, 可以用这两个五元格来描述分配格和模格.

命题 1.2.3[6] 设 L 是格, 则下面两个断言成立.

(1) L 是模格当且仅当 L 不含五元子格 N_5.

(2) L 是分配格当且仅当 L 不含五元子格 M_5 和 N_5. □

定义 1.2.8[7] 设 L 是完备格. 如果对于任意的 $M \subseteq L$ 及 $a \in L$,

$$a \wedge (\vee M) = \vee_{x \in M} (a \wedge x), \tag{1.2.1}$$

那么称 L 满足第一无限分配律; 对偶地, 如果对于任意的 $M \subseteq L$ 及 $a \in L$,

$$a \vee (\wedge M) = \wedge_{x \in M}(a \vee x), \tag{1.2.2}$$

那么称 L 满足第二无限分配律; 如果 L 同时满足 (1.2.1) 式和 (1.2.2) 式, 那么称 L 为任意分配格.

容易看出, $([0,1], \leqslant)$ 和 $(P(X), \subseteq)$ 都是任意分配格.

例 1.2.6[7] 设 $(\mathbf{U}, \subseteq)$ 是 $\mathbb{R}$ 上全体开集按包含关系构成的偏序集. 由于任意多个开集之并仍是开集, 所以它就是这些开集的上确界, 这些开集作为集合取交后再取内部就得到这些开集的下确界, 于是 $(\mathbf{U}, \subseteq)$ 是完备格.

又由于两个开集的交为开集, 因此对于任意一组开集 $A, B, B_k (k \in K)$, 其中 K 是指标集, $A \wedge B = A \cap B$ 并且

$$A \wedge (\vee_{k \in K} B_k) = A \cap (\cup_{k \in K} B_k) = \cup_{k \in K}(A \cap B_k) = \vee_{k \in K}(A \wedge B_k),$$

所以 $(\mathbf{U}, \subseteq)$ 满足第一无限分配律. 但 $(\mathbf{U}, \subseteq)$ 不满足第二无限分配律.

事实上, 取 $A = (0,1), B_n = (1 - 1/n, 2)(n = 1, 2, \cdots)$ 时, $A \vee B_n = (0,2)(n = 1, 2, \cdots)$. 这样就有

$$A \vee (\wedge_{n \in \mathbb{N}} B_n) = (0,2) - \{1\} \neq (0,2) = \wedge_{n \in \mathbb{N}}(A \vee B_n).$$

最后我们不加证明地指出: 任意一簇格 (完备格、分配格、模格、任意分配格) $\{(E_\alpha, \leqslant_\alpha)\}_{\alpha \in A}$ 的直积仍是格 (相应地, 完备格、分配格、模格、任意分配格).

1.2.3 Brouwer 格和 Heyting 格

定义 1.2.9[3] 设 L 是格, $a, b \in L$. 若 L 的子集 $\{x \in L | a \wedge x \leqslant b\}$ 有最大元, 则称此最大元为 a 相对于 b 的伪补, 记作 $b : a$.

显然, 格 L 中的一个元素 c 为 a 相对于 b 的伪补, 当且仅当 c 满足条件:

$$x \leqslant c \Leftrightarrow a \wedge x \leqslant b, \quad \forall x \in L.$$

若 $b : a$ 存在, 则

$$a \wedge (b : a) \leqslant b.$$

若 $a \leqslant b$, 则 $b : a$ 存在当且仅当 L 有最大元 1, 这时 $b : a = 1$.

定义 1.2.10 设 L 是格. 若对于任意的 $x, y \in L$ 总存在 x 相对于 y 伪补, 则称 L 为 Brouwer 格. 有最小元 0 的 Brouwer 格又称为 Heyting 格.

当 L 为 Heyting 格时, 对于任意的 $a \in L$, $0 : a$ 也称为 a 的伪补, 记为 a^*. Heyting 格 L 的代数 $(L, \wedge, \vee)$ 又称为 Heyting 代数, 常常改记作 $(L, \wedge, \vee, ^*)$, 其中星号 $*$ 表示 L 上一元运算 "求伪补".

显然 Brouwer 格有最大元 1, 并且对于其中每个元素 x, 都有 $x : x = 1$. 当 L 为 Heyting 格时, 对于任意的 $a, b \in L$, 有

$$a \leqslant b \Rightarrow b^* \leqslant a^*, a \leqslant a^{**}, a^* = a^{***}, (a \vee b)^* = a^* \wedge b^*.$$

定理 1.2.4 Brouwer 格是分配格.

证明 设 L 是 Brouwer 格, 对于任意的 $x, y, z \in L$, 令 $w = (x \wedge y) \vee (x \wedge z)$, 则

$$x \wedge y \leqslant w, \quad x \wedge z \leqslant w.$$

于是, $y \leqslant w : x, z \leqslant w : x$, 从而 $x \wedge (y \vee z) \leqslant x \wedge (w : x) \leqslant w$. 显然 $w \leqslant x \wedge (y \vee z)$. 因此

$$x \wedge (y \vee z) = w = (x \wedge y) \vee (x \wedge z).$$

所以 L 是分配格. □

定理 1.2.5 当 L 是完备格时, L 是 Brouwer (从而也是 Heyting) 格, 当且仅当 L 满足第一无限分配律.

证明 若 L 是 Brouwer 格, 对于 L 的任意子集 M 和 L 的任意元素 a, 令

$$b = \vee_{x \in M}(a \wedge x),$$

则

$$a \wedge x \leqslant b, \forall x \in M \Rightarrow x \leqslant b : a, \forall x \in M \Rightarrow \vee M \leqslant b : a.$$

因此, $a \wedge (\vee M) \leqslant a \wedge (b : a) \leqslant b$. 另一方面, 显然 $b \leqslant a \wedge (\vee M)$, 因此

$$a \wedge (\vee M) = b = \vee_{x \in M}(a \wedge x).$$

所以 L 满足第一无限分配律.

反之, 若 L 满足第一无限分配律, 任取 $a, b \in L$, 令 $c = \vee M$, 其中

$$M = \{x \in L | a \wedge x \leqslant b\},$$

则 $a \wedge c = \vee_{x \in M}(a \wedge x) \leqslant b$. 因此, $c \in M$ 并且 c 是 M 的最大元或 $b : a$ 存在. 所以 L 是 Brouwer 格. □

1.2.4 序半群和剩余格

定义 1.2.11[5] 设 $(S, \otimes)$ 是半群, $\leqslant$ 是 S 上的偏序关系. 若 $\leqslant$ 与 $\otimes$ 是相容的, 即

$$x \leqslant y \Rightarrow z \otimes x \leqslant z \otimes y, x \otimes z \leqslant y \otimes z, \forall x, y, z \in S, \tag{1.2.3}$$

则称 $(S, \leqslant, \otimes)$ 为序半群 (或有序半群). 特别地, 当 $(S, \leqslant)$ 是格时, 序半群 $(S, \leqslant, \otimes)$ 又称为格序半群. 不致混淆时, 序半群 (格序半群)$(S, \leqslant, \otimes)$ 简称为序半群 (相应地, 格序半群) S.

这里我们应该注意: 定义 1.2.11 中只要求 $\leqslant$ 与 $\otimes$ 是相容的, 并未对 $\leqslant$ 与 $\otimes$ 有其他要求或限制. 特别地, 当 $(S, \leqslant)$ 是格时, 并不排斥 $\otimes$ 就是格 $(S, \leqslant)$ 的交运算 $\wedge$ 或并运算 $\vee$. 如果 $\otimes$ 就是 $\wedge$, 那么我们有

$$x \leqslant y \Rightarrow z \wedge x \leqslant z \wedge y, x \wedge z \leqslant y \wedge z, \forall x, y, z \in S.$$

这就是说, 当 $\otimes$ 就是 $\wedge$ 时, $\leqslant$ 与 $\otimes$ 是相容的. 同样, 当 $\otimes$ 就是 $\vee$ 时, $\leqslant$ 与 $\otimes$ 也是相容的. 这样一来, 每一个格本身就是一个序半群. 当然, 我们之所以引入格序半群的概念, 关心的是 $\otimes$ 既不是 $\wedge$ 也不是 $\vee$ 的情形.

定义 1.2.12[8-10]　设 $(L, \wedge, \vee)$ 是一个格, $\otimes, \to$ 和 $\rightsquigarrow$ 都是 L 上的二元运算, e 是 L 中一个元素. 若 L 满足下面两个条件:

(1) $(L, \otimes, e)$ 是幺半群 (即带幺元的半群或 monoid);

(2) 对于任意的 $x, y, z \in L$,

$$x \otimes y \leqslant z \Leftrightarrow x \leqslant y \to z \Leftrightarrow y \leqslant x \rightsquigarrow z, \tag{1.2.4}$$

则称 $(L, \wedge, \vee, \otimes, e, \to, \rightsquigarrow)$ 为一个剩余格序幺半群, 简称 L 为剩余格. 当 $\otimes$ 满足交换律时, 剩余格 $(L, \wedge, \vee, \otimes, e, \to, \rightsquigarrow)$ 称为交换剩余格 [11-12].

(1.2.4) 式称为关联条件. 在代数学中, 常用 z/y 和 $x\backslash z$ 分别表示 $y \to z$ 和 $x \rightsquigarrow z$, 这时关联条件就变为

$$x \otimes y \leqslant z \Leftrightarrow x \leqslant z/y \Leftrightarrow y \leqslant x\backslash z, \forall x, y, z \in L.$$

设 L 是剩余格. 若格 $(L, \wedge, \vee)$ 有最大元 1, 并且 $1 = e$, 则称该剩余格为整剩余格 [12]. 在 Brouwer 格中, 取 $\otimes = \wedge$ 时, $(L, \wedge, 1)$ 是交换整剩余格, 此时 L 中元素 a 相对于 b 的伪补 $b : a = a \to b$. 因此, Brouwer 格有时又称为蕴涵格.

众所周知, 一个代数运算到底用什么记号来表示并不重要. 在某种意义上说只要不会引起混淆, 记号越简单越好. 我们约定: 以下将 $\otimes$ 称为乘法, 将 $x \otimes y$ 简记为 $x \cdot y$ 或 xy.

设 L 是剩余格. 对于任意的 $a, b, c \in L$, 令

$$\varphi_{a, \cdot}(y) = ay, \quad \varphi_{\cdot, b}(x) = xb, \quad \varphi_{\rightsquigarrow, c}(x) = x \rightsquigarrow c, \quad \forall x, y \in L,$$

$$\phi_{a, \rightsquigarrow}(z) = a \rightsquigarrow z, \quad \phi_{b, \to}(z) = b \to z, \quad \phi_{\to, c}(y) = y \to c, \quad \forall y, z \in L,$$

则 $(\varphi_{a,\cdot}, \phi_{a,\leadsto})$ 和 $(\varphi_{\cdot,b}, \phi_{b,\to})$ 都是剩余对, $(\varphi_{\leadsto,c}, \phi_{\to,c})$ 构成 Galois 关联. 这样 $\varphi_{a,\cdot}$ 和 $\varphi_{\cdot,b}$ 都是保序映射, 因此 $(L, \leqslant, \cdot)$ 是格序幺半群. 由注 1.1.1, 命题 1.1.3 和命题 1.1.6 可以得到下面结论.

命题 1.2.4 设 L 是剩余格, $x, y, z \in L$, $M \subseteq L$. 则下列断言成立.

(1) $y \to z = \max\{x \in L | xy \leqslant z\}$, $x \leadsto z = \max\{y \in L | xy \leqslant z\}$.

(2) $(y \vee z)x = yx \vee zx$, $x(y \vee z) = xy \vee xz$. 若 $\sup M$ 存在, 则

$$(\sup M)x = \sup\{mx | m \in M\}, \quad x(\sup M) = \sup\{xm | m \in M\}.$$

(3) $z \to (x \wedge y) = (z \to x) \wedge (z \to y)$, $z \leadsto (x \wedge y) = (z \leadsto x) \wedge (z \leadsto y)$. 若 $\inf M$ 存在, 则

$$z \to (\inf M) = \inf\{z \to m | m \in M\}, \quad z \leadsto (\inf M) = \inf\{z \leadsto m | m \in M\}.$$

(4) $(y \vee z) \to x = (y \to x) \wedge (z \to x)$, $(y \vee z) \leadsto x = (y \leadsto x) \wedge (z \leadsto x)$. 若 $\sup M$ 存在, 那么

$$(\sup M) \to z = \inf\{m \to z | m \in M\}, \quad (\sup M) \leadsto z = \inf\{m \leadsto z | m \in M\}. \quad \square$$

由命题 1.2.4(1) 可知, $\to$ 和 $\leadsto$ 实际上是乘法运算 $\cdot$ 的两个剩余运算, $\to$ 和 $\leadsto$ 也分别称为 $\cdot$ 的左剩余运算和右剩余运算.

根据定义 1.2.12 和命题 1.2.4, 还可以得到下面结论.

命题 1.2.5 设 L 是剩余格, $x, y, z \in L$. 则下列断言成立.

(1) $(x \to y)x \leqslant y$, $x(x \leadsto y) \leqslant y$.

(2) $x(y \to z) \leqslant y \to xz$, $(x \leadsto z)y \leqslant x \leadsto zy$.

(3) $(y \to z)(x \to y) \leqslant x \to z$, $(x \leadsto y)(y \leadsto z) \leqslant x \leadsto z$.

(4) $y \to z \leqslant (x \to y) \to (x \to z)$, $y \leadsto z \leqslant (y \leadsto z) \leadsto (x \leadsto z)$.

(5) $x \to y \leqslant (y \to z) \leadsto (x \to z)$, $x \leadsto y \leqslant (y \leadsto z) \to (x \leadsto z)$.

(6) $y \to z \leqslant yx \to zx$, $x \leadsto z \leqslant yx \leadsto yz$.

(7) $y \to (x \to z) = yx \to z$, $y \leadsto (x \leadsto z) = xy \leadsto z$.

(8) $x \leadsto (y \to z) = y \to (x \leadsto z)$.

(9) $z \leqslant (z \to x) \leadsto x$, $z \leqslant x \leadsto (x \to z)$.

(10) $x \leqslant y \to xy$, $y \leqslant x \leadsto xy$.

(11) $e \to x = x$, $e \leadsto x = x$.

(12) $x \to x \geqslant e$, $x \leadsto x \geqslant e$.

(13) $(y \to x)(z \to e) \leqslant zy \to x$, $(z \leadsto e)(y \leadsto x) \leqslant yz \leadsto x$.

(14) $(x \to x)x = x$, $x(x \leadsto x) = x$.

(15) $(x \to x)^2 = x \to x, (x \rightsquigarrow x)^2 = x \rightsquigarrow x.$

证明　这里仅证明断言 (1) 和 (8) 成立.

(1) 由命题 1.2.4(1) 和 (2) 得

$$x(x \rightsquigarrow y) = x(\max\{z \in L | xz \leqslant y\})$$

$$= x(\sup\{z \in L | xz \leqslant y\}) = \sup\{xz \in L | xz \leqslant y\} \leqslant y.$$

同理可证, $(x \to y)x \leqslant y.$

(8) 由于乘法满足结合律, 因此对于任意的 $x, y, z \in L$, 由 (1.2.4) 式得

$$t \leqslant y \to (x \rightsquigarrow z) \Leftrightarrow ty \leqslant x \rightsquigarrow z \Leftrightarrow x(ty) \leqslant z$$

$$\Leftrightarrow (xt)y \leqslant z \Leftrightarrow xt \leqslant y \rightsquigarrow z \Leftrightarrow t \leqslant x \rightsquigarrow (y \to z), \forall t \in L.$$

这就是说 $x \rightsquigarrow (y \to z) = y \to (x \rightsquigarrow z).$　□

注 1.2.2　若 L 有最大元 1 和最小元 0, 则

$$x0 = 0x = 0, \quad 1 \to 0 = 1 \rightsquigarrow 0 = 0,$$

$$0 \to x = 0 \rightsquigarrow x = 1, \quad x \to 1 = x \rightsquigarrow 1 = 1, \quad \forall x \in L,$$

其中最大元 1 未必是幺半群 $(L, \cdot, e)$ 的幺元 e.

由 (1.2.4) 式可知, 乘法满足结合律当且仅当命题 1.2.5(8) 成立.

事实上, 对于任意的 $x, y, z \in L$. 当乘法满足结合律时, 命题 1.2.5(8) 成立; 反过来, 当命题 1.2.5(8) 成立时, 对于任意的 $x, y, z \in L$, 我们有

$$(xy)z \leqslant t \Leftrightarrow xy \leqslant z \to t \Leftrightarrow y \leqslant x \rightsquigarrow (z \to t)$$

$$\Leftrightarrow y \leqslant z \to (x \rightsquigarrow t) \Leftrightarrow yz \leqslant x \rightsquigarrow t \Leftrightarrow x(yz) \leqslant t, \forall t \in L.$$

这就是说 $(xy)z = x(yz)$, 表明乘法 · 满足结合律.

由 (1.2.4) 式可知, 对于任意的 $x \in L$ 等式 $xe = x$ 成立, 当且仅当对于任意的 $x \in L$ 等式 $e \to x = x$ 成立.

若 $xe = x$, 则 $x \leqslant e \to x$. 由于 $e \to x \leqslant e \to x$, 因此 $e \to x \leqslant (e \to x)e \leqslant x$. 所以 $e \to x = x$. 反过来, 若对于任意 $x \in L$ 等式 $e \to x = x$ 成立, 则对于任意的 $a \in L$, 不等式 $xe \leqslant a$ 成立, 当且仅当 $x \leqslant e \to a = a$. 因此 $xe = x$.

同样, 由 (1.2.4) 式可知, 对于任意的 $x \in L$ 等式 $ex = x$ 成立, 当且仅当对于任意的 $x \in L$ 等式 $e \rightsquigarrow x = x$ 成立.

于是, 用命题 1.2.5 中两个结论和关联条件也可以描述剩余格.

定理 1.2.6　$(L, \wedge, \vee, \cdot, e, \to, \rightsquigarrow)$ 是剩余格当且仅当它满足下列四个条件:

(1) $(L, \wedge, \vee)$ 是格;

(2) 关联条件 (1.2.4) 式成立;

(3) $x \rightsquigarrow (y \to z) = y \to (x \rightsquigarrow z), \forall x, y, z \in L$;

(4) $e \rightsquigarrow x = x, e \to x = x, \forall x \in L$. □

定理 1.2.6 中条件 (3) 等价于乘法满足结合律, 条件 (4) 等价于乘法有幺元 e.

命题 1.2.6 对于任意的剩余格 L, 总有

$$x \leqslant y \to (xy \vee z), \quad y \leqslant x \rightsquigarrow (xy \vee z), \quad \forall x, y, z \in L.$$

证明 由命题 1.2.4(2), (3) 和命题 1.2.5(2), (12) 知

$$y \to (xy \vee z) \geqslant y \to xy \geqslant x(y \to y) \geqslant xe = x.$$

同理可证: $y \leqslant x \rightsquigarrow (xy \vee z)$. □

反过来, 也可以用命题 1.2.4 和命题 1.2.5 中部分性质和命题 1.2.6 描述剩余格.

定理 1.2.7 设 $(L, \wedge, \vee)$ 是格, $(L, \cdot, e)$ 是幺半群, $\to$ 和 $\rightsquigarrow$ 是 L 上的两个二元运算, 则 $(L, \wedge, \vee, \cdot, e, \to, \rightsquigarrow)$ 是剩余格, 当且仅当下列三个条件成立:

(1) $x(y \vee z) = xy \vee xz, (y \vee z)x = yx \vee zx, \forall x, y, z \in L$;

(2) $(x \to y)x \leqslant y, x(x \rightsquigarrow y) \leqslant y, \forall x, y \in L$;

(3) $x \leqslant y \to (xy \vee z), y \leqslant x \rightsquigarrow (xy \vee z), \forall x, y, z \in L$.

证明 当 $(L, \wedge, \vee, \cdot, e, \to, \rightsquigarrow)$ 是剩余格时, 由命题 1.2.4(2), 命题 1.2.5(1) 和命题 1.2.6 知, 条件 (1)—(3) 成立.

若条件 (1)—(3) 成立, 则由条件 (1) 知, $(L, \leqslant, \cdot)$ 是序半群. 对于任意的 $x, y, z \in L$, 若 $xy \leqslant z$, 则由条件 (3) 可得

$$x \leqslant y \to (xy \vee z) = y \to z,$$

若 $x \leqslant y \to z$, 则由条件 (2) 可推得

$$xy \leqslant (y \to z)y \leqslant z.$$

因此, $xy \leqslant z \Leftrightarrow x \leqslant y \to z$. 同理可证, $xy \leqslant z \Leftrightarrow y \leqslant x \rightsquigarrow z$. 所以 $(L, \wedge, \vee, \cdot, e, \to, \rightsquigarrow)$ 是剩余格. □

1.2.5 FL 代数和交换 FL$_w$ 代数

对于幺半群 $(L, \cdot, e)$, 若存在 $a \in L$, 使得 $a \cdot x = x \cdot a = a, \forall x \in L$, 则称 a 为该半群的零元. 一般地说, 当 $(L, \wedge, \vee, \cdot, e, \to, \rightsquigarrow)$ 是剩余格时, 幺半群 $(L, \cdot, e)$ 未

必有零元, 格 $(L, \wedge, \vee, \leqslant)$ 未必有最小元 0. 若格 $(L, \wedge, \vee, \leqslant)$ 有最小元 0, 则由关联条件 (1.2.4) 式知, 最小元 0 是零元. 但是, 即使幺半群 $(L, \cdot, e)$ 有零元 a 并且格 $(L, \wedge, \vee, \leqslant)$ 有最小元 0, 也不能断言 a 与 0 是同一个元素.

我们约定, 幺半群 $(L, \cdot, e)$ 的零元 a (如存在) 和格 $(L, \wedge, \vee, \leqslant)$ 的最小元 0 (如存在) 分别称为剩余格 $(L, \wedge, \vee, \cdot, e, \rightarrow, \rightsquigarrow)$ 的零元和最小元.

定义 1.2.13 有零元的剩余格也称为 FL 代数 (Full Lambek algebra). 零元是最小元 0 的 FL 代数又叫做 FL_0 代数, 而有最小元 0 的整剩余格又称为 FL_w 代数.

Heyting 代数有最小元 0, Heyting 代数自然是 FL_w 代数.

FL 代数有零元 a, 对于任意的 $x \in L$, 令 $x^- = x \rightarrow a, x^\sim = x \rightsquigarrow a$, 则

$$y^- = y \rightarrow a = \phi_{\rightarrow, a}(y), \quad x^\sim = x \rightsquigarrow a = \varphi_{\rightsquigarrow, a}(x), \quad \forall x, y \in L.$$

因为 $\phi_{\rightarrow, a}$ 和 $\varphi_{\rightsquigarrow, a}$ 构成 Galois 关联, 所以由命题 1.1.6, 命题 1.2.4 和命题 1.2.5 可以得到下面命题.

命题 1.2.7 设 L 是 FL 代数, $x, y \in L$. 则下列断言成立.

(1) $(x \vee y)^- = x^- \wedge y^-$, $(x \vee y)^\sim = x^\sim \wedge y^\sim$.

(2) $x \leqslant y \Rightarrow y^- \leqslant x^-$, $y^\sim \leqslant x^\sim$.

(3) $x \leqslant x^{\sim-}$, $x \leqslant x^{-\sim}$.

(4) $x^{\sim-\sim} = x^\sim$, $x^{-\sim-} = x^-$.

(5) $x^{-\sim} = y^{-\sim} \Leftrightarrow x^- = y^-$, $x^{\sim-} = y^{\sim-} \Leftrightarrow x^\sim = y^\sim$.

(6) $(y \rightarrow x)^{\sim-} y \leqslant x^{\sim-}$, $y(y \rightsquigarrow x)^{-\sim} \leqslant x^{-\sim}$.

(7) $x \rightarrow y^- = (xy)^-$, $x \rightsquigarrow y^\sim = (yx)^\sim$.

(8) $y \rightarrow x^\sim = x \rightsquigarrow y^-$.

(9) $x \rightarrow y^\sim = x^{-\sim} \rightarrow y^\sim$, $x \rightsquigarrow y^- = x^{\sim-} \rightsquigarrow y^-$.

(10) $(x \rightarrow y)^{-\sim} \leqslant (x^{-\sim} \rightarrow y^{-\sim})^{-\sim}$, $(x \rightsquigarrow y)^{\sim-} \leqslant (x^{\sim-} \rightsquigarrow y^{\sim-})^{\sim-}$.

(11) $(x \rightarrow y^{\sim-})^{\sim-} = x \rightarrow y^{\sim-}$, $(x \rightsquigarrow y^{-\sim})^{-\sim} = x \rightsquigarrow y^{-\sim}$.

(12) $xy \leqslant z^- \Leftrightarrow x^{\sim-} y \leqslant z^-$, $xy \leqslant z^\sim \Leftrightarrow xy^{-\sim} \leqslant z^\sim$.

(13) $e^- = e^\sim = a$, $e \leqslant a^- \wedge a^\sim$.

(14) $xy \leqslant z \Leftrightarrow z^- x \leqslant y^- \Leftrightarrow yz^\sim \leqslant x^\sim$.   □

在 FL 代数中, 当 $\phi_{\rightarrow, a}$ 和 $\varphi_{\rightsquigarrow, a}$ 构成对合对时,

$$x^{-\sim} = x^{\sim-} = x, \quad \forall x \in L,$$

即双重否定律成立. 此时 $(L, \leqslant, ^-, ^\sim)$ 是对合偏序集, 又称为对合 FL 代数.

命题 1.2.8 设 $(L, \leqslant, ^-, ^\sim)$ 是对合 FL 代数, $x, y \in L$. 则下面断言成立.

(1) $x \to y = (xy^{\sim})^-$, $x \rightsquigarrow y = (y^- x)^{\sim}$.

(2) $xy = (x \to y^-)^{\sim} = (y \rightsquigarrow x^{\sim})^-$.

(3) $x \to y = y^- \rightsquigarrow x^-$, $x \rightsquigarrow y = y^{\sim} \to x^{\sim}$.

证明 由命题 1.2.7(7) 及双重否定律得

$$x \to y = x \to y^{\sim -} = x \to (y^{\sim})^- = (xy^{\sim})^-,$$

$$x \rightsquigarrow y = x \rightsquigarrow y^{-\sim} = x \rightsquigarrow (y^-)^{\sim} = (y^- x)^{\sim}.$$

再由断言 (1) 和双重否定律得

$$(x \to y^-)^{\sim} = ((xy^{-\sim})^-)^{\sim} = (xy)^{-\sim} = xy,$$

$$(y \rightsquigarrow x^{\sim})^- = ((x^{\sim -} y)^{\sim})^- = (xy)^{\sim -} = xy.$$

由命题 1.2.7(8) 及双重否定律得

$$y^{\sim} \to x^{\sim} = x \rightsquigarrow (y^{\sim})^- = x \rightsquigarrow y^{\sim -} = x \rightsquigarrow y,$$

$$y^- \rightsquigarrow x^- = x \to (y^-)^{\sim} = x \to y^{-\sim} = x \to y. \qquad \square$$

注 1.2.3 由命题 1.2.8 知, 在对合 FL 代数中, 可以用一个二元运算 · 和两个一元运算 $^-$,$^{\sim}$ 来描述左剩余 $\to$ 和右剩余 $\rightsquigarrow$, 也可以用两个二元运算 $\to$ 和 $\rightsquigarrow$ 及两个一元运算 $^-$,$^{\sim}$ 来定义二元运算 ·.

在研究多值逻辑的语义问题时, 赋值格大多选取交换 FL_w 代数. 这样的代数中, 运算 · 的左、右剩余是相同的, 记为 $\to$. 于是, (1.2.4) 式就变成关联条件

$$xy \leqslant z \Leftrightarrow x \leqslant y \to z \Leftrightarrow y \leqslant x \to z, \quad \forall x, y, z \in L. \tag{1.2.5}$$

交换 FL_w 代数作为剩余格自然满足前面的系列性质. 下面仅列出它的一些特殊性质.

命题 1.2.9 设 $(L, \wedge, \vee, \cdot, \to, 0, 1)$ 是交换 FL_w 代数. 则下列断言成立.

(1) $x \to 1 = x, \forall x \in L$.

(2) $x \leqslant y \Leftrightarrow x \to y = 1, \forall x, y \in L$.

(3) $x \leqslant (x \to y) \to y, x(x \to y) \leqslant y, \forall x, y \in L$.

(4) $(xy) \to z = x \to (y \to z), \forall x, y, z \in L$.

(5) $(x(x \to y)) \vee y = y, \forall x, y \in L$.

(6) $x \to (x \vee y) = 1, \forall x, y \in L$. $\qquad \square$

作为定理 1.2.6 的一个简单推论可以得到

定理 1.2.8　设 $(L, \wedge, \vee, 0, 1)$ 是有界格, 则 $(L, \wedge, \vee, \cdot, \to, 0, 1)$ 是交换 FL_w 代数, 当且仅当它满足下面两个条件:

(1) $(L, \to, 1)$ 满足两个等式

$$x = 1 \to x, \ x \to (y \to z) = y \to (x \to z), \quad \forall x, y, z \in L,$$

(2) 运算 "$\cdot$" 和 "$\to$" 满足关联条件 (1.2.5) 式.　　□

在多值逻辑中, 根据实际需求, 可以选择不同的交换代数.

设 $(L, \wedge, \vee, \cdot, \to, 0, 1)$ 是交换 FL_w 代数. 若 L 满足下面两个条件:

(1) 预线性公理, 即 $(x \to y) \vee (y \to x) = 1, \forall x, y \in L$;

(2) 可除性, 即 $x \wedge y = x(x \to y), \forall x, y \in L$,

则称 L 为 BL 代数. 若 L 满足条件

$$x \vee y = (x \to y) \to y, \quad \forall x, y \in L,$$

则称 L 为 MV 代数.

注 1.2.4　可除性等价于当 $x \leqslant y$ 时, 存在 $z \in L$ 使得 $x = yz$. L 是 MV 代数当且仅当它满足可除性和双重否定律.

若 BL 代数 L 满足条件

$$(z \to 0) \to 0 \leqslant (xz \to yz) \to (x \to y), x \wedge (x \to 0) = 0, \quad \forall x, y, z \in L,$$

则称 L 为 Π 代数或积代数; 若 BL 代数 L 中所有元素都是幂等的, 则称 L 为 G 代数或 Gödel 代数.

Gödel 代数实际上是满足预线性公理的 Heyting 代数.

若 BL 代数 L 是 Heyting 代数又是 MV 代数, 则 L 称为一个 Boole 代数.

在 Boole 代数中, 对于任意的 $x, y \in L$, $x \to y = x^- \vee y$.

第 2 章　偏序集或格上的模糊联结词

一致模是一类重要的聚合函数, 是三角模和三角余模的一种特殊组合, 其结构与三角模和三角余模密切相关. 这一类特殊的聚合函数在模糊逻辑、专家系统、神经网络、聚类分析和模糊系统模拟等领域都有广泛应用.

本章主要介绍偏序集或格上几种模糊联结词, 为后面讨论一致模做好必要的准备.

2.1　三角模和三角余模

Menger[13] 为了推广经典度量空间中的三角不等式, 提出了三角模 (又称 t 模或 t 范数) 的概念. 后来 Schweizer 和 Sklar[14-16] 给出了三角模的一个严格定义, 并且用于统计度量空间 (也称概率度量空间) 的研究. 他们所定义的三角模仅是 $[0,1]$ 上一类特殊的二元运算. 随着模糊集理论的迅速发展, 吴望名 [17] 提出了有界格上的三角模的概念. 由于三角模较好地反映了 "逻辑与" 的性质, 三角模作为 "模糊与" 算子受到模糊逻辑学界的普遍青睐 (参见文献 [18—26]).

本节引入有界偏序集上的三角模和三角余模的概念, 讨论它们的基本性质, 介绍 $[0,1]$ 上连续三角模和三角余模的表示公式. 如无特别说明, L 总表示一个至少含有两个元素的有界偏序集, 其最小元为 0, 最大元为 1.

2.1.1　三角模和三角余模概念

定义 2.1.1[17,27−28]　设 T 是 L 上的二元运算. 若 T 满足条件

(T1) $T(T(x,y),z) = T(x,T(y,z)), \forall x,y,z \in L$;　　　　　　　　　(结合律)

(T2) $T(x,y) = T(y,x), \forall x,y \in L$;　　　　　　　　　　　　　　(交换律)

(T3) $y \leqslant z \Rightarrow T(x,y) \leqslant T(x,z), T(y,x) \leqslant T(z,x), \forall x,y,z \in L$;　　(单调性)

(T4) $T(1,x) = T(x,1) = x, \forall x \in L$,　　　　　　　　　　　　　(边界条件)

则称 T 为 L 上的三角模或 t 模, 并称 1 为 T 的幺元.

若 T 满足 (T1)—(T3) 和条件

(S4) $T(0,x) = T(x,0) = x, \forall x \in L$,　　　　　　　　　　　　　(边界条件)

则称 T 为 L 上的三角余模或 s 模, 并称 0 为 T 的幺元.

习惯上经常用记号 T 和 S (带下标或不带下标) 分别表示三角模和三角余模.

由定义可知, 当 T 为 L 上的三角模时, (L, T) 是以 1 为幺元、以 0 为零元的交换幺半群; 当 S 为 L 上的三角余模时, (L, S) 是以 0 为幺元、以 1 为零元的交换幺半群. 此外, 不难发现, 有界格 $(L, \wedge, \vee)$ 上的交运算 $\wedge$ 是三角模, 并运算 $\vee$ 是三角余模.

例 2.1.1   对于任意的 $x, y \in L$, 定义

$$T_W(x, y) = \begin{cases} 1, & \text{若 } x = y = 1, \\ x, & \text{若 } x \neq 1 \text{ 且 } y = 1, \\ y, & \text{若 } x = 1 \text{ 且 } y \neq 1, \\ 0, & \text{否则,} \end{cases} \qquad S_M(x, y) = \begin{cases} 0, & \text{若 } x = y = 0, \\ x, & \text{若 } x \neq 0 \text{ 且 } y = 0, \\ y, & \text{若 } x = 0 \text{ 且 } y \neq 0, \\ 1, & \text{否则.} \end{cases}$$

显而易见, T_W 是三角模, S_M 是三角余模. 特别地, 当 L 是二元格时, T_W 就是 $\wedge$, S_M 就是 $\vee$, 而且 L 上没有其他的三角模和三角余模. 当格 L 至少含有 3 个元素时, T_W 与 $\wedge$ 不是同一个二元运算, S_M 与 $\vee$ 也不是同一个二元运算.

设 T 和 S 分别是 L 上的三角模和三角余模. 由于 T 满足结合律和交换律, 因此对于任意的 $a_1, a_2, \cdots, a_n \in L$ $(n \geqslant 2)$, 我们可以像对待 n 个数的连乘一样自然地赋予记号 $T(a_1, a_2, \cdots, a_n)$ 和 $S(a_1, a_2, \cdots, a_n)$ 的含义. 此外, 我们约定, 可以将 $T(a_1, a_2, \cdots, a_n)$ 和 $S(a_1, a_2, \cdots, a_n)$ 分别记为 $\overset{n}{\underset{i=1}{T}} a_i$ 和 $\overset{n}{\underset{i=1}{S}} a_i$. 再补充规定:

$$\overset{1}{\underset{i=1}{T}} a_i = a_1, \qquad \overset{1}{\underset{i=1}{S}} a_i = a_1.$$

当 $a_1 = a_2 = \cdots = a_n = a$ 时, $\overset{n}{\underset{i=1}{T}} a_i$ 和 $\overset{n}{\underset{i=1}{S}} a_i$ 又可分别记作 $a^{n(T)}$ 和 $a^{n(S)}$.

定义 2.1.2   设 T_1 和 T_2 都是 L 上的二元运算. 若

$$T_1(x, y) \leqslant T_2(x, y), \quad \forall x, y \in L,$$

称 T_1 小于或者等于 T_2 (或 T_2 大于或者等于 T_1), 记作 $T_1 \leqslant T_2$ (相应地, $T_2 \geqslant T_1$). 当 T_1 和 T_2 是同一个二元运算时, 自然地认为 T_1 等于 T_2, 并且记作 $T_1 = T_2$. 若 $T_1 \leqslant T_2$ 且 $T_1 \neq T_2$, 则称 T_1 严格小于 T_2 (或 T_2 严格大于 T_1), 记作 $T_1 < T_2$ (相应地, $T_2 > T_1$).

对于 L 上任意两个二元运算 T_1 和 T_2, $T_1 = T_2$ 当且仅当 $T_1 \leqslant T_2$ 并且 $T_1 \geqslant T_2$.

不难验证, L 上所有三角模组成的集合和所有三角余模组成的集合关于二元运算之间的序关系 $\leqslant$ 都构成偏序集, 并且当 L 是有界格时, 这两个偏序集都是有界的, 即下面结论成立.

命题 2.1.1 对于有界格 L 上的任意三角模 T 和任意三角余模 S, 总有

$$T_W \leqslant T \leqslant \wedge \leqslant \vee \leqslant S \leqslant S_M.$$

证明 直接验证. □

很明显, 三角模和三角余模的概念是对偶的. 具体地说, 根据定义 2.1.1 和对偶原理可以断言: L 上的一个二元运算 T 是有界偏序集 $(L, \leqslant)$ 上的三角模, 当且仅当 T 是对偶偏序集 $(L, \leqslant^d)$ 上的三角余模. 下面主要讨论三角模.

命题 2.1.2 设 T 是有界格 L 上的三角模, 则 $T = \wedge$ 的充分必要条件是

$$T(x, x) = x, \quad \forall x \in L.$$

证明 事实上, 必要性是显然的, 因此只证明充分性. 为此, 假设对于任意的 $x \in L, T(x, x) = x$. 于是, 由于 T 的单调性, 我们有

$$T(x, y) \geqslant T(x \wedge y, x \wedge y) = x \wedge y, \quad \forall x, y \in L.$$

这就是说, $T \geqslant \wedge$. 由命题 2.1.1 知, $T \leqslant \wedge$. 所以 $T = \wedge$. □

定义 2.1.3[17] 设 T 是有界格 L 上的二元运算. 若

$$T(y \wedge z, x) = T(y, x) \wedge T(z, x) \quad (T(x, y \wedge z) = T(x, y) \wedge T(x, z)), \quad \forall x, y, z \in L,$$

则称 T 是左 (右) 交分配的; 若 T 既是左交分配的又是右交分配的, 则称 T 是交分配的. 若

$$T(y \vee z, x) = T(y, x) \vee T(z, x) \quad (T(x, y \vee z) = T(x, y) \vee T(x, z)), \quad \forall x, y, z \in L,$$

则称 T 是左 (右) 并分配的; 若 T 既是左并分配的又是右并分配的, 则称 T 是并分配的. 若 T 既是左 (右) 交分配的又是左 (右) 并分配的, 则称 T 是左 (右) 分配的; 若 T 既是左分配的又是右分配的, 则称 T 是分配的.

定义 2.1.4[17,29] 设 T 是完备格 L 上的二元运算. 我们称 T 是左 (右) 任意交分配的, 是指: 对于任意的 $x \in L$ 和 L 的任意子集 M, 总有

$$T(\wedge M, x) = \wedge\{T(y, x) | y \in M\} \quad (T(x, \wedge M) = \wedge\{T(x, y) | y \in M\}).$$

对偶地, 我们称 T 是左 (右) 任意并分配的, 是指: 对于任意的 $x \in L$ 和 L 的任意子集 M, 总有

$$T(\vee M, x) = \vee\{T(y, x) | y \in M\} \quad (T(x, \vee M) = \vee\{T(x, y) | y \in M\}).$$

若 T 既是左 (右) 任意交分配的又是左 (右) 任意并分配的, 则称 T 是左 (右) 任意分配的; 若 T 既是左任意交 (并) 分配的又是右任意交 (并) 分配的, 则称 T 是任意交 (并) 分配的; 若 T 既是左任意分配的又是右任意分配的, 则称 T 是任意分配的.

运算 $\wedge$ 自然是有界格 L 上交分配的三角模. 当 L 是分配格时, $\wedge$ 是 L 上分配的三角模. 当 L 是完备 Brouwer 格时, $\wedge$ 是 L 上任意分配的三角模. 当 L 是完备链时, L 上所有三角模都是分配的. 当 L 是有限链时, L 上所有三角模都是任意分配的.

例 2.1.2　T_W 是有界格 L 上任意交分配的三角模, T_W 是 L 上分配的三角模当且仅当

$$y \vee z = 1 \Rightarrow x = 1 \text{ 或 } y = 1, \quad \forall x, y \in L.$$

T_W 是完备 L 上任意分配的三角模, 当且仅当对于任意的 $M \subseteq L$,

$$\vee M = 1 \Rightarrow 1 \in M.$$

特别地, 当 $L = [0,1]$ 时, T_W 不是 L 上任意分配的三角模.

定义 2.1.5　设 T 是 L 上的二元运算, $a \in L$. 令

$$\varphi_{a,T}(x) = T(a, x), \quad \forall x \in L.$$

若对于任意 $a \in L$, $\varphi_{a,T}$ 是 L 上的一个剩余映射, 即 $\varphi_{a,T}$ 有右伴随, 则称 T 具有左伴随性质; 若对于任意 $a \in L$, $\varphi_{a,T}$ 有左伴随, 即 $\varphi_{a,T}$ 是一个剩余对中的右伴随, 则称 T 具有右伴随性质.

注 2.1.1　根据定义 2.1.5, 当 T 具有左伴随性质时, 对于任意 $a \in L$, $\varphi_{a,T}$ 有右伴随 $\varphi_{a,T}^+$ 使得

$$\varphi_{a,T}(x) = T(a, x) \leqslant y \Leftrightarrow x \leqslant \varphi_{a,T}^+(y), \quad \forall x, y \in L.$$

于是, 当 $a = 1$ 时,

$$0 \leqslant \varphi_{1,T}^+(y) \Rightarrow \varphi_{1,T}(0) = T(1, 0) \leqslant y, \quad \forall y \in L.$$

因此 $T(1, 0) = 0$. 类似地, 当 T 具有右伴随性质时, 对于任意 $a \in L$, $\varphi_{a,T}$ 有左伴随 $\varphi_{a,T}^-$ 使得

$$\varphi_{a,T}^-(x) \leqslant y \Leftrightarrow x \leqslant \varphi_{a,T}(y) = T(a, y), \quad \forall x, y \in L.$$

这样, 当 $a = 0$ 时,

$$\varphi_{0,T}^-(x) \leqslant 1 \Rightarrow x \leqslant \varphi_{0,T}(1) = T(0, 1), \quad \forall x \in L.$$

由此可见, $T(0,1) = 1$. 这样一来, 满足交换律的二元运算不可能既具有左伴随性质又具有右伴随性质.

注 2.1.2 当 L 是完备格时, 由定理 1.2.2 知, T 具有左伴随性质, 当且仅当 T 是右任意并分配的; T 具有右伴随性质, 当且仅当 T 是右任意交分配的.

注 2.1.3 当 T 是三角模时, $T(1,0) = 0 \neq 1$, 因此 T 不可能具有右伴随性质. 同样, 当 S 是三角余模时, $S(1,0) = 1 \neq 0$, 这样 S 不可能具有左伴随性质. 当 T 是有界格上具有左伴随性质的三角模时, 关联条件

$$T(x,y) \leqslant z \Leftrightarrow x \leqslant y \to z \Leftrightarrow y \leqslant x \to z, \quad \forall x,y,z \in L$$

成立. 此时, $(L, \wedge, \vee, T, \to, 0, 1)$ 是交换 FL_w 代数或整交换剩余 l 幺半群 [12].

定理 2.1.1 设 T 是 L 上的三角模, $a, b \in L$ 并且 $a < b$. 令 $M = \{0,1\} \cup]a, b[$, 则 M 关于 L 中偏序关系也构成有界偏序集. 定义 M 上二元运算 T^* 如下: 对于任意的 $x, y \in M$,

$$T^*(x,y) = \begin{cases} T(x,y), & \text{若 } T(x,y) > a, \\ 0, & \text{否则}, \end{cases}$$

则 T^* 是 M 上的三角模.

证明 显然 M 关于 L 中偏序关系构成有界偏序集, 并且 T^* 满足 (T2)—(T4). 下面证明 T^* 满足结合律. 由 T^* 的定义可知

$$T^*(x,y) \leqslant T(x,y), \quad \forall x,y \in M.$$

现在任意给定 $x, y, z \in M$. 当 $T(T(x,y),z) > a$ 时, $T(x,y) > a$ 并且 $T(y,z) > a$. 因此

$$T^*(T^*(x,y),z) = T^*(T(x,y),z) = T(T(x,y),z) = T(x,T(y,z))$$

$$= T(x,T^*(y,z)) = T^*(x,T^*(y,z)).$$

当 $T(T(x,y),z) \not> a$ 时, $T(x,T(y,z)) \not> a$, 于是

$$T(T^*(x,y),z) \leqslant T(T(x,y),z), \quad T(x,T^*(y,z)) \leqslant T(x,T(y,z)),$$

因此, $T^*(T^*(x,y),z) = 0 = T^*(x,T^*(y,z))$. 这就表明 T^* 满足 (T1). 从而 T^* 是 M 上的三角模. $\square$

对偶地, 设 S 是 L 上的三角余模, 定义 M 上的二元运算 S^* 如下: 对于任意的 $x, y \in M$,

$$S^*(x,y) = \begin{cases} S(x,y), & \text{若 } S(x,y) < b, \\ 1, & \text{否则}, \end{cases}$$

则 S^* 是 M 上的三角余模.

定理 2.1.2   设 M 也是有界偏序集, φ 是 L 到 M 的双射并且 φ 和 φ^{-1} 都是保序的, T 是 M 上的二元运算. 定义 L 上的二元运算 T_φ 如下:

$$T_\varphi(x,y) = \varphi^{-1}(T(\varphi(x),\varphi(y))), \quad \forall x,y \in L. \tag{2.1.1}$$

若 T 是 M 上的三角模 (三角余模), 则 T_φ 是 L 上的三角模 (相应地, 三角余模). 称这样的 T_φ 为由三角模 (三角余模) T 通过 φ 生成的三角模 (相应地, 三角余模).

证明   假设 T 是 M 上的三角模. 容易验证, T_φ 满足 (T2) 和 (T3). 另外,

$$T_\varphi(x,1) = \varphi^{-1}(T(\varphi(x),\varphi(1))) = \varphi^{-1}(T(\varphi(x),1)) = \varphi^{-1}(\varphi(x)) = x, \quad \forall x \in L,$$

$$T_\varphi(T_\varphi(x,y),z) = \varphi^{-1}(T(\varphi(T_\varphi(x,y)),\varphi(z)))$$

$$= \varphi^{-1}(T(\varphi(\varphi^{-1}(T(\varphi(x),\varphi(y)))),\varphi(z))) = \varphi^{-1}(T(T(\varphi(x),\varphi(y)),\varphi(z)))$$

$$= \varphi^{-1}(T(\varphi(x),T(\varphi(y),\varphi(z)))) = T_\varphi(x,T_\varphi(y,z)), \quad \forall x,y,z \in L.$$

这就是说, T_φ 满足 (T1) 和 (T4). 因此 T_φ 是 L 上的三角模.

当 T 是 M 上的三角余模时, 同理可证, T_φ 是 L 上的三角余模.   □

与定理 2.1.2 类似, 我们有

定理 2.1.3   设 M 也是有界偏序集, φ 是 L 到 M 的双射并且 φ 和 φ^{-1} 都是反序的, T 是 M 上的二元运算. 定义 L 上的二元运算 T_φ 如下:

$$T_\varphi(x,y) = \varphi^{-1}(T(\varphi(x),\varphi(y))), \quad \forall x,y \in L. \tag{2.1.2}$$

若 T 是 M 上的三角模 (三角余模), 则 T_φ 是 L 上的三角余模 (相应地, 三角模). 称这样的 T_φ 为三角模 (三角余模) T 的对偶三角余模 (相应地, 对偶三角模).   □

定理 2.1.2 和定理 2.1.3 讲的是如何从已知三角模和三角余模出发, 借助保序双射或反序双射构造新的三角模和三角余模. 现在介绍如何利用剩余映射和 Galois 关联构造新的三角模和三角余模.

定理 2.1.4[28]   设 M 也是有界偏序集, φ 是 M 到 L 的映射, ϕ 是 L 到 M 的映射, 并且 (φ,ϕ) 是一个剩余对. 则下面断言成立.

(1) 若 T 是 M 上的三角模并且

$$T(\phi(x),\phi(y)) \in \phi(L) \cup \{w \in M | w \leqslant \phi(0)\}, \quad \forall x,y \in L.$$

定义 L 上的二元运算 T_ϕ 如下:

$$T_\phi(x,y) = \begin{cases} \min\{x,y\}, & \text{若 } x=1 \text{ 或 } y=1, \\ \varphi(T(\phi(x),\phi(y))), & \text{否则}, \end{cases}$$

则 T_ϕ 是 L 上的三角模.

(2) 若 S 是 L 上的三角余模并且

$$S(\varphi(x), \varphi(y)) \in \varphi(M) \cup \{w \in L | w \geqslant \varphi(1)\}, \quad \forall x, y \in M.$$

定义 M 上的二元运算 S_φ 如下:

$$S_\varphi(x, y) = \begin{cases} \max\{x, y\}, & \text{若 } x = 0 \text{ 或 } y = 0, \\ \phi(S(\varphi(x), \varphi(y))), & \text{否则,} \end{cases}$$

则 S_ϕ 是 M 上的三角余模.

证明 这里只证明断言 (1) 成立.

事实上, 由定理 1.1.1 知, φ 和 ϕ 都是保序映射并且

$$\varphi \circ \phi \leqslant 1_L, \quad \phi \circ \varphi \geqslant 1_M.$$

其次, 由 T_ϕ 的定义立即可知, T_ϕ 满足 (T2) 和 (T4).

假设 $x, y, z \in L$ 并且 $y \leqslant z$. 当 $x = 1$ 时, $T_\phi(x, y) = y \leqslant z = T_\phi(x, z)$; 当 $x < 1, z = 1$ 时,

$$T_\phi(x, y) = \varphi(T(\phi(x), \phi(y))) \leqslant \varphi(T(\phi(x), 1)) = \varphi(\phi(x)) \leqslant x = T_\phi(x, z);$$

当 $x < 1, y \leqslant z < 1$ 时,

$$T_\phi(x, y) = \varphi(T(\phi(x), \phi(y))) \leqslant \varphi(T(\phi(x), \phi(z))) = T_\phi(x, z).$$

这就表明 T_ϕ 满足 (T3).

最后, 我们来证明 T_ϕ 满足 (T1). 为此, 任意给定 $x, y, z \in L$. 不难验证, 当 x, y, z 中至少有一个元素为 1 时, 等式 $T_\phi(T_\phi(x, y), z) = T_\phi(x, T_\phi(y, z))$ 成立; 若 $x < 1, y < 1, z < 1$, 则

$$T_\phi(T_\phi(x, y), z) = \varphi(T(\phi(T_\phi(x, y)), \phi(z))) = \varphi(T(\phi(\varphi(T(\phi(x), \phi(y)))), \phi(z))),$$

$$T_\phi(x, T_\phi(y, z)) = \varphi(T(\phi(x), \phi(T_\phi(y, z)))) = \varphi(T(\phi(x), \phi(\varphi(T(\phi(y), \phi(z)))))).$$

下面分两种情形讨论.

情形 1: $T(\phi(x), \phi(y)) \notin \phi(L)$.

此时, $T(\phi(x), \phi(y)) \leqslant \phi(0)$. 于是由命题 1.1.4 知

$$T_\phi(T_\phi(x, y), z) \leqslant \varphi(T(\phi(\varphi(\phi(0))), \phi(z))) = \varphi(T(\phi(0), \phi(z))) \leqslant \varphi(\phi(0)) \leqslant 0,$$

即 $T_\phi(T_\phi(x,y),z) = 0$.

如果 $T(\phi(y),\phi(z)) \in \phi(L)$, 那么存在 $s \in L$ 使得 $T(\phi(y),\phi(z)) = \phi(s)$, 于是由命题 1.1.4 知

$$T_\phi(x, T_\phi(y,z)) = \varphi(T(\phi(x), \phi(T_\phi(y,z)))) = \varphi(T(\phi(x), \phi(s)))$$

$$= \varphi(T(\phi(x), T(\phi(y), \phi(z)))) = \varphi(T(T(\phi(x), \phi(y)), \phi(z))),$$

$$\leqslant \varphi(T(\phi(0), \phi(z))) \leqslant 0,$$

即 $T_\phi(x, T_\phi(y,z)) = 0$.

如果 $T(\phi(y), \phi(z)) \notin \phi(L)$, 那么 $T(\phi(y), \phi(z)) \leqslant \phi(0)$, $T_\phi(x, T_\phi(y,z)) = 0$.

情形 2: $T(\phi(x), \phi(y)) \in \phi(L)$.

此时, 存在 $t \in L$ 使得 $T(\phi(x), \phi(y)) = \phi(t)$. 于是由命题 1.1.4 知

$$T_\phi(T_\phi(x,y), z) = \varphi(T(\phi(\varphi(\phi(t))), \phi(z))) = \varphi(T(\phi(t), \phi(z)))$$

$$= \varphi(T(T(\phi(x), \phi(y)), \phi(z))).$$

如果 $T(\phi(y), \phi(z)) \in \phi(L)$, 那么

$$T_\phi(x, T_\phi(y,z)) = \varphi(T(\phi(x), T(\phi(y), \phi(z)))) = \varphi(T(T(\phi(x), \phi(y)), \phi(z)))$$

$$= T_\phi(T_\phi(x,y), z).$$

如果 $T(\phi(y), \phi(z)) \notin \phi(L)$, 那么 $T(\phi(y), \phi(z)) \leqslant \phi(0)$, 此时 $T_\phi(x, T_\phi(y,z)) = 0$,

$$T_\phi(T_\phi(x,y), z) = \varphi(T(T(\phi(x), \phi(y)), \phi(z))) = \varphi(T(\phi(x), T(\phi(y), \phi(z))))$$

$$\leqslant \varphi(T(\phi(x), \phi(0))) = 0.$$

因此, $T_\phi(T_\phi(x,y), z) = T_\phi(x, T_\phi(y,z))$.

上述表明, T_ϕ 满足结合律.

所以 T_ϕ 是 L 上的三角模. □

设 $\varphi: M \to L$ 和 $\phi: L \to M$ 满足

$$\varphi(y) \leqslant x \Leftrightarrow \phi(x) \leqslant y, \quad \forall y \in M, x \in L. \tag{2.1.3}$$

则

$$x \leqslant^d \varphi(y) \Leftrightarrow y \leqslant^d \phi(x), \quad \forall y \in M, x \in L,$$

$$\varphi(y) \leqslant x \Leftrightarrow y \leqslant^d \phi(x), \quad \forall y \in M, x \in L.$$

这就是说, $\varphi : (M, \leqslant^d) \to (L, \leqslant^d)$ 和 $\phi : (L, \leqslant^d) \to (M, \leqslant^d)$ 构成 Galois 关联, 并且 $\varphi : (M, \leqslant^d) \to (L, \leqslant)$ 和 $\phi : (L, \leqslant) \to (M, \leqslant^d)$ 构成一个剩余对. 这样, 由定理 2.1.4 可得

定理 2.1.5 设 M 也是有界偏序集, $\varphi : M \to L$ 和 $\phi : L \to M$ 满足 (2.1.3) 式. 则下面断言成立.

(1) 假设 S 是 M 上的三角余模并且

$$S(\phi(x), \phi(y)) \in \phi(L) \cup \{w \in M | w \geqslant \phi(0)\}, \quad \forall x, y \in L.$$

定义 L 上的二元运算 S_ϕ 如下:

$$S_\phi(x, y) = \begin{cases} \min\{x, y\}, & \text{若 } x = 1 \text{ 或 } y = 1, \\ \varphi(S(\phi(x), \phi(y))), & \text{否则}, \end{cases}$$

则 S_ϕ 是 L 上的三角模.

(2) 假设 T 是 L 上的三角模并且

$$T(\varphi(x), \varphi(y)) \in \varphi(M) \cup \{w \in L | w \leqslant \varphi(1)\}, \quad \forall x, y \in M.$$

定义 M 上的二元运算 T_φ 如下:

$$T_\varphi(x, y) = \begin{cases} \max\{x, y\}, & \text{若 } x = 0 \text{ 或 } y = 0, \\ \phi(T(\varphi(x), \varphi(y))), & \text{否则}, \end{cases}$$

则 T_φ 是 M 上的三角余模. $\quad \square$

2.1.2 三角模的直积和直积分解

在这一段中, 如无特别说明, $(M, \leqslant)$ 也表示任意给定的一个有界偏序集. 规定 $L \times M$ 上的序关系 $\leqslant$ 为

$$(x_1, y_1) \leqslant (x_2, y_2) \Leftrightarrow x_1 \leqslant x_2 \text{ 且 } y_1 \leqslant y_2, \quad \forall (x_1, y_1), (x_2, y_2) \in L \times M,$$

则 $(L \times M, \leqslant)$ 也是一个有界偏序集, 其最小元和最大元分别是 $(0, 0)$ 和 $(1, 1)$.

如果 L 和 M 都是有界格, 那么 $L \times M$ 也是有界格并且对于任意的 (x_1, y_1), $(x_2, y_2) \in L \times M$,

$$(x_1, y_1) \wedge (x_2, y_2) = (x_1 \wedge x_2, y_1 \wedge y_2), \quad (x_1, y_1) \vee (x_2, y_2) = (x_1 \vee x_2, y_1 \vee y_2).$$

下面首先讨论三角模的直积.

定义 2.1.6[30-33] 设 T_1 和 T_2 分别是 L 和 M 上的二元运算. 定义 $L \times M$ 上的二元运算 T 如下:

$$T((x_1, y_1), (x_2, y_2)) = (T_1(x_1, x_2), T_2(y_1, y_2)), \quad \forall (x_1, y_1), (x_2, y_2) \in L \times M,$$

并称 T 为 T_1 与 T_2 的直积, 记为 $T_1 \times T_2$.

当 φ_1 是 L 到 L 的映射, 并且 φ_2 是 M 到 M 的映射时, 定义 $L \times M$ 到 $L \times M$ 的映射 φ 如下:

$$\varphi(x, y) = (\varphi_1(x), \varphi_2(y)), \quad \forall (x, y) \in L \times M,$$

并称 φ 为 φ_1 与 φ_2 的直积, 记为 $\varphi_1 \times \varphi_2$.

命题 2.1.3 设 T_1 和 T_2 分别是 L 和 M 上的三角模, 则 $T_1 \times T_2$ 是 $L \times M$ 上的三角模.

证明 直接验证. □

当 T_1 和 T_2 都是具有左伴随性质的三角模时, 由命题 2.1.3 知, $T_1 \times T_2$ 是 $L \times M$ 上的三角模. 实际上, $T_1 \times T_2$ 还是 $L \times M$ 上具有左伴随性质的三角模.

定理 2.1.6 设 T_1 和 T_2 分别是 L 和 M 上具有左伴随性质的三角模, 则 $T_1 \times T_2$ 是 $L \times M$ 上具有左伴随性质的三角模.

证明 若 T_1 和 T_2 都是具有左伴随性质的三角模, $(a, b) \in L \times M$, 则

$$\varphi_{a,T_1}(x_1) \leqslant x_2 \Leftrightarrow x_1 \leqslant \varphi_{a,T_1}^+(x_2), \quad \forall x_1, x_2 \in L,$$

$$\varphi_{b,T_2}(y_1) \leqslant y_2 \Leftrightarrow y_1 \leqslant \varphi_{b,T_2}^+(y_2), \quad \forall y_1, y_2 \in M.$$

于是

$$\varphi_{(a,b),T_1 \times T_2}(x_1, y_1) \leqslant (x_2, y_2) \Leftrightarrow (\varphi_{a,T_1}(x_1), \varphi_{b,T_2}(y_1)) \leqslant (x_2, y_2)$$

$$\Leftrightarrow \varphi_{a,T_1}(x_1) \leqslant x_2, \varphi_{b,T_2}(y_1) \leqslant y_2 \Leftrightarrow x_1 \leqslant \varphi_{a,T_1}^+(x_2), y_1 \leqslant \varphi_{b,T_2}^+(y_2)$$

$$\Leftrightarrow (x_1, y_1) \leqslant (\varphi_{a,T_1}^+(x_2), \varphi_{b,T_2}^+(y_2)) = (\varphi_{a,T_1}^+ \times \varphi_{b,T_2}^+)(x_2, y_2).$$

这就是说, $\varphi_{(a,b),T_1 \times T_2}$ 有右伴随 $\varphi_{a,T_1}^+ \times \varphi_{b,T_2}^+$. 所以 $T_1 \times T_2$ 是 $L \times M$ 上具有左伴随性质的三角模并且

$$(\varphi_{(a,b),T_1 \times T_2})^+ = \varphi_{a,T_1}^+ \times \varphi_{b,T_2}^+. \quad □$$

例 2.1.3 用 T_{1W} 和 T_{2W} 分别表示有界格 L 和有界格 M 上的最小三角模, 则 T_{1W} 与 T_{2W} 直积 $T_{1W} \times T_{2W}$ 为

$$(T_{1W} \times T_{2W})((x_1, y_1), (x_2, y_2)) = (T_{1W}(x_1, x_2), T_{2W}(y_1, y_2))$$

$$
= \begin{cases} (x_1 \wedge x_2, y_1 \wedge y_2), & \text{若 } 1 \in \{x_1, x_2\} \text{ 且 } 1 \in \{y_1, y_2\}, \\ (x_1 \wedge x_2, 0), & \text{若 } 1 \in \{x_1, x_2\} \text{ 且 } 1 \notin \{y_1, y_2\}, \\ (0, y_1 \wedge y_2), & \text{若 } 1 \notin \{x_1, x_2\} \text{ 且 } 1 \in \{y_1, y_2\}, \\ (0, 0), & \text{否则}, \end{cases}
$$

并且对于 L 上的任意三角模 T_1 和 M 上的任意三角模 T_2, $T_{1W} \times T_{2W} \leqslant T_1 \times T_2$, 而 $L \times M$ 上的最小三角模为

$$
T_W((x_1, y_1), (x_2, y_2))
$$

$$
= \begin{cases} (x_1 \wedge x_2, y_1 \wedge y_2), & \text{若 } (x_1, y_1) = (1, 1) \text{ 或 } (x_2, y_2) = (1, 1), \\ (0, 0), & \text{否则}, \end{cases}
$$

显然, $T_W < T_{1W} \times T_{2W} \leqslant T_1 \times T_2$, 即 $L \times M$ 上的最小三角模 T_W 不能表示为 L 上的三角模与 M 上的三角模的直积形式.

下面讨论三角模的直积分解问题.

令

$$
\Pi_1(x, y) = x, \Pi_2(x, y) = y, \quad \forall (x, y) \in L \times M,
$$

即 Π_1 和 Π_2 分别是 $L \times M$ 的元素关于第一个分量和第二个分量的投影映射.

命题 2.1.4 设 T 是 $L \times M$ 上的二元运算. 则 T 可以分解为 L 与 M 上的两个二元运算的直积, 当且仅当对于任意的 $(a, b) \in L \times M$, 下面两个条件成立:

(1) $\Pi_1(T((x_1, y_1), (x_2, y_2))) = \Pi_1(T((x_1, b), (x_2, b)))$, $\forall (x_1, y_1), (x_2, y_2) \in L \times M$;

(2) $\Pi_2(T(x_1, y_1), ((x_2, y_2))) = \Pi_2(T((a, y_1), (a, y_2)))$, $\forall (x_1, y_1), (x_2, y_2) \in L \times M$.

证明 设 T 是 L 上的二元运算 T_1 与 M 上的二元运算 T_2 的直积, 即 $T = T_1 \times T_2$. 这时, 对于任意的 $(a, b) \in L \times M$, 有

$$
\Pi_1(T((x_1, y_1), (x_2, y_2))) = \Pi_1(T_1(x_1, x_2), T_2(y_1, y_2)) = T_1(x_1, x_2)
$$

$$
= \Pi_1(T_1(x_1, x_2), T_2(b, b)) = \Pi_1(T((x_1, b), (x_2, b))), \quad \forall (x_1, y_1), (x_2, y_2) \in L \times M,
$$

$$
\Pi_2(T((x_1, y_1), (x_2, y_2))) = \Pi_2(T_1(x_1, x_2), T_2(y_1, y_2)) = T_2(y_1, y_2)
$$

$$
= \Pi_2(T_1(a, a), T_2(y_1, y_2)) = \Pi_2(T((a, y_1), (a, x_2))), \quad \forall (x_1, y_1), (x_2, y_2) \in L \times M.
$$

因此 T 满足条件 (1) 和 (2).

反过来, 设 T 满足条件 (1) 和 (2). 这时, 对于任意的 $(a, b) \in L \times M$, 令

$$
T_1(x_1, x_2) = \Pi_1(T((x_1, b), (x_2, b))), \quad \forall x_1, x_2 \in L,
$$

$$T_2(y_1, y_2) = \Pi_2(T((a, y_1), (a, y_2))), \quad \forall y_1, y_2 \in M,$$

于是, T_1 和 T_2 分别是 L 和 M 上的二元运算, 并且

$$T((x_1, y_1), (x_2, y_2)) = (\Pi_1(T((x_1, y_1), (x_2, y_2))), \Pi_2(T((x_1, y_1), (x_2, y_2))))$$

$$= (\Pi_1(T((x_1, b), (x_2, b))), \Pi_2(T((a, y_1), (a, y_2)))) = (T_1(x_1, x_2), T_2(y_1, y_2))$$

$$= (T_1 \times T_2)((x_1, y_1), (x_2, y_2)), \quad \forall (x_1, y_1), (x_2, y_2) \in L \times M.$$

这就是说, $T = T_1 \times T_2$. $\quad\square$

定理 2.1.7 设 T 是 $L \times M$ 上的三角模. 则 T 是 L 与 M 上的两个三角模的直积, 当且仅当 T 满足下面两个条件:

(1) $\Pi_1(T((x_1, y_1), (x_2, y_2))) = \Pi_1(T((x_1, 0), (x_2, 0)))$, $\forall (x_1, y_1), (x_2, y_2) \in L \times M$;

(2) $\Pi_2(T((x_1, y_1), (x_2, y_2))) = \Pi_2(T((0, y_1), (0, y_2)))$, $(x_1, y_1), (x_2, y_2) \in L \times M$.

证明 当 T 是 L 与 M 上的两个三角模的直积时, 由命题 2.1.4 知, T 满足条件 (1) 和 (2).

设 T 满足条件 (1) 和 (2). 令

$$T_1(x_1, x_2) = \Pi_1(T((x_1, 0), (x_2, 0))), \quad \forall x_1, x_2 \in L,$$

$$T_2(y_1, y_2) = \Pi_2(T((0, y_1), (0, y_2))), \quad \forall y_1, y_2 \in M.$$

显然, T_1 和 T_2 都满足 (T2) 和 (T3). 由于

$$T_1(x, 1) = \Pi_1(T((x, 0), (1, 0))) = \Pi_1(T((x, 0), (1, 1))) = \Pi_1(x, 0) = x, \quad \forall x \in L,$$

$$T_2(1, y) = \Pi_2(T((0, 1), (0, y))) = \Pi_2(T((1, 1), (0, y))) = \Pi_2(0, y) = y, \quad \forall y \in M.$$

因此, 1 既是 T_1 的幺元, 又是 T_2 的幺元. 由于 T 满足 (T1) 和条件 (1), 因此

$$T_1(T_1(x_1, x_2), x_3) = \Pi_1(T((T_1(x_1, x_2), 0), (x_3, 0)))$$

$$= \Pi_1(T((\Pi_1(T((x_1, 0), (x_2, 0))), 0), (x_3, 0)))$$

$$= \Pi_1(T((\Pi_1(T((x_1, 0), (x_2, 0))), \Pi_2(T((x_1, 0), (x_2, 0)))), (x_3, 0)))$$

$$= \Pi_1(T(T((x_1, 0), (x_2, 0)), (x_3, 0))) = \Pi_1(T((x_1, 0), T((x_2, 0), (x_3, 0))))$$

$$= T_1(x_1, T_1(x_2, x_3)), \quad \forall x_1, x_2, x_3 \in L.$$

所以 T_1 满足 (T1). 同理可证, T_2 满足 (T1). 因此, T_1 和 T_2 分别是 L 和 M 上的三角模. 由命题 2.1.4 的证明可知, $T = T_1 \times T_2$. □

注 2.1.4 由命题 2.1.4 知, 定理 2.1.7 条件 (1) 和 (2) 换成

(3) $\Pi_1(T((x_1,y_1),\ (x_2,y_2))) = \Pi_1(T((x_1,1),\ (x_2,1)))$, $\forall (x_1,y_1),\ (x_2,y_2) \in L \times M$;

(4) $\Pi_2(T((x_1,y_1),(x_2,y_2))) = \Pi_2(T((1,y_1),\ (1,y_2)))$, $\forall (x_1,y_1),\ (x_2,y_2) \in L \times M$

时, 结论仍然成立.

例 2.1.4 取 $L = \{0,1\}$, $M = \{0,1/2,1\}$. 定义 $L \times M$ 上的二元运算 T 如下:

$$T(x,y) = \begin{cases} x, & \text{若 } y = (1,1), \\ y, & \text{若 } x = (1,1), \\ (0,1), & \text{若 } x = y = (0,1), \\ (1,0), & \text{若 } x,y \in \{(1,0),(1,1/2)\}, \\ (0,0), & \text{否则}, \end{cases}$$

则 T 是 $L \times M$ 上的三角模. 因为

$$0 = \Pi_2(T((0,1/2),(0,1))) \neq \Pi_2(T((1,1/2),(1,1))) = 1/2,$$

所以由定理 2.1.7 知, T 不是 L 与 M 上的两个三角模的直积.

定理 2.1.8 设 L 和 M 都是有界格, T 是 $L \times M$ 上的三角模. 则 T 是 L 与 M 上的两个三角模的直积, 当且仅当对于任意的 $(x_1,y_1),(x_2,y_2) \in L \times M$, 总有

$$T((x_1,y_1),(x_2,y_2)) = T((x_1,0),(x_2,0)) \vee T((0,y_1),(0,y_2)). \tag{2.1.4}$$

证明 当 T 是 L 上三角模 T_1 与 M 上三角模 T_2 的直积时, 对于任意的 $(x_1,y_1),(x_2,y_2) \in L \times M$,

$$T((x_1,0),(x_2,0)) \vee T((0,y_1),(0,y_2))$$
$$= (T_1(x_1,x_2),T_2(0,0)) \vee (T_1(0,0),T_2(y_1,y_2))$$
$$= (T_1(x_1,x_2),0) \vee (0,T_2(y_1,y_2)) = (T_1(x_1,x_2),T_2(y_1,y_2))$$
$$= (T_1 \times T_2)((x_1,y_1),(x_2,y_2)) = T((x_1,y_1),(x_2,y_2)).$$

因此 T 满足 (2.1.4) 式.

当 T 满足 (2.1.4) 式时, 对于任意的 $(x_1,y_1),(x_2,y_2) \in L \times M$,

$$\Pi_2(T((x_1,y_1),(x_2,y_2))) = \Pi_2(T((x_1,0),(x_2,0)) \vee T((0,y_1),(0,y_2)))$$

$$= \Pi_2(T((x_1,0),(x_2,0))) \vee \Pi_2(T((0,y_1),(0,y_2))).$$

因为

$$\Pi_2(T((x_1,0),(x_2,0))) \leqslant \Pi_2(T((x_1,0),(1,1))) = \Pi_2(x_1,0) = 0,$$

所以

$$\Pi_2(T((x_1,y_1),(x_2,y_2))) = \Pi_2(T((0,y_1),(0,y_2))), \quad \forall (x_1,y_1),(x_2,y_2) \in L \times M.$$

同理,

$$\Pi_1(T((x_1,y_1),(x_2,y_2))) = \Pi_1(T((x_1,0),(x_2,0))), \quad \forall (x_1,y_1),(x_2,y_2) \in L \times M.$$

这样一来, 由定理 2.1.7 可以断言, T 是 L 与 M 上的两个三角模的直积.　　□

　　命题 2.1.5　设 L 和 M 都是有界格, T 是 $L \times M$ 上的三角模. 则 T 是并分配的, 当且仅当 T 可以分解为 L 与 M 上的两个并分配的三角模的直积.

　　证明　当 T 是并分配三角模时, 对于任意的 $(x_1,y_1),(x_2,y_2),(x_3,y_3) \in L \times M$,

$$T((x_1,y_1),(x_2,y_2) \vee (x_3,y_3)) = T((x_1,y_1),(x_2,y_2)) \vee T((x_1,y_1),(x_3,y_3)).$$

这样一来, 由于 T 满足交换律, 因此对于任意的 $(x_1,y_1),(x_2,y_2) \in L \times M$, 都有

$$T((x_1,y_1),(x_2,y_2)) = T((x_1,0) \vee (0,y_1),(x_2,y_2))$$

$$= T((x_1,0),(x_2,y_2)) \vee T((0,y_1),(x_2,y_2))$$

$$= T((x_1,0),(x_2,0)) \vee T((x_1,0),(0,y_2)) \vee T((0,y_1),(x_2,0)) \vee T((0,y_1),(0,y_2)).$$

因为

$$T((x_1,0),(0,y_2)) \leqslant T((1,0),(0,1)) \leqslant (1,0) \wedge (0,1) = (0,0),$$

$$T((0,y_1),(x_2,0)) \leqslant T((0,1),(1,0)) \leqslant (0,1) \wedge (1,0) = (0,0),$$

所以, 对于任意的 $(x_1,y_1),(x_2,y_2) \in L \times M$, 都有

$$T((x_1,y_1),(x_2,y_2)) = T((x_1,0),(x_2,0)) \vee T((0,y_1),(0,y_2)).$$

这样, 根据定理 2.1.8, 存在 L 上的三角模 T_1 与 M 上的三角模 T_2 使得 $T = T_1 \times T_2$, 并且对于任意的 $(x_1,y_1),(x_2,y_2),(x_3,y_3) \in L \times M$,

$$(T_1(x_1,x_2 \vee x_3), T_2(y_1,y_2 \vee y_3)) = (T_1 \times T_2)((x_1,y_1),(x_2 \vee x_3,y_2 \vee y_3))$$

$$= T((x_1, y_1), (x_2, y_2) \vee (x_3, y_3)) = T((x_1, y_1), (x_2, y_2)) \vee T((x_1, y_1), (x_3, y_3))$$

$$= (T_1(x_1, x_2), T_2(y_1, y_2)) \vee (T_1(x_1, x_3), T_2(y_1, y_3))$$

$$= (T_1(x_1, x_2) \vee T_1(x_1, x_3), T_2(y_1, y_2) \vee T_2(y_1, y_3))$$

$$\Rightarrow T_1(x_1, x_2 \vee x_3) = T_1(x_1, x_2) \vee T_1(x_1, x_3), T_2(y_1, y_2 \vee y_3) = T_2(y_1, y_2) \vee T_2(y_1, y_3).$$

因此 T_1 和 T_2 都是并分配的.

当 T_1 和 T_2 都是并分配三角模时, 对于任意的 (x_1, y_1), (x_2, y_2), $(x_3, y_3) \in L \times M$, 都有

$$T((x_1, y_1), (x_2, y_2) \vee (x_3, y_3)) = (T_1 \times T_2)((x_1, y_1), (x_2 \vee x_3, y_2 \vee y_3))$$

$$= (T_1(x_1, x_2 \vee x_3), T_2(y_1, y_2 \vee y_3)) = (T_1(x_1, x_2) \vee T_1(x_1, x_3), T_2(y_1, y_2) \vee T_2(y_1, y_3))$$

$$= (T_1(x_1, x_2), T_2(y_1, y_2)) \vee (T_1(x_1, x_3), T_2(y_1, y_3))$$

$$= T((x_1, y_1), (x_2, y_2)) \vee T((x_1, y_1), (x_3, y_3)).$$

因此 T 也是并分配的.   □

当 T 是交分配三角模时, 命题 2.1.5 不成立.

例 2.1.5 设 L 是有界分配格. 定义 L 上的二元运算 $\otimes$ 如下:

$$\otimes((x_1, y_1), (x_2, y_2)) = (x_1 \wedge x_2, ((x_1 \wedge y_1) \vee (x_2 \wedge y_2)) \wedge y_1 \wedge y_2),$$

其中 $x_1, x_2, y_1, y_2 \in L$. 容易验证, $\otimes$ 是 L 上的三角模. 因为

$$\otimes((x_1, y_1), (x_2, y_2) \wedge (x_3, y_3)) = \otimes((x_1, y_1), (x_2 \wedge x_3, y_2 \wedge y_3))$$

$$= (x_1 \wedge x_2 \wedge x_3, ((x_1 \wedge y_1) \vee (x_2 \wedge x_3 \wedge y_2 \wedge y_3)) \wedge (y_1 \wedge y_2 \wedge y_3))$$

$$= (x_1 \wedge x_2 \wedge x_3, (x_1 \wedge y_1 \wedge y_2 \wedge y_3) \vee (x_2 \wedge x_3 \wedge y_1 \wedge y_2 \wedge y_3)),$$

$$\otimes((x_1, y_1), (x_2, y_2)) \wedge \otimes((x_1, y_1), (x_3, y_3))$$

$$= (x_1 \wedge x_2, ((x_1 \wedge y_1) \vee (x_2 \wedge y_2)) \wedge y_1 \wedge y_2)$$

$$\wedge (x_1 \wedge x_3, ((x_1 \wedge y_1) \vee (x_3 \wedge y_3)) \wedge y_1 \wedge y_3)$$

$$= (x_1 \wedge x_2, ((x_1 \wedge y_1 \wedge y_2) \vee (x_2 \wedge y_1 \wedge y_2)))$$

$$\wedge (x_1 \wedge x_3, ((x_1 \wedge y_1 \wedge y_3) \vee (x_3 \wedge y_1 \wedge y_3)))$$

$$= (x_1 \wedge x_2 \wedge x_3, (x_1 \wedge y_1 \wedge y_3) \vee (x_1 \wedge x_3 \wedge y_1 \wedge y_2 \wedge y_3)$$

$$\vee (x_1 \wedge x_2 \wedge y_1 \wedge y_2 \wedge y_3) \vee (x_2 \wedge x_3 \wedge y_1 \wedge y_2 \wedge y_3))$$

$$= (x_1 \wedge x_2 \wedge x_3, (x_1 \wedge y_1 \wedge y_2 \wedge y_3) \vee (x_2 \wedge x_3 \wedge y_1 \wedge y_2 \wedge y_3)),$$

所以对于任意的 $x_1, x_2, x_3, y_1, y_2, y_3 \in L$,

$$\otimes((x_1, y_1), (x_2, y_2) \wedge (x_3, y_3)) = \otimes((x_1, y_1), (x_2, y_2)) \wedge \otimes((x_1, y_1), (x_3, y_3)).$$

这就是说 $\otimes$ 是交分配的. 但是, 当 $x, y \in]0, 1[$ 并且 $x \wedge y \neq 0$ 时,

$$0 = \Pi_2(\otimes((0, x), (0, y))) \neq \Pi_2(\otimes((1, x), (1, y))) = x \wedge y.$$

于是, 由定理 2.1.7 知, $\otimes$ 不是 L 上的两个三角模的直积.

注 2.1.5　由注 2.1.4, 定理 2.1.8 和命题 2.1.5 的证明知, 当 L 和 M 都是有界格时, $L \times M$ 上的三角余模 S 是交分配的, 当且仅当 S 可以分解为 L 与 M 上的两个交分配的三角余模的直积.

定理 2.1.9　设 L 和 M 都是有界格. 若 T 是 $L \times M$ 上具有左伴随性质的三角模, 则存在 L 上具有左伴随性质的三角模 T_1 与 M 上具有左伴随性质的三角模 T_2 使得 $T = T_1 \times T_2$.

证明　设 T 是 $L \times M$ 上具有左伴随性质的三角模, 则对于任意的 $(a, b) \in L \times M$, $\varphi_{(a,b),T}$ 是 $L \times M$ 到 $L \times M$ 的剩余映射. 根据命题 1.1.3, $\varphi_{(a,b),T}$ 是保并映射. 因此 T 是并分配的. 这样, 根据命题 2.1.5, 存在 L 上的三角模 T_1 与 M 上的三角模 T_2 使得 $T = T_1 \times T_2$. 令

$$\varphi_a^*(x) = \Pi_1(\varphi_{(a,0),T}^+(x, 0)), \quad \forall x \in L,$$

$$\varphi_b^*(y) = \Pi_2(\varphi_{(0,b),T}^+(0, y)), \quad \forall y \in M.$$

则

$$T_1(a, x_1) \leqslant x_2 \Leftrightarrow T((a, 0), (x_1, 0)) \leqslant (x_2, 0) \Leftrightarrow (x_1, 0) \leqslant \varphi_{(a,0),T}^+(x_2, 0)$$

$$\Leftrightarrow x_1 \leqslant \Pi_1(\varphi_{(a,0),T}^+(x_2, 0)) \Leftrightarrow x_1 \leqslant \varphi_a^*(x_2), \quad \forall x_1, x_2 \in L.$$

这就是说, φ_a^* 是 φ_{a,T_1} 的右伴随. 同理可证, φ_b^* 是 φ_{b,T_2} 的右伴随. 所以, T_1 和 T_2 分别是 L 和 M 上具有左伴随性质的三角模. $\square$

由定理 2.1.6 的证明知, $(\varphi_{(a,b),T_1 \times T_2})^+ = \varphi_{a,T_1}^+ \times \varphi_{b,T_2}^+$. 根据注 1.1.1, 剩余映射的右伴随是唯一的, 因此,

$$\varphi_{(a,b),T}^+(x, y) = (\Pi_1(\varphi_{(a,0),T}^+(x, 0)), \Pi_2(\varphi_{(0,b),T}^+(0, y))), \quad \forall(x, y) \in L \times M.$$

结合定理 2.1.6 和定理 2.1.9 可得:

定理 2.1.10 设 L 和 M 都是有界格, T 是 $L \times M$ 上的三角模. 则 T 是 $L \times M$ 上具有左伴随性质的三角模, 当且仅当 T 可以表示为 L 上具有左伴随性质的三角模 T_1 与 M 上具有左伴随性质的三角模 T_2 的直积形式, 即 $T = T_1 \times T_2$. □

2.1.3 [0, 1] 上的三角模和三角余模

单位闭区间 $[0,1]$ 是一个完备链, 并且

$$x \wedge y = \min\{x, y\}, \quad x \vee y = \max\{x, y\}, \quad \forall x, y \in [0, 1].$$

设 f 是定义在 $[0,1]^2$ 上的二元函数. 若 f 满足条件

$$(x_1, y_1) \leqslant (x_2, y_2) \Rightarrow f(x_1, y_1) \leqslant f(x_2, y_2), \quad \forall (x_1, y_1), (x_2, y_2) \in [0, 1]^2,$$

则称 f 为单调递增函数. 我们知道, 当 f 为单调递增函数时, f 是 $[0,1]^2$ 上的连续函数, 当且仅当 f 对每一个变量都是连续的, 即对于任意的 $a, b \in [0, 1]$, $f(a, y)$ 和 $f(x, b)$ 都是 $[0, 1]$ 上的一元连续函数.

众所周知, 若对于所有由 $[0,1]$ 中的数组成的单调递增 (单调递减) 数列 $\{x_n\}_{n \in \mathbb{N}}$ 都有

$$f(a, \lim_{n \to \infty} x_n) = \lim_{n \to \infty} f(a, x_n),$$

则 $f(a, x)$ 是 $[0, 1]$ 上左连续函数 (相应地, 右连续函数).

设 T 是 $[0, 1]$ 上的三角模 (三角余模), $a \in [0, 1]$, 当 $\{x_n\}_{n \in \mathbb{N}}$ 是由 $[0, 1]$ 中的数组成的单调递增 (相应地, 单调递减) 数列时, $\{T(a, x_n)\}_{n \in \mathbb{N}}$ 也是单调递增 (相应地, 单调递减) 数列并且

$$\lim_{n \to \infty} x_n = \vee \{x_n | n \in \mathbb{N}\} \quad (\lim_{n \to \infty} x_n = \wedge \{x_n | n \in \mathbb{N}\}),$$

$$\lim_{n \to \infty} T(a, x_n) = \vee \{T(a, x_n) | n \in \mathbb{N}\} \quad (\lim_{n \to \infty} T(a, x_n) = \wedge \{T(a, x_n) | n \in \mathbb{N}\}).$$

根据注 2.1.2, T 是 $[0, 1]$ 上具有左伴随性质的三角模 (相应地, 具有右伴随性质的三角余模), 当且仅当对于任意的 $a \in [0, 1]$, $T(a, x)$ 在 $[0, 1]$ 上是右任意并分配的 (相应地, 右任意交分配的).

注 2.1.6 因为 $T(a, 0) = 0$(相应地, $T(a, 1) = 1$), 所以 T 是 $[0, 1]$ 上具有左伴随性质的三角模 (相应地, 具有右伴随性质的三角余模), 当且仅当对于任意的 $a \in [0, 1]$ 及任意的由 $[0, 1]$ 中的数组成的单调递增 (相应地, 单调递减) 数列 $\{x_n\}_{n \in \mathbb{N}}$ 都有

$$T(a, \lim_{n \to \infty} x_n) = T(a, \vee \{x_n | n \in \mathbb{N}\}) = \vee \{T(a, x_n) | n \in \mathbb{N}\} = \lim_{n \to \infty} T(a, x_n)$$

$$(T(a, \lim_{n\to\infty} x_n) = T(a, \wedge\{x_n | n \in \mathbb{N}\}) = \wedge\{T(a, x_n) | n \in \mathbb{N}\} = \lim_{n\to\infty} T(a, x_n)),$$

当且仅当对于任意的 $a \in [0,1]$, $T(a,x)$ 是 $[0,1]$ 上一元左连续 (相应地, 右连续) 函数.

注 2.1.7   当 $[0,1]$ 上的三角模 (三角余模) T 是 $[0,1]^2$ 上的二元连续函数时, 对于任意的 $a \in [0,1]$, $T(a,x)$ 都是 $[0,1]$ 上一元连续函数, 即 $T(a,x)$ 都是 $[0,1]$ 上既左连续又右连续的一元函数, 因而 T 是 $[0,1]$ 上具有左伴随性质的三角模 (相应地, 具有右伴随性质的三角余模).

我们知道, $[0,1]$ 上的三角模 (三角余模) 不可能具有右伴随性质 (相应地, 不可能具有左伴随性质). 因此, 当 $[0,1]$ 上的三角模 (三角余模) T 是 $[0,1]^2$ 上的二元连续函数时, 三角模 (相应地, 三角余模) T 不可能既是 $[0,1]$ 上具有左伴随性质的三角模 (相应地, 具有左伴随性质的三角余模) 又是 $[0,1]$ 上具有右伴随性质的三角模 (相应地, 具有右伴随性质的三角余模).

事实上, $[0,1]$ 上的三角模 (三角余模) T 是 $[0,1]^2$ 上的二元连续函数, 当且仅当对于任意 $a \in [0,1]$, $T(a,x)$ 在 $[0,1]$ 上具有左伴随性质 (相应地, 在 $[0,1]$ 上具有右伴随性质) 并且在格 $[0,1[$ 上具有右伴随性质 (相应地, 在格 $]0,1]$ 上具有左伴随性质), 当且仅当对于任意的 $a \in [0,1]$, $T(a,x)$ 是 $[0,1]$ 上的一元连续函数, 即在 $]0,1[$ 内连续, 在两个端点处单侧连续.

注 2.1.8   当 $[0,1]$ 上的三角模 (三角余模) T 是 $[0,1]^2$ 上的二元连续函数时, 也称 T 是 $[0,1]$ 上的连续三角模 (相应地, 连续三角余模). 此时, T 是 $[0,1]$ 上具有左伴随性质的三角模 (相应地, 具有右伴随性质的三角余模), 但不是 $[0,1]$ 上具有右伴随性质的三角模 (相应地, 具有左伴随性质的三角余模).

但是, 对于 $[0,1]^2$ 上的三角模来说, 类似的结论不再成立.

例 2.1.6   在例 2.1.5 中, 取 $L = [0,1]$. 定义 $[0,1]^2$ 上的二元运算 $\otimes$ 如下:

$$\otimes ((x_1, y_1), (x_2, y_2))$$

$$= (\min\{x_1, x_2\}, \min\{\max(\{\min\{x_1, y_1\}, \min\{x_2, y_2\}), y_1, y_2\}),$$

其中 $x_1, x_2, y_1, y_2 \in [0,1]$. 则 $\otimes$ 是 $[0,1]^2$ 上的三角模并且是四元连续函数. 由例 2.1.5 知, $\otimes$ 不是 $[0,1]$ 上的两个三角模的直积, 由定理 2.1.10 知, $\otimes$ 不是 $[0,1]^2$ 上具有左伴随性质的三角模.

定义 2.1.7[34−36]   设 T 是 $[0,1]$ 上的三角模. 若 $a \in]0,1[$ 并且存在 $b \in]0,1[$ 使得 $T(a,b) = 0$, 则称 a 为 T 的零因子. 若

$$T(x,y) = T(x,z) \Rightarrow x = 0 \text{ 或 } y = z, \quad \forall x, y, z \in [0,1],$$

则称 T 满足消去律. 若

$$T(x,y) = T(x,z) > 0 \Rightarrow y = z, \quad \forall x,y,z \in [0,1],$$

则称 T 满足条件消去律. 若对于任意的 $x,y \in]0,1[$ 存在 $n \in \mathbb{N}$ 使得 $x^{n(T)} < y$, 则称 T 为阿基米德三角模. 若 $a \in]0,1[$ 并且存在 $n \in \mathbb{N}$ 使得 $a^{n(T)} = 0$, 则称 a 为 T 的幂零元, 若 $]0,1[$ 中所有元素都是 T 的幂零元并且 T 是连续的, 则称 T 为幂零三角模. 若

$$x,y \in L\backslash\{0\} \Rightarrow T(x,y) \in L\backslash\{0\},$$

则称 T 为正定三角模; 正定并且左连续的三角模也称为正则三角模. 若

$$x > 0, y < z \Rightarrow T(x,y) < T(x,z), \quad \forall x,y,z \in L,$$

则称 T 是严格单调的. 若 T 是严格单调并且连续的, 则称 T 为严格三角模.

显然, T 的幂零元必是 T 的零因子. 反过来, 若 T 有零因子, 即存在 $a,b \in]0,1[$ 使得 $T(a,b) = 0$, 取 $c = \min\{a,b\}$, 则 $c > 0$ 且 $T(c,c) = 0$, 于是, $c > 0$ 是 T 的幂零元. 因此, $[0,1]$ 上的三角模 T 有幂零元, 当且仅当 T 有零因子.

满足消去律的三角模一定满足条件消去律. 正定三角模没有零因子. 严格单调的三角模没有非平凡的幂等元 (0 和 1 都是三角模的幂等元, 称为平凡幂等元) 也没有零因子. 正则三角模是正定三角模.

例 2.1.7 $[0,1]$ 上 4 个常见的三角模见表 2.1. 容易看出, 4 个常见的三角模之间的序关系如下:

$$T_D < T_L < T_P < T_M.$$

T_D 和 T_M 分别是最小三角模 T_W 和最大三角模, T_P 和 T_L 分别是严格三角模和幂零三角模的代表. $[0,1]$ 上所有元素都是 T_M 的幂等元, T_P, T_L 及 T_D 仅有平凡幂等元, T_L 和 T_D 的幂零元集和零因子集都是 $]0,1[$, T_M 和 T_P 既没有幂零元又无零因子.

表 2.1　[0, 1] 上常见的三角模和三角余模

名称	表达式
Gödel 三角模或最小值三角模	$T_M(x,y) = \min\{x,y\}$
乘积三角模	$T_P(x,y) = x \cdot y$
Łukasiewicz 三角模	$T_L(x,y) = \max\{x+y-1, 0\}$
突变积三角模	$T_D(x,y) = \begin{cases} 0, & \text{如果 } (x,y) \in [0,1[^2 \\ \min\{x,y\}, & \text{否则} \end{cases}$
最大值三角余模	$S_W(x,y) = \max\{x,y\}$
概率和三角余模	$S_P(x,y) = x + y - x \cdot y$
Łukasiewicz 或有界和三角余模	$S_L(x,y) = \min\{x+y, 1\}$
突变和三角余模	$S_D(x,y) = \begin{cases} 1, & \text{如果 } (x,y) \in]0,1]^2 \\ \max\{x,y\}, & \text{否则} \end{cases}$

取 $\varphi(x) = 1 - x$ 时, φ 和 φ^{-1} 都是 $[0,1]$ 到 $[0,1]$ 的反序双射. 于是由定理 2.1.3 可得 $[0,1]$ 上 4 个常见三角模的对偶三角余模. 这 4 个三角余模之间的序关系为

$$S_W < S_P < S_L < S_D.$$

显然, T_M 及其对偶三角余模 S_W 还有 S_P 和 S_L 都是 $[0,1]^2$ 上的连续函数, T_D 及其对偶三角余模 S_D 都不是 $[0,1]^2$ 上的连续函数. 突变积三角模 T_D 在格 $[0,1[$ 上具有右伴随性质, 但在 $[0,1]$ 上既不具有左伴随性质也不具有右伴随性质.

例 2.1.8[37-40]   对于任意的 $x, y \in [0,1]$, 令

$$R_0(x,y) = T_{nM}(x,y) = \begin{cases} 0, & \text{如果 } x + y \leqslant 1, \\ \min\{x, y\}, & \text{否则.} \end{cases}$$

这是王国俊在深入研究模糊推理的逻辑基础时由 R_0 蕴涵诱导的三角模, 称之为 R_0 三角模. Fodor 在研究具有反位对称性的模糊蕴涵时也诱导出该三角模, 也称之为幂零最小值三角模. 它的对偶三角余模为

$$S_{nM}(x,y) = \begin{cases} 1, & \text{如果 } x + y \geqslant 1, \\ \max\{x, y\}, & \text{否则,} \end{cases}$$

其中 $x, y \in [0,1]$, 称 S_{nM} 为幂零最大值三角余模.

R_0 三角模的幂等元集是 $\{0\} \cup]0.5, 1]$, 它的幂零元集是 $]0, 0.5]$, 它的零因子集是 $]0, 1[$. R_0 具有左伴随性质但不具有右伴随性质. S_{nM} 具有右伴随性质但不具有左伴随性质.

根据定理 2.1.2, 给定 $[0,1]$ 上的三角模 T, 通过 $[0,1]$ 上的自同构 φ, 可以生成三角模 T_φ.

例 2.1.9   当 $t = 1$ 时, 对于任意的 $x \in [0,1]$, 令 $\varphi_1(x) = x$, 当 $0 < t \neq 1$ 时, 对于任意的 $x \in [0,1]$, 令

$$\varphi_t(x) = \frac{t^x - 1}{t - 1},$$

则 φ_t 都是 $[0,1]$ 的自同构并且由 φ_t 生成的三角模为

$$T_F^t(x,y) = \begin{cases} x \cdot y, & \text{若 } t = 1, \\ \log_t(1 + (t^x - 1)(t^y - 1)/(t - 1)), & \text{若 } 0 < t \neq 1, \end{cases}$$

其中 $x, y \in [0,1]$. 令 $T_F^0 = T_M$, $T_F^\infty = T_L$, 则 $\{T_F^t \mid 0 \leqslant t \leqslant \infty\}$ 就是 Frank 类三角模.

当 $1 \leqslant t < \infty$ 时, 对于任意 $x \in [0,1]$, 令

$$\varphi_t(x) = 1 - (1-x)^t,$$

则 φ_t 也都是 $[0,1]$ 的自同构并且由 φ_t 生成三角模为

$$T_Y^t(x,y) = 1 - \min\{((1-x)^t + (1-y^t))^{1/t}, 1\},$$

其中 $x, y \in [0,1]$ 并且 $\{T_Y^t \mid 1 \leqslant t < \infty\}$ 就是 Yager 类三角模.

通过这样方法, 也可以得到 Schweizer-Sklar 类三角模和 Hamacher 类三角模.

利用分析学中相关理论, 可以证明 $[0,1]$ 上的连续三角模 (三角余模) 都可以用 $[0,1]$ 上的连续阿基米德三角模 (相应地, 三角余模) 和 T_M (相应地, S_W) 表示. 这里我们仅列出一些主要结论, 省略它们的证明 (参见文献 [34, 41—43]).

定理 2.1.11 设 T 是 $[0,1]^2$ 上的二元函数. 则下列断言是等价的.

(1) T 是 $[0,1]$ 上连续阿基米德三角模.

(2) T 有一个连续加法生成子, 即存在一个连续严格单调递减函数

$$t : [0,1] \to [0,\infty]$$

满足 $t(1) = 0$ 并且对于任意的 $x, y \in [0,1]$,

$$T(x,y) = t^{(-1)}(t(x) + t(y)), \tag{2.1.5}$$

其中

$$t^{(-1)}(x) = \begin{cases} t^{-1}(x), & \text{若 } x \in [0, t(0)], \\ 0, & \text{若 } x \in]t(0), \infty] \end{cases}$$

是 t 的伪逆. 除了相差一个正的常系数外, t 是唯一的, 即若连续严格单调递减函数 t_1 和 t_2 都是连续三角模 T 的加法生成子, 则存在正的常数 c 使得 $t_2 = ct_1$.

(3) T 有一个连续乘法生成子, 即存在一个连续严格单调递增函数

$$w : [0,1] \to [0,1]$$

满足 $w(1) = 1$ 并且对于任意 $x, y \in [0,1]$,

$$T(x,y) = w^{(-1)}(w(x) \cdot w(y)), \tag{2.1.6}$$

其中

$$w^{(-1)}(x) = \begin{cases} 1, & \text{若 } x \in [0, w(0)], \\ w^{-1}(x), & \text{若 } x \in]w(0), 1] \end{cases}$$

是 w 的伪逆. 除了相差一个正的常系数外, w 是唯一的.　　□

设 T 是连续的阿基米德三角模. 当 $t(0) < \infty$ 时, 对于任意的 $x \in]0,1[$,

$$0 = t(1) < t(x) < t(0),$$

于是存在 $n \in \mathbb{N}$ 使得 $n \cdot t(x) > t(0)$, 由 (2.1.5) 式知, $x^{n(T)} = 0$, 此时 T 是幂零三角模. 反之, 当 T 是幂零三角模时, 由 (2.1.5) 式可以看出 $t(0) < \infty$. 当 $t(0) = \infty$ 时, 对于任意的 $x \in]0,1[$,

$$y < z \Rightarrow t(x) + t(z) < t(x) + t(y)$$

$$\Rightarrow t^{-1}(t(x) + t(z)) > t^{-1}(t(x) + t(y)) \Rightarrow T(x,y) < T(x,z),$$

即 T 是严格单调的, 此时 T 是严格三角模. 反之, 当 T 是严格三角模时, $t(0) = \infty$. 因此, 连续的阿基米德三角模是幂零三角模或者严格三角模.

同样, 由 (2.1.6) 式知, 阿基米德三角模 T 是严格三角模, 当且仅当 $w(0) = 0$; 阿基米德三角模 T 是幂零三角模, 当且仅当 $w(0) > 0$.

这样, 连续三角模 T 是阿基米德的, 当且仅当对于任意 $x \in]0,1[$, $T(x,x) < x$.

定理 2.1.12　设 T 是 $[0,1]^2$ 上二元函数. 则下面断言成立.

(1) T 是严格三角模, 当且仅当存在自同构映射 $\varphi : [0,1] \to [0,1]$, 使得

$$T(x,y) = \varphi^{-1}(\varphi(x) \cdot \varphi(y)), \quad \forall x, y \in [0,1], \tag{2.1.7}$$

即 T 是由 T_P 通过 φ 生成的三角模.

(2) T 是幂零三角模, 当且仅当存在自同构映射 $\varphi : [0,1] \to [0,1]$, 使得

$$T(x,y) = \varphi^{-1}(\max\{\varphi(x) + \varphi(y) - 1, 0\}), \quad \forall x, y \in [0,1], \tag{2.1.8}$$

即 T 是由 T_L 通过 φ 生成的三角模.　　□

严格三角模自然满足条件消去律. 设 T 是幂零三角模. 若 $T(x,y) = T(x,z) > 0$, 则由 (2.1.8) 式知

$$\varphi(x) + \varphi(y) - 1 = \varphi(x) + \varphi(z) - 1 > 0 \Rightarrow \varphi(y) = \varphi(z) \Rightarrow y = z.$$

因此, 幂零三角模满足条件消去律. 由此可见, 连续的阿基米德三角模都满足条件消去律.

为了下文的需要, 先回顾一下 Clifford 构造半群的一种方法.

命题 2.1.6[44]　设 $\{(X_\alpha, \cdot_\alpha)\}_{\alpha \in A}$ 是一簇半群, 其中 A 是全序指标集. 假设对于任意的 $\alpha, \beta \in A$,

$$\alpha < \beta \Rightarrow X_\alpha \cap X_\beta = \varnothing \text{ 或者 } X_\alpha \cap X_\beta = \{e_{\alpha\beta}\},$$

其中 $e_{\alpha\beta}$ 既是 $(X_\alpha, \cdot_\alpha)$ 的幺元, 又是 $(X_\beta, \cdot_\beta)$ 的零元. 令 $X = \cup_{\alpha \in A} X_\alpha$. 定义 X 上二元运算 $\cdot$ 如下:

$$
x \cdot y = \begin{cases} x \cdot_\alpha y, & \text{若 } (x, y) \in X_\alpha \times X_\alpha, \\ x, & \text{若 } (x, y) \in X_\alpha \times X_\beta \text{ 且 } \alpha < \beta, \\ y, & \text{若 } (x, y) \in X_\alpha \times X_\beta \text{ 且 } \beta < \alpha. \end{cases}
$$

容易证明, $(X, \cdot)$ 也是一个半群. $(X, \cdot)$ 称为半群簇 $\{(X_\alpha, \cdot_\alpha)\}_{\alpha \in A}$ 的序数和. $(X, \cdot)$ 是交换半群当且仅当每一个 $(X_\alpha, \cdot_\alpha)$ 都是交换半群. □

利用命题 2.1.6 可以得到下面命题.

命题 2.1.7 设 $\{]a_\alpha, e_\alpha[\}_{\alpha \in A}$ 是 $[0,1]$ 的一簇非空的互不相交的开子区间, $\{T_\alpha\}_{\alpha \in A}$ 是 $\{]a_\alpha, e_\alpha[\}_{\alpha \in A}$ 上的一簇三角模, 其中 A 是指标集. 定义二元函数 $T : [0,1]^2 \to [0,1]$ 如下:

$$
T(x, y) = \begin{cases} a_\alpha + (e_\alpha - a_\alpha) T_\alpha \left(\left(\dfrac{x - a_\alpha}{e_\alpha - a_\alpha} \right), \left(\dfrac{y - a_\alpha}{e_\alpha - a_\alpha} \right) \right), & \text{若 } x, y \in [a_\alpha, e_\alpha], \\ \min\{x, y\}, & \text{否则}, \end{cases}
$$

则 T 是 $[0,1]$ 上的三角模, 也称为 $\{]a_\alpha, e_\alpha[\}_{\alpha \in A}$ 上一簇三角模 $\{T_\alpha\}_{\alpha \in A}$ 的序数和, $]a_\alpha, e_\alpha[$ 也称为 T 的生成区间, 并记为

$$
T = \{\langle a_\alpha, e_\alpha, T_\alpha \rangle\}_{\alpha \in A}.
$$

当指标集 A 为空集时, $T(x, y) = \min\{x, y\}$, 即 $T = T_M$; 当指标集 A 为非空集时, T 是 $[0,1]$ 上的一个连续三角模当且仅当对于任意的 $\alpha \in A$, T_α 都是 $[0,1]$ 上的连续三角模. □

利用命题 2.1.7 就可以描述连续三角模.

定理 2.1.13 T 是 $[0,1]$ 上的连续三角模, 当且仅当 T 具有下列形式之一.

(1) $T = T_M$.

(2) T 是 $[0,1]$ 上连续的阿基米德三角模.

(3) T 是 $[0,1]$ 上一簇连续的阿基米德三角模的序数和, 即 $T = \{\langle a_\alpha, e_\alpha, T_\alpha \rangle\}_{\alpha \in A}$, 其中 A 是有限或可数无限指标集. □

在定理 2.1.13(3) 中, 若对于任意的 $\alpha \in A$, T_α 有加法生成子 $t_\alpha : [0,1] \to [0, \infty]$, 令 $h_\alpha = t_\alpha \circ \varphi_\alpha : [a_\alpha, e_\alpha] \to [0, \infty]$, 其中 $\varphi_\alpha : [a_\alpha, e_\alpha] \to [0,1]$ 定义如下:

$$
\varphi_\alpha(x) = (x - a_\alpha)/(e_\alpha - a_\alpha), \quad \forall x \in [a_\alpha, e_\alpha],
$$

则

$$
T(x, y) = \begin{cases} h_\alpha^{(-1)}(h_\alpha(x) + h_\alpha(y)), & \text{若 } x, y \in [a_\alpha, e_\alpha], \\ \min\{x, y\}, & \text{否则}. \end{cases}
$$

这样, T_M, T_P 和 T_L 不仅都是 $[0,1]$ 上的连续三角模, 而且 $[0,1]$ 上所有其他的连续三角模都是由这三个典型的连续三角模通过生成与序数和两种方法而得到.

对偶地, $[0,1]$ 上的连续三角余模具有类似的性质.

定理 2.1.14　设 S 是 $[0,1]^2$ 上的二元函数. 则下列断言是等价的.

(1) S 是 $[0,1]$ 上连续阿基米德三角余模.

(2) S 有一个连续加法生成子, 即存在一个连续严格单调递增函数

$$s : [0,1] \to [0,\infty]$$

满足 $s(0) = 0$ 并且对于任意的 $x, y \in [0,1]$,

$$S(x,y) = s^{(-1)}(s(x) + s(y)), \tag{2.1.9}$$

其中

$$s^{(-1)}(x) = \begin{cases} s^{-1}(x), & \text{若 } x \in [0, s(1)], \\ 0, & \text{若 } x \in\,]s(1), \infty] \end{cases}$$

是 s 的伪逆. 除了相差一个正的常系数外, s 是唯一的, 即若连续严格单调递增函数 s_1 和 s_2 都是连续三角余模 S 的加法生成子, 则存在正的常数 c 使得 $s_2 = cs_1$.

(3) S 有一个连续乘法生成子, 即存在一个连续严格单调递减函数

$$w : [0,1] \to [0,1]$$

满足 $w(0) = 1$ 并且对于任意的 $x, y \in [0,1]$,

$$S(x,y) = w^{(-1)}(w(x) \cdot w(y)), \tag{2.1.10}$$

其中

$$w^{(-1)}(x) = \begin{cases} 1, & \text{若 } x \in [0, w(1)[, \\ w^{-1}(x), & \text{若 } x \in [w(1), 1] \end{cases}$$

是 w 的伪逆. 除了相差一个正的常系数外, w 是唯一的.　　□

设 S 是 $[0,1]$ 上连续的阿基米德三角余模, 则 S 是幂零三角余模, 当且仅当 $s(1) < \infty$; S 是严格三角余模当且仅当 $s(1) = \infty$. 因此, 连续的阿基米德三角余模是幂零三角余模或者严格三角余模.

同样, 由 (2.1.10) 式知, 阿基米德三角余模 S 是严格三角余模, 当且仅当 $w(1) = 0$; 阿基米德三角余模 S 是幂零三角余模, 当且仅当 $w(1) > 0$.

定理 2.1.15　设 S 是 $[0,1]^2$ 上二元函数. 则下面断言成立.

(1) S 是严格三角余模, 当且仅当存在自同构映射 $\varphi : [0,1] \to [0,1]$, 使得

$$S(x,y) = \varphi^{-1}(\varphi(x) + \varphi(y) - \varphi(x) \cdot \varphi(y)), \quad \forall x,y \in [0,1]. \tag{2.1.11}$$

这就是说, S 是由 S_P 通过 φ 生成的三角余模.

(2) S 是幂零三角余模, 当且仅当存在自同构映射 $\varphi : [0,1] \to [0,1]$, 使得

$$S(x,y) = \varphi^{-1}(\min\{\varphi(x) + \varphi(y), 1\}), \quad \forall x,y \in [0,1]. \tag{2.1.12}$$

这就是说, S 是由 S_L 通过 φ 生成的三角余模. □

定理 2.1.16 S 是 $[0,1]$ 上的连续三角余模, 当且仅当 S 具有下列形式之一.

(1) $S = S_W$.

(2) S 是 $[0,1]$ 上连续的阿基米德三角余模.

(3) S 是 $[0,1]$ 上一簇连续的阿基米德三角余模的序数和, 即

$$S(x,y) = \begin{cases} a_\alpha + (e_\alpha - a_\alpha)S_\alpha \left(\left(\dfrac{x - a_\alpha}{e_\alpha - a_\alpha} \right), \left(\dfrac{y - a_\alpha}{e_\alpha - a_\alpha} \right) \right), & \text{若 } x,y \in [a_\alpha, e_\alpha], \\ \max\{x,y\}, & \text{否则}, \end{cases}$$

其中 S_α 是阿基米德三角余模, $\{]a_\alpha, e_\alpha[\}_{\alpha \in A}$ 是 $[0,1]$ 的一簇非空的互不相交的开子区间, A 是有限或可数无限指标集. 我们将 S 记为 $\{\langle a_\alpha, e_\alpha, S_\alpha \rangle\}_{\alpha \in A}$. □

同样, S_W, S_P 和 S_L 不仅都是 $[0,1]$ 上的连续三角余模, 而且所有其他的连续三角余模都是由这三个典型的连续三角余模通过生成与序数和两种方法而得到.

2.2 模糊蕴涵和模糊余蕴涵

模糊蕴涵及模糊余蕴涵与三角模和三角余模密切相关, 也是模糊逻辑和模糊推理中非常重要的模糊联结词 (参见文献 [45—53]).

本节介绍模糊蕴涵和模糊余蕴涵的基本性质及其相互关系, 阐述三类主要模糊蕴涵的特征, 并且给出通过上、下近似得到的模糊蕴涵和模糊余蕴涵的计算公式. 如无特别说明, L 总是表示任意给定的有界格, 其最小元和最大元分别为 0 和 1, 并且 $0 \neq 1$.

2.2.1 否定、模糊蕴涵和模糊余蕴涵

定义 2.2.1 若映射 $N : L \to L$ 满足条件:

(N1) $N(0) = 1, N(1) = 0$;

(N2) $x \leqslant y \Rightarrow N(y) \leqslant N(x), \forall x,y \in L$,

则称 N 为 L 上否定. 若 N 是 L 上否定, 并且是对合的, 即 $N \circ N = 1_L$, 则称 N 为 L 上的强否定.

当然, 当 N 是强否定时, N 是反序双射, 并且 $N^{-1} = N$.

例 2.2.1 定义 L 到 L 的映射 N_W 和 N_M 如下:

$$N_W(x) = \begin{cases} 1, & \text{若 } x = 0, \\ 0, & \text{否则,} \end{cases} \qquad N_M(x) = \begin{cases} 0, & \text{若 } x = 1, \\ 1, & \text{否则.} \end{cases}$$

则 N_W 和 N_M 都是 L 上的否定, 并且对于 L 上任意否定 N, 总有 $N_W \leqslant N \leqslant N_M$(参看定义 1.1.4). 我们将 N_W 和 N_M 分别称为 L 上的最小否定和最大否定.

又如, 令 $N_C(x) = 1 - x, \forall x \in [0,1]$, 则 N_C 是 $[0,1]$ 上强否定. 这个否定称为 $[0,1]$ 上标准强否定.

再如, 假设 L 是完备格, T 和 S 分别是 L 上的三角模和三角余模. 定义 L 到 L 的映射 N_T 和 N_S 如下:

$$N_T(x) = \vee\{y \in L \mid T(x,y) = 0\},$$

$$N_S(x) = \wedge\{y \in L \mid S(x,y) = 1\}, \quad \forall x \in L,$$

则 N_T 和 N_S 都是 L 上否定, 分别称为三角模 T 和三角余模 S 的自然否定.

定义 2.2.2 假设 N 是 L 上的强否定, A 是 L 上的二元运算. 定义 L 上的二元运算 A_N 如下:

$$A_N(x,y) = N^{-1}(A(N(x), N(y))), \quad \forall x, y \in L,$$

并称 A_N 为 A 的 N 对偶 (运算).

注 2.2.1 设 N 是 L 上的强否定, A 是 L 上的二元运算. 当 A 关于第一个变量或第二个变量单调递增 (单调递减) 时, A_N 关于第一个变量或第二个变量也是单调递增 (相应地, 单调递减) 的, 并且

$$(A_N)_{N^{-1}} = (A_N)_N = A.$$

假设 L 是完备格并且 N 是 L 上的强否定. 对于 L 中任何一族元素 $x_j(j \in J$, J 为指标集), 都有

$$N(\vee_{j \in J} x_j) = \wedge_{j \in J} N(x_j), \quad N(\wedge_{j \in J} x_j) = \vee_{j \in J} N(x_j).$$

若 A 是完备格 L 上的左 (右) 任意并分配的二元运算, 则对于 L 中任何一族元素 $x_j(j \in J, J$ 为指标集) 以及元素 y, 总有

$$A_N(\wedge_{j \in J} x_j, y) = N^{-1}(A(N(\wedge_{j \in J} x_j), N(y))) = N^{-1}(A(\vee_{j \in J} N(x_j), N(y)))$$

$$= N^{-1}(\vee_{j \in J} A(N(x_j), N(y))) = \wedge_{j \in J} N^{-1}(A(N(x_j), N(y))) = \wedge_{j \in J} A_N(x_j, y).$$

这就是说, A_N 是左任意交分配的 (相应地, 右任意交分配的) 二元运算. 对偶地, 当 A 是完备格 L 上的左 (右) 任意交分配的二元运算时, A_N 是左任意并分配的 (相应地, 右任意并分配的) 二元运算.

定义 2.2.3[54−60]　设 I 是 L 上的二元运算. 若 I 满足条件:

(I1) I 关于第一个变量是单调递减的, 即

$$x \leqslant y \Rightarrow I(x,z) \geqslant I(y,z), \quad \forall x,y,z \in L;$$

(I2) I 关于第二个变量是单调递增的, 即

$$y \leqslant z \Rightarrow I(x,y) \leqslant I(x,z), \quad \forall x,y,z \in L;$$

(I3) $I(0,x) = 1, \forall x \in L$;

(I4) $I(x,1) = 1, \forall x \in L$;

(I5) $I(1,0) = 0$,

则称 I 为 L 上的模糊蕴涵.

我们称 L 上的一个模糊蕴涵 I 具有右伴随性质, 是指 I 作为 L 上的一个普通的二元运算具有右伴随性质 (参看定义 2.1.5).

L 上所有模糊蕴涵组成的集合和所有具有右伴随性质的模糊蕴涵组成的集合分别记作 $\mathcal{I}(L)$ 和 $\mathcal{I}_\wedge(L)$.

显然, $\mathcal{I}(L)$ 和 $\mathcal{I}_\wedge(L)$ 关于二元运算之间的序关系 $\leqslant$ 都构成偏序集.

任意给定 $I \in \mathcal{I}(L)$. 由于 I 满足 (I3)—(I5), 因此

$$I(0,0) = I(1,1) = I(0,1) = 1, \quad I(1,0) = 0. \tag{2.2.1}$$

由此可见, 模糊蕴涵的概念与经典逻辑中 Boole 蕴涵的概念是协调的, 后者是前者的特殊情形.

这里我们指出, 可以将定义 2.2.3 中 (I3) 和 (I4) 换成 (2.2.1) 式中第一个等式. 这样替换后得到的模糊蕴涵的新定义与定义 2.2.3 是等价的. 事实上, 当 (2.2.1) 式中第一个等式成立时, 由 (I1) 和 (I2) 可得

$$1 = I(0,0) \leqslant I(0,x) \leqslant 1, \quad 1 = I(1,1) \leqslant I(x,1) \leqslant 1, \quad \forall x \in L,$$

即 $I(0,x) = I(x,1) = 1, \forall x \in L$. 因此 (I3)—(I5) 实际上也是模糊蕴涵的边界条件.

设 $I \in \mathcal{I}(L)$. 令 $N_I(x) = I(x,0), \forall x \in L$. 容易看出, N_I 是 L 上的否定. 这个否定称为 I 的自然否定或模糊蕴涵 I 诱导的否定.

定理 2.2.1　设 $I \in \mathcal{I}(L)$, φ 是 L 的自同构. 定义 L 上二元运算 I_φ 如下:

$$I_\varphi(x,y) = \varphi^{-1}(I(\varphi(x),\varphi(y))), \quad \forall x,y \in L,$$

则 $I_\varphi \in \mathcal{I}(L)$. 这样的 I_φ 称为由 I 经 φ 生成的模糊蕴涵.

证明　显然, I_φ 满足 (I1) 和 (I2). 又因为

$$I_\varphi(0,x) = \varphi^{-1}(I(\varphi(0),\varphi(x))) = \varphi^{-1}(I(0,\varphi(x))) = \varphi^{-1}(1) = 1, \quad \forall x \in L,$$

$$I_\varphi(x,1) = \varphi^{-1}(I(\varphi(x),\varphi(1))) = \varphi^{-1}(I(\varphi(x),1)) = \varphi^{-1}(1) = 1, \quad \forall x \in L,$$

$$I_\varphi(1,0) = \varphi^{-1}(I(\varphi(1),\varphi(0))) = \varphi^{-1}(I(1,0)) = \varphi^{-1}(0) = 0.$$

所以 I_φ 是 L 上的模糊蕴涵.　　□

与定义 2.2.3 平行的, 我们有

定义 2.2.4[61]　设 C 是 L 上的二元运算. 若 C 满足条件:

(C1) C 关于第一个变量是单调递减的, 即

$$x \leqslant y \Rightarrow C(x,z) \geqslant C(y,z), \quad \forall x,y,z \in L;$$

(C2) C 关于第二个变量是单调递增的, 即

$$y \leqslant z \Rightarrow C(x,y) \leqslant C(x,z), \quad \forall x,y,z \in L;$$

(C3) $C(1,x) = 0, \forall x \in L$;
(C4) $C(x,0) = 0, \forall x \in L$;
(C5) $C(0,1) = 1$,

则称 C 是 L 上的模糊余蕴涵.

L 上所有模糊余蕴涵组成的集合和所有具有左伴随性质的模糊余蕴涵组成的集合分别记作 $\mathcal{C}(L)$ 和 $\mathcal{C}_\vee(L)$.

显而易见, $\mathcal{C}(L)$ 和 $\mathcal{C}_\vee(L)$ 关于二元运算之间的序关系 $\leqslant$ 也都构成偏序集.

任意给定 $C \in \mathcal{C}(L)$. 由于 C 满足 (C3)—(C5), 因此

$$C(0,0) = C(0,1) = C(1,1) = 0, \quad C(0,1) = 1, \tag{2.2.2}$$

即 C 是经典逻辑中 Boole 余蕴涵 $\nLeftarrow$ ($P \nLeftarrow Q$ 表示 P 不是 Q 的必要条件) 的推广.

在模糊逻辑中, 往往还会根据具体情况再要求有关的模糊蕴涵 (或模糊余蕴涵) 满足其他一些附加条件. 例如, 要求有关的模糊蕴涵 I 满足的附加条件有:

(I6) $I(1,x) = x, \forall x \in L$.　　　　　　　　　　　　　　　　　　(NP)

(I7) $I(x, I(y, z)) = I(y, I(x, z)), \forall x, y, z \in L.$ (交换原则, 简称 EP)

(I8) $x \leqslant y \Leftrightarrow I(x, y) = 1, \forall x, y \in L.$ (序性质, 简称 OP)

(I9) N_I 是 L 上强否定. (SN)

(I10) $I(x, y) \geqslant y, \forall x, y \in L.$ (CB)

(I11) $I(x, x) = 1, \forall x \in L.$ (单位原则, 简称 ID)

(I12) N 是 L 上强否定并且

$$I(x, y) = I(N(y), N(x)), \quad \forall x, y \in L.$$ (反位对称性, 简称 CP)

(I13) I 具有右伴随性质, 即对于任意 $a \in L$, $\varphi_{a,I}$ 有左伴随.

命题 2.2.1 设 $I \in \mathcal{I}(L)$. 如果 I 满足 (I7) 和 (I8), 那么

$$x \leqslant N_I(N_I(x)), \quad N_I(x) = N_I(N_I(N_I(x))), \quad \forall x \in L.$$

证明 由 (I7) 和 (I8) 得

$$I(x, N_I(N_I(x))) = I(x, I(I(x, 0), 0)) = I(I(x, 0), I(x, 0)) = 1$$

$$\Rightarrow x \leqslant N_I(N_I(x)), \quad \forall x \in L.$$

由于 N_I 是递减的, 因此 $N_I(x) \geqslant N_I(N_I(N_I(x))), \forall x \in L.$ 另一方面,

$$I(N_I(x), N_I(N_I(N_I(x)))) = I(I(x, 0), I(I(I(x, 0), 0), 0))$$

$$= I(I(I(x, 0), 0), I(I(x, 0), 0)) = 1$$

$$\Rightarrow N_I(x) \leqslant N_I(N_I(N_I(x))), \quad \forall x \in L.$$

所以 $N_I(x) = N_I(N_I(N_I(x)))$. $\square$

例 2.2.2 在模糊推理中, 经常提到 $[0, 1]$ 上的模糊蕴涵, 见表 2.2. 这些模糊蕴涵之间的序关系为

$$I_{KD} < I_{RC} < I_{LK} < I_{WB}, \quad I_{RS} < I_{GD} < I_{GG} < I_{LK} < I_{WB},$$

$$I_{YG} < I_{RC} < I_{LK} < I_{WB}, \quad I_{KD} < I_{FD} < I_{LK} < I_{WB},$$

$$I_{RS} < I_{GD} < I_{FD} < I_{LK} < I_{WB}.$$

例 2.2.3 令

$$I_W(x, y) = \begin{cases} 1, & \text{若 } x = 0 \text{ 或 } y = 1, \\ 0, & \text{否则}, \end{cases} \qquad I_M(x, y) = \begin{cases} 0, & \text{若 } (x, y) = (1, 0), \\ 1, & \text{否则}, \end{cases}$$

$$C_M(x,y) = \begin{cases} 0, & \text{若 } x = 1 \text{ 或 } y = 0, \\ 1, & \text{否则,} \end{cases} \qquad C_W(x,y) = \begin{cases} 1, & \text{若 } (x,y) = (0,1), \\ 0, & \text{否则,} \end{cases}$$

表 2.2　$[0,1]$ 上的常见的模糊蕴涵

名称	定义
Łukasiewicz 蕴涵	$I_{LK}(x,y) = \min\{1, 1-x+y\}$
Gödel 蕴涵	$I_{GD}(x,y) = \begin{cases} 1, & \text{若 } x \leqslant y \\ y, & \text{否则} \end{cases}$
Reichenbach 蕴涵	$I_{RC}(x,y) = 1 - x + xy$
Kleene-Dienes 蕴涵	$I_{KD}(x,y) = \max\{1-x, y\}$
Goguen 蕴涵	$I_{GG}(x,y) = \begin{cases} 1, & \text{若 } x \leqslant y \\ y/x, & \text{否则} \end{cases}$
Rescher 蕴涵	$I_{RS}(x,y) = \begin{cases} 1, & \text{若 } x \leqslant y \\ 0, & \text{否则} \end{cases}$
Yager 蕴涵	$I_{YG}(x,y) = \begin{cases} 1, & \text{若 } x = 0 \text{ 且 } y = 0 \\ y^x, & \text{否则} \end{cases}$
Weber 蕴涵	$I_{WB}(x,y) = \begin{cases} 1, & \text{若 } x < 1 \\ y, & \text{否则} \end{cases}$
Fodor 蕴涵	$I_{FD}(x,y) = \begin{cases} 1, & \text{若 } x \leqslant y \\ \max\{1-x, y\}, & \text{否则} \end{cases}$

这里 x 和 y 是 L 中任意两个元素. 易见, I_W 和 I_M 分别是 $\mathcal{I}(L)$ 的最小元和最大元, I_W 是 $\mathcal{I}_\wedge(L)$ 的最小元; C_W 和 C_M 分别是 $\mathcal{C}(L)$ 的最小元和最大元, C_M 是 $\mathcal{C}_\vee(L)$ 的最大元并且

$$(I_M)_N = C_W, \quad (I_W)_N = C_M, \quad (C_M)_N = I_W, \quad (C_W)_N = I_M,$$

其中 N 是 L 上的强否定.

例 2.2.4　设 $M_4 = \{0, a, b, 1\}$ 是有限格, 其中 $0 < a < 1$, $0 < b < 1$, $a \wedge b = 0$ 并且 $a \vee b = 1$. 按表 2.3 和表 2.4 定义 M_4 上的二元运算 I_1 和 I_2, 则 $I_1, I_2 \in \mathcal{I}_\wedge(M_4)$ 并且 $I_1 \vee I_2 = I_M$, 其中

$$(I_1 \vee I_2)(x,y) = I_1(x,y) \vee I_2(x,y), \quad \forall x,y \in L.$$

但是 $I_M \notin \mathcal{I}_\wedge(M_4)$. 这说明 $\mathcal{I}_\wedge(M_4)$ 不是并半格.

表 2.3　I_1 的取值表

I_1	0	a	b	1
0	1	1	1	1
a	1	1	1	1
b	1	1	1	1
1	0	a	b	1

表 2.4 I_2 的取值表

I_2	0	a	b	1
0	1	1	1	1
a	1	1	1	1
b	1	1	1	1
1	0	b	a	1

同样, 按表 2.5 和表 2.6 定义 M_4 上的二元运算 C_1 和 C_2, 则 $C_1, C_2 \in \mathcal{C}_\vee(M_4)$ 并且 $C_1 \wedge C_2 = C_W$, 其中

$$(C_1 \wedge C_2)(x, y) = C_1(x, y) \wedge C_2(x, y), \quad \forall x, y \in L.$$

但是 $C_W \notin \mathcal{C}_\vee(M_4)$. 这说明 $\mathcal{C}_\vee(M_4)$ 不是交半格.

表 2.5 C_1 的取值表

C_1	0	a	b	1
0	0	a	b	1
a	0	0	0	0
b	0	0	0	0
1	0	0	0	0

表 2.6 C_2 的取值表

C_2	0	a	b	1
0	0	b	a	1
a	0	0	0	0
b	0	0	0	0
1	0	0	0	0

例 2.2.5   设 $(L, \wedge, \vee, \cdot, e, \to, \rightsquigarrow)$ 是完备剩余格. 由命题 1.2.4 和注 1.2.2 知, $\to, \rightsquigarrow \in \mathcal{I}(L)$. 又假设 N 是 L 上的强否定. 定义 L 上的二元运算 C_1 和 C_2 如下:

$$C_1(x, y) = x \to_N y = N^{-1}(N(x) \to N(y)),$$

$$C_2(x, y) = x \rightsquigarrow_N y = N^{-1}(N(x) \rightsquigarrow N(y)), \quad \forall x, y \in L,$$

则 $C_1, C_2 \in \mathcal{C}(L)$.

一般地, 根据定义 2.2.3 和定义 2.2.4, 容易验证, L 上的模糊蕴涵和模糊余蕴涵之间有下面对偶关系.

定理 2.2.2   设 N 是 L 上的强否定. 若 $I \in \mathcal{I}(L)$, 则 $I_N \in \mathcal{C}(L)$; 若 $C \in \mathcal{C}(L)$, 则 $C_N \in \mathcal{I}(L)$, 其中

$$I_N(x, y) = N^{-1}(I(N(x), N(y))),$$

$$C_N(x,y) = N^{-1}(C(N(x), N(y))), \quad \forall x, y \in L. \qquad \square$$

根据这种对偶关系, 从模糊蕴涵的性质出发就可以得到模糊余蕴涵相对应的性质. 因此下面主要讨论 L 上的模糊蕴涵.

(I1)—(I13) 中这些条件并不是相互独立的, 下面命题给出这些条件之间的一些关系.

命题 2.2.2[62] 设 I 是 L 上的二元运算. 则下列断言成立.

(1) 若 I 满足 (I1) 和 (I12), 则 I 满足 (I2).

(2) 若 I 满足 (I2) 和 (I12), 则 I 满足 (I1).

(3) 若 I 满足 (I3) 和 (I12), 则 I 满足 (I4).

(4) 若 I 满足 (I4) 和 (I12), 则 I 满足 (I3)

(5) 若 I 满足 (I6) 和 (I12), 则 I 满足 (I9).

(6) 若 I 满足 (I9) 和 (I12), 则 I 满足 (I6).

(7) 若 I 满足 (I2) 和 (I9), 则 I 满足 (I3).

(8) 若 I 满足 (I1) 和 (I6), 则 I 满足 (I10).

(9) 若 I 满足 (I7) 和 (I9), 则 I 满足 (I6) 和 (I12).

(10) 若 I 满足 (I1), (I6) 和 (I12), 则 I 满足 (I2)—(I5), (I9) 和 (I10).

(11) 若 I 满足 (I2), (I7) 和 (I8), 则 I 满足 (I1), (I3)—(I6), (I10) 和 (I11).

证明 这里仅证明断言 (7), (9) 和 (11) 成立.

(7) 若 I 满足 (I2) 和 (I9), 则

$$I(0,x) \geqslant I(0,0) = N(0) = 1 \Rightarrow I(0,x) = 1, \quad \forall x \in L.$$

因此 I 满足 (I3).

(9) 若 I 满足 (I7) 和 (I9), 则

$$I(1,x) = I(1, N(N(x))) = I(1, I(N(x),0)) = I(N(x), I(1,0))$$

$$= I(N(x), N(1)) = I(N(x),0) = N(N(x)) = x, \quad \forall x \in L,$$

$$I(x,y) = I(x, N(N(y))) = I(x, I(N(y),0))$$

$$= I(N(y), I(x,0)) = I(N(y), N(x)), \quad \forall x, y \in L.$$

这就是说, I 满足 (I6) 和 (I12).

(11) 若 I 满足 (I2), (I7) 和 (I8), 则由 (I8) 得

$$I(0,x) = I(x,1) = I(x,x) = 1, \quad \forall x \in L,$$

即 (I3), (I4) 和 (I11) 成立. 当 $x, y \in L$ 并且 $x \leqslant y$ 时,

$$I(y, I(I(y, z), z)) = I(I(y, z), I(y, z)) = 1 \Rightarrow y \leqslant I(I(y, z), z)$$

$$\Rightarrow 1 = I(x, y) \leqslant I(x, I(I(y, z), z)) = I(I(y, z), I(x, z))$$

$$\Rightarrow I(y, z) \leqslant I(x, z), \quad \forall z \in L.$$

因此 I 满足 (I1). 因为

$$I(x, I(1, x)) = I(1, I(x, x)) = I(1, 1) = 1 \Rightarrow x \leqslant I(1, x), \quad \forall x \in L,$$

$$I(1, I(I(1, x), x)) = I(I(1, x), I(1, x)) = 1 \Rightarrow I(I(1, x), x) = 1$$

$$\Rightarrow I(1, x) \leqslant x, \quad \forall x \in L,$$

所以, $I(1, x) = x, \forall x \in L$, 即 I 满足 (I6). 取 $x = 0$ 时, $I(1, 0) = 0$. 于是 I 满足 (I5). 对于任意的 $x, y \in L$,

$$I(y, I(x, y)) = I(x, I(y, y)) = I(x, 1) = 1 \Rightarrow y \leqslant I(x, y).$$

因此, I 满足 (I10). □

由断言 (11) 的证明还可以看到, 若 I 满足 (I7) 和 (I8), 则 I 满足 (I6).

在模糊逻辑及推理中, 三类基本蕴涵, 即 S 蕴涵, R 蕴涵和 QL 蕴涵, 受到普遍关注. 下面分别讨论三类基本蕴涵的性质及结构.

2.2.2 (S, N) 蕴涵和 S 蕴涵

(S, N) 蕴涵是经典逻辑中重言式 $p \rightarrow q \equiv \neg p \vee q$ 的一个直接推广.

命题 2.2.3[63] 设 S 是 L 上的三角余模, N 是 L 上的否定. 定义 L 上的二元运算 $I_{S,N}$ 如下:

$$I_{S,N}(x, y) = S(N(x), y), \quad \forall x, y \in L. \tag{2.2.3}$$

则 $I_{S,N} \in \mathcal{I}(L)$. 称这样的 $I_{S,N}$ 为三角余模和否定诱导的模糊蕴涵, 简称为 (S, N) 蕴涵. 当 N 是 L 上的强否定时, 又称 $I_{S,N}$ 为三角余模诱导的模糊蕴涵, 简称 S 蕴涵.

证明 显然, $I_{S,N}$ 满足 (I1) 和 (I2), 并且

$$I_{S,N}(0, x) = S(N(0), x) = S(1, x) = 1, \quad \forall x \in L,$$

$$I_{S,N}(x, 1) = S(N(x), 1) = 1, \quad \forall x \in L,$$

$$I_{S,N}(1, 0) = S(N(1), 0) = S(0, 0) = 0.$$

因此, $I_{S,N} \in \mathcal{I}(L)$.　□

不难验证, 对于 L 上的任意的否定 N 以及 L 上的任意的三角余模 S_1 和 S_2, 总有

$$S_1 \leqslant S_2 \Rightarrow I_{S_1,N} \leqslant I_{S_2,N}.$$

对于 L 上的任意三角余模 S 以及 L 上的任意的否定 N_1 和 N_2, 总有

$$N_1 \leqslant N_2 \Rightarrow I_{S,N_1} \leqslant I_{S,N_2}.$$

例 2.2.6　假设 L 是 $[0,1]$. 取 $N = N_C$ ($[0,1]$ 上的标准强否定). 则

$$I_{S_W,N} = I_{KD}, \quad I_{S_P,N} = I_{RC}, \quad I_{S_L,N} = I_{LK}, \quad I_{S_{nM},N} = I_{FD},$$

$$I_{S_D,N}(x,y) = I_{DP}(x,y) = \begin{cases} y, & \text{若 } x = 1, \\ 1-x, & \text{若 } y = 0, \\ 1, & \text{否则}. \end{cases}$$

当 S 是 $[0,1]$ 上的三角余模时, $I_{S,N_M} = I_{WB}$,

$$I_{S,N_W}(x,y) = I_D(x,y) = \begin{cases} 1, & \text{若 } x = 0, \\ y, & \text{若 } x > 0. \end{cases}$$

定理 2.2.3[23]　设 $I \in \mathcal{I}(L)$, 则 I 是 S 蕴涵, 当且仅当它满足 (I6), (I7) 和 (I12).

证明　设 $I = I_{S,N}$ 是 S 蕴涵, 其中 S 是 L 上的三角余模, N 是 L 上的强否定, 则

$$I(1,x) = S(N(1),x) = S(0,x) = x, \quad \forall x \in L,$$

$$I(x,I(y,z)) = S(N(x),S(N(y),z))$$

$$= S(N(y),S(N(x),z)) = I(y,I(x,z)), \quad \forall x,y,z \in L,$$

$$I(x,y) = S(N(x),y) = S(y,N(x))$$

$$= S(N(N(y)),N(x)) = I(N(y),N(x)), \quad \forall x,y \in L.$$

因此 I 满足 (I6), (I7) 和 (I12).

反之, 若 I 满足 (I6), (I7) 和 (I12), 则

$$N(x) = I(1,N(x)) = I(N(N(x)),N(1)) = I(x,0) = N_I(x), \quad \forall x \in L,$$

即 $N = N_I$. 令

$$S(x,y) = I(N(x),y), \quad \forall x,y \in L. \tag{2.2.4}$$

由于 I 满足 (I1) 和 (I2), 因此 S 满足 (T3) 并且

$$S(x,y) = I(N(x),y) = I(N(y),x) = S(y,x), \quad \forall x,y \in L,$$

$$S(x,0) = S(0,x) = I(N(0),x) = I(1,x) = x, \quad \forall x \in L,$$

$$S(x,S(y,z)) = I(N(x),I(N(y),z)) = I(N(x),I(N(z),y))$$

$$= I(N(z),I(N(x),y)) = I(N(I(N(x),y)),z)$$

$$= S(S(x,y),z), \quad \forall x,y,z \in L.$$

这就是说, S 是 L 上的三角余模并且

$$I(x,y) = I(N(N(x)),y) = S(N(x),y) = I_{S,N}(x,y), \quad \forall x,y \in L.$$

所以 $I = I_{S,N}$, 即 I 是 S 蕴涵. $\quad \square$

注 2.2.2 当模糊蕴涵 I 是 S 蕴涵时,

$$N(x) = S(N(x),0) = I(x,0) = N_I(x), \quad \forall x \in L,$$

即 (I9) 成立. 于是由命题 2.2.2(9) 知, 模糊蕴涵 I 是 S 蕴涵, 当且仅当它满足 (I7) 和 (I9).

对于 S 蕴涵 I 来说, I 满足 (I11) 当且仅当 $S(N(x),x) = 1, \forall x \in L$ (此等式称为排中律) 成立. 由 (2.2.3) 式、(2.2.4) 式和注 2.2.2 知, $[0,1]$ 上的一个 S 蕴涵 I 是 $[0,1]^2$ 上连续函数, 当且仅当 S 和 N 在 $[0,1]$ 上都是连续的. 此时排中律成立当且仅当存在 $[0,1]$ 上的两个自同构 φ 和 ϕ, 即 $[0,1]$ 上单调递增的双射, 使得

$$S(x,y) = \varphi^{-1}(\min\{\varphi(x) + \varphi(y),1\}), \quad \forall x,y \in [0,1],$$

$$N(x) = \phi^{-1}(1 - \phi(x)) \geqslant \varphi^{-1}(1 - \varphi(x)), \quad \forall x \in [0,1].$$

命题 2.2.4 $[0,1]$ 上的连续的 S 蕴涵 I 满足 (I11), 当且仅当存在 $[0,1]$ 上的两个自同构 φ 和 ϕ, 使得

$$I(x,y) = \varphi^{-1}(\min\{\varphi(\phi^{-1}(1 - \phi(x))) + \varphi(y),1\}), \quad \forall x,y \in [0,1],$$

$$\phi^{-1}(1 - \phi(x)) \geqslant \varphi^{-1}(1 - \varphi(x)), \quad \forall x \in [0,1]. \quad \square$$

当 I 满足 (I8) 时, I 自然满足 (I11). 此时, 可以证明命题 2.2.4 中两个自同构 φ 和 ϕ 是相等的.

命题 2.2.5 $[0,1]$ 上的连续的 S 蕴涵 I 满足 (I8), 当且仅当存在 $[0,1]$ 上的自同构 φ, 使得

$$I(x,y) = \varphi^{-1}(\min\{1 - \varphi(x) + \varphi(y), 1\}), \quad \forall x, y \in [0,1].$$

这就是说, $I = (I_{LK})_\varphi$ 是 I_{LK} 由 φ 生成的模糊蕴涵.   □

2.2.3 R 蕴涵

本小节中, 如无特别说明, L 总是表示任意给定的一个完备格.

设 T 是 L 上的二元运算. 令

$$I_T(x,y) = \vee\{t \in L \mid T(x,t) \leqslant y\}, \quad \forall x, y \in L. \tag{2.2.5}$$

容易看出, 对于 L 上的任意两个二元运算 T_1 和 T_2, 当 $T_1 \leqslant T_2$ 时, $I_{T_1} \geqslant I_{T_2}$.

命题 2.2.6[64−70]   若 T 是 L 上的三角模, 则 $I_T \in \mathcal{I}(L)$. 称 I_T 为三角模 T 诱导的剩余蕴涵, 简称为 R 蕴涵.

证明   显然, I_T 满足 (I1) 和 (I2). 因为

$$I_T(0,x) = \vee\{t \in L \mid T(0,t) = 0 \leqslant x\} = 1, \quad \forall x \in L,$$

$$I_T(x,1) = \vee\{t \in L \mid T(x,t) \leqslant 1\} = 1, \quad \forall x \in L,$$

$$I_T(1,0) = \vee\{t \in L \mid T(1,t) = t \leqslant 0\} = 0,$$

所以, $I_T \in \mathcal{I}(L)$.   □

在经典的集合论中, 对于任意的 $A, B \subseteq X$,

$$\overline{A} \cup B = \overline{(A \backslash B)} = \cup\{C \subseteq X \mid A \cap C \subseteq B\},$$

其中 $\overline{A} = X \backslash A$ 是 A 的补集. 借助这一公式可以给出直觉逻辑中 Boole 蕴涵的一种表达形式. 剩余蕴涵或者 R 蕴涵实际上就是直觉逻辑中 Boole 蕴涵概念的推广.

例 2.2.7   对于例 2.1.7 和例 2.1.8 中 5 个三角模, 通过计算得到

$$I_{T_M} = I_{GD}, \quad I_{T_P} = I_{GG}, \quad I_{T_L} = I_{LK}, \quad I_{T_D} = I_{WB}, \quad I_{T_{nM}} = I_{FD}.$$

结合例 2.2.6 可以看出, 部分模糊蕴涵既是 (S, N) 蕴涵 (或 S 蕴涵) 又是 R 蕴涵.

由定义 2.1.5 知, 当 T 是具有左伴随性质的三角模时,

$$I_T(x,y) = x \to y = \max\{t \in L \mid T(x,t) \leqslant y\}, \quad \forall x, y \in L,$$

并且关联条件

$$T(x,y) \leqslant z \Leftrightarrow x \leqslant I_T(y,z) \Leftrightarrow y \leqslant I_T(x,z), \quad \forall x,y,z \in L$$

成立. 于是, 由命题 1.2.4 得到下面结论.

命题 2.2.7 设 T 是 L 上具有左伴随性质的三角模, $M \subseteq L, x, y, z \in L$. 则下列断言成立.

(1) $I_T(\vee M, z) = \wedge\{I_T(m,z) \mid m \in M\}$.

(2) $I_T(x, \wedge M) = \wedge\{I_T(x,m) \mid m \in M\}$.

(3) $T(x, I_T(x,y)) \leqslant y$.

(4) $I_T(1,x) = x$.

(5) $I_T(y, I_T(y,z)) = I_T(T(x,y),z) = I_T(y, I_T(x,z))$.

(6) $I_T(x,x) = 1$.

(7) $T(I_T(x,y), I_T(y,z)) \leqslant I_T(x,z)$. $\qquad\square$

现在讨论 R 蕴涵的特征.

命题 2.2.8 设 T 是 L 上具有左伴随性质的三角模, 则 I_T 是 L 上具有右伴随性质的模糊蕴涵并且 I_T 满足 (I6)—(I8), (I10) 和 (I11).

证明 当 T 是 L 上具有左伴随性质的三角模时, 由定理 1.2.2 和命题 2.2.7(2) 知, I_T 具有右伴随性质. 由命题 2.2.7(4) 知, I_T 满足 (I6); 由命题 2.2.7(5) 知, I_T 满足 (I7); 由命题 2.2.7(6) 知, I_T 满足 (I11).

当 $x \leqslant y$ 时, $x = T(x,1) \leqslant y$, 即 $I_T(x,y) = 1$; 当 $I_T(x,y) = 1$ 时, 由命题 2.2.7(3) 知

$$x = T(x,1) = T(x, I_T(x,y)) \leqslant y.$$

因此 I_T 满足 (I8). 再由 (I7), (I11), (I4) 和 (I8) 知

$$I_T(y, I_T(x,y)) = I_T(x, I_T(y,y)) = I_T(x,1) = 1$$

$$\Rightarrow y \leqslant I_T(x,y), \quad \forall x, y \in L.$$

这就是说, I_T 满足 (I10). $\qquad\square$

而由命题 2.2.2(11) 知, 从 (I2), (I7) 和 (I8) 可以推得 (I1), (I3)—(I6), (I10) 和 (I11). 由此可见, 对于 R 蕴涵来说, (I2), (I7) 和 (I8) 是至关重要的.

定理 2.2.4[23,71] L 上的二元运算 I 是具有左伴随性质的三角模的 R 蕴涵, 当且仅当 I 满足 (I2), (I7)—(I8) 和 (I13).

证明 当 I 是具有左伴随性质的三角模的 R 蕴涵时, 由命题 2.2.6 和命题 2.2.8 知, I 满足 (I2), (I7)—(I8) 和 (I13).

设二元运算 I 满足 (I2), (I7)—(I8) 和 (I13). 令

$$T(x,y) = T_I(x,y) = \wedge\{t \in L \mid y \leqslant I(x,t)\}, \quad \forall x,y \in L. \tag{2.2.6}$$

由于 I 具有右伴随性质, 因此由注 1.1.1 知, 对于任意的 $a \in L$, $\varphi_{a,T}$ 是 $\varphi_{a,I}$ 的左伴随, 即 T 具有左伴随性质. 下面证明 T 是 L 上的三角模.

(1) 由于 T 具有左伴随性质, 因此根据关联条件, 得

$$T(x,y) = \wedge\{t \in L | y \leqslant I(x,t)\} = \wedge\{t \in L \mid x \leqslant I(y,t)\} = T_I(y,x)$$

$$= T(y,x), \quad \forall x,y \in L.$$

这就是说, T 满足交换律.

(2) 对于任意的 $x,y,z \in L$, 当 $T(x,y) \leqslant I(z,t)$ 时,

$$I(x, I(z,t)) \geqslant I(x, T(x,y)) = I(x, \wedge\{u \in L | y \leqslant I(x,u)\})$$

$$= \wedge\{I(x,u) | y \leqslant I(x,u)\} \geqslant y,$$

$$T(z,y) \leqslant T(z, I(x, I(z,t))) = T(z, I(z, I(x,t)))$$

$$= \wedge\{w \in L | I(z, I(x,t)) \leqslant I(z,w)\} \leqslant I(x,t).$$

同理, 当 $T(z,y) \leqslant I(x,t)$ 时, $T(x,y) \leqslant I(z,t)$. 因此

$$T(z, T(x,y)) = \wedge\{t \in L | T(x,y) \leqslant I(z,t)\}$$

$$= \wedge\{t \in L | T(z,y) \leqslant I(x,t)\} = T(x, T(z,y)).$$

再由交换律得 $T(T(x,y),z) = T(x, T(y,z))$. 这就是说, T 满足结合律.

(3) 对于任意的 $x,y,z \in L$, 当 $y \leqslant z$ 时,

$$\{t \in L \mid z \leqslant I(x,t)\} \subseteq \{t \in L \mid y \leqslant I(x,t)\}$$

$$\Rightarrow \wedge\{t \in L \mid z \leqslant I(x,t)\} \leqslant \wedge\{t \in L \mid y \leqslant I(x,t)\},$$

即 $T(x,y) \leqslant T(x,z)$. 这就是说, T 具有单调性.

(4) 对于任意的 $x \in L$, $T(1,x) = \wedge\{t \in L | x \leqslant I(1,t) = t\} = x$. 这就是说, T 满足边界条件 (T4).

所以 T 是 L 上的三角模.

最后证明 $I = I_T$.

从结合律的证明看到, $I(x, T(x,z)) \geqslant z, \forall x,z \in L$. 取 $z = I_T(x,y)$ 时, 由 (I2) 和 T 具有左伴随性质得

$$I_T(x,y) \leqslant I(x, T(x, I_T(x,y))) = I(x, T(x, \vee\{t \in L | T(x,t) \leqslant y\}))$$

$$= I(x, \vee\{T(x,t) \mid T(x,t) \leqslant y\}) \leqslant I(x,y), \quad \forall x,y \in L.$$

另一方面,

$$I(x,y) \leqslant I(x,y) \Rightarrow T(x, I(x,y)) \leqslant y \Rightarrow I(x,y) \leqslant I_T(x,y), \quad \forall x,y \in L.$$

因此 $I = I_T$, 即 I 是具有左伴随性质的三角模 T 的 R 蕴涵. □

当 T 是 L 上具有左伴随性质的三角模时, $I = I_T$ 是 L 上具有右伴随性质的模糊蕴涵并且

$$I = I_T = I_{T_I}, \quad T = T_I = T_{I_T}.$$

此时 (2.2.6) 式可以改写成

$$T(x,y) = T_I(x,y) = \min\{t \in L | y \leqslant I(x,t)\}, \quad \forall x,y \in L.$$

当 T 不是 L 上具有左伴随性质的三角模时, 上面结论不成立.

例 2.2.8 考虑 $[0,1]$ 上不具有左伴随性质的三角模

$$T_{nM^*}(x,y) = \begin{cases} 0, & \text{如果 } x+y < 1, \\ \min\{x,y\}, & \text{否则}. \end{cases}$$

三角模 T_{nM^*} 的 R 蕴涵是 I_{FD}, 而

$$T_{I_{FD}} = T_{nM} \neq T_{nM^*}.$$

命题 2.2.9 设 T 是 $[0,1]$ 上的连续阿基米德三角模, 其连续加法生成元为 t, 则

$$I_T(x,y) = t^{-1}(\max\{t(y) - t(x), 0\}), \quad \forall x,y \in [0,1].$$

证明 当 T 是 $[0,1]$ 上的连续阿基米德三角模时, 由定理 2.1.11 知, T 有一个连续加法生成子, 即存在一个连续严格单调递减函数 $t : [0,1] \to [0,\infty]$ 满足 $t(1) = 0$ 并且

$$T(x,y) = t^{-1}(\min\{t(x) + t(y), t(0)\}), \quad \forall x,y \in [0,1].$$

于是

$$I_T(x,y) = \max\{w \in [0,1] | T(x,w) \leqslant y\}$$

$$= \max\{w \in [0,1] \mid t^{-1}(\min\{t(x) + t(w), t(0)\}) \leqslant y\}$$

$$= \max\{w \in [0,1] \mid \min\{t(x) + t(w), t(0)\} \geqslant t(y)\}$$

$$= \max\{w \in [0,1] \mid t(x) + t(w) \geqslant t(y)\}$$

$$= \max\{w \in [0,1] \mid t(w) \geqslant t(y) - t(x)\}$$

$$= t^{-1}(\max\{t(y) - t(x), 0\}), \quad \forall x, y \in [0,1]. \qquad \square$$

命题 2.2.10　设 T 是 $[0,1]$ 上的严格三角模, 则存在 $[0,1]$ 的自同构 φ 使得

$$I_T(x,y) = (I_{GG})_\varphi(x,y) = \begin{cases} 1, & \text{若 } x \leqslant y, \\ \min\left\{1, \varphi^{-1}\left(\dfrac{\varphi(y)}{\varphi(x)}\right)\right\}, & \text{否则,} \end{cases}$$

即 I_T 是 I_{GG} 通过 φ 生成的模糊蕴涵.

　　证明　由定理 2.1.12 知, 存在 $[0,1]$ 的自同构映射 φ 使得

$$T(x,y) = \varphi^{-1}(\varphi(x) \cdot \varphi(y)), \quad \forall x, y \in [0,1],$$

因此,

$$I_T(x,y) = \max\{t \in [0,1] \mid T(x,t) \leqslant y\}$$

$$= \max\{t \in [0,1] \mid \varphi^{-1}(\varphi(x) \cdot \varphi(t)) \leqslant y\}$$

$$= \max\{t \in [0,1] \mid \varphi(x) \cdot \varphi(t) \leqslant \varphi(y)\}, \quad \forall x, y \in [0,1].$$

如果 $x \leqslant y$, 那么 $I_T(x,y) = 1$; 如果 $x > y$, 那么

$$I_T(x,y) = \min\left\{1, \varphi^{-1}\left(\frac{\varphi(y)}{\varphi(x)}\right)\right\}. \qquad \square$$

　　命题 2.2.11　若 T 是 $[0,1]$ 上的幂零三角模, 则存在 $[0,1]$ 的自同构 φ 使得

$$I_T(x,y) = (I_{LK})_\varphi(x,y) = \varphi^{-1}(\min\{1 - \varphi(x) + \varphi(y), 1\}), \quad \forall x, y \in [0,1],$$

即 I_T 是 I_{LK} 通过 φ 生成的模糊蕴涵.

　　证明　由定理 2.1.12 知, 存在 $[0,1]$ 的自同构 φ 使得

$$T(x,y) = \varphi^{-1}(\max\{\varphi(x) + \varphi(y) - 1, 0\}), \quad \forall x, y \in [0,1].$$

因此,

$$I_T(x,y) = \varphi^{-1}(\min\{1 - \varphi(x) + \varphi(y), 1\}), \quad \forall x, y \in [0,1]. \qquad \square$$

由命题 2.2.5 和命题 2.2.11 可以看出, 在 $[0,1]$ 上满足 (I8) 的 S 蕴涵和幂零三角模的 R 蕴涵 (或剩余蕴涵) 是相同的, 也说明幂零三角模的 R 蕴涵满足 (I12), 即它满足反位对称性.

下面考虑 S 蕴涵和 R 蕴涵之间的关系.

S 蕴涵自然满足 (I12), 即满足反位对称性. 下面命题给出满足 (I12) 的 R 蕴涵的特征.

命题 2.2.12[40]   设 T 是 L 上具有左伴随性质的三角模, N 是 L 上的强否定. 则下列断言是等价的.

(1) $I_T(x,y) = N(T(x,N(y))), \forall x,y \in L$.

(2) I_T 满足 (I12).

(3) $T(x,y) \leqslant z \Leftrightarrow T(x,N(z)) \leqslant N(y), \forall x,y,z \in L$.

证明   当断言 (1) 成立时,

$$I_T(x,y) = N(T(x,N(y))) = N(T(N(y),x))$$

$$= N(T(N(y),N(N(x)))) = I_T(N(y),N(x)), \quad \forall x,y \in L,$$

即 I_T 满足 (I12).

当 I_T 满足 (I12) 时, 由关联条件得到

$$T(x,y) \leqslant z \Leftrightarrow x \leqslant I_T(y,z) = I_T(N(z),N(y))$$

$$\Leftrightarrow T(x,N(z)) \leqslant N(y), \quad \forall x,y,z \in L.$$

当断言 (3) 成立时,

$$T(x,y) \leqslant z \Leftrightarrow T(x,N(z)) \leqslant N(y) \Leftrightarrow N(z) \leqslant I_T(x,N(y))$$

$$\Leftrightarrow N(I_T(x,N(y))) \leqslant z, \quad \forall x,y,z \in L.$$

因此, $T(x,y) = N(I_T(x,N(y))), \forall x,y \in L$. 所以, $I_T(x,y) = N(T(x,N(y))), \forall x, y \in L$, 即断言 (1) 成立. $\square$

在命题 2.2.12(1) 中, 取 $y = 0$ 时,

$$N_I(x) = I_T(x,0) = N(T(x,N(0))) = N(T(x,1)) = N(x), \quad \forall x \in L,$$

即 I_T 满足 (I9); 用 $N(y)$ 替换 y 时, $T(x,y) = N(I_T(x,N(y)))$. 在命题 2.2.12(3) 中, 取 $z = 0$ 时, $T(x,y) = 0$ 当且仅当 $x \leqslant N(y)$. 于是, 我们有

$$N_T(x) = \vee\{y \in L | T(x,y) = 0\} = \vee\{y \in L | y \leqslant N(x)\} = N(x), \quad \forall x \in L.$$

即 $N_T = N$. 特别地, $T(x, N(x)) = 0$ (此等式称为矛盾律) 成立.

Ovchinnikov 和 Roubens[72−73] 证明了 $[0,1]$ 上满足矛盾律的连续三角模是连续的阿基米德三角模并且有零因子, 因而是幂零三角模. 于是, 由命题 2.2.11 知, 存在 $[0,1]$ 的自同构 φ 使得 $I_T = (I_{LK})_\varphi$, 即 $[0,1]$ 上满足 (I12) 的 R 蕴涵只能是由 I_{LK} 通过自同构生成的模糊蕴涵, 它和幂零三角模的 S 蕴涵是相同的.

从命题 2.2.12 出发可以得出 R 蕴涵是 S 蕴涵的一个特征性质.

定理 2.2.5 若 T 是 L 上具有左伴随性质的三角模, 则 R 蕴涵 I_T 是 S 蕴涵, 当且仅当 N_T 是 L 上的强否定并且三元组 (T, S, N) 满足 De Morgan 律, 即

$$T(x, y) = N^{-1}(S(N(x), N(y))), \quad \forall x, y \in L.$$

证明 令 $I = I_T$. 当 I 是 S 蕴涵时, I 满足 (I12). 于是 $N_T(= N)$ 是 L 上的强否定. 由命题 2.2.12(1) 知

$$T(x, y) = N(I_T(x, N(y))) = N(S(N(x), N(y)))$$

$$= N^{-1}(S(N(x), N(y))), \quad \forall x, y \in L,$$

即三元组 (T, S, N) 满足 De Morgan 律.

反之, 若 $N_T = N$ 是 L 上的强否定, 则

$$N_I(x) = I(x, 0) = \vee\{y \in L | T(x, y) = 0\} = N_T(x) = N(x), \quad \forall x \in L,$$

即 I 满足 (I9). 于是由命题 2.2.2(9) 知, I 满足 (I6) 和 (I12), 因此由定理 2.2.3 知, I 是 L 上的 S 蕴涵, 即存在 L 上的三角余模 S^* 和强否定 N^* 使得

$$I(x, y) = S^*(N^*(x), y), \quad \forall x, y \in L.$$

由定理 2.2.3 的证明可以看出

$$N^*(x) = I(x, 0) = N_I(x), \quad \forall x \in L.$$

因此 $N^* = N$. 由 De Morgan 律和命题 2.2.12(1) 知

$$S^*(x, y) = I(N(x), y) = N(T(N(x), N(y)))$$

$$= N(N^{-1}(S(N(N(x)), N(N(y))))) = S(x, y), \quad \forall x, y \in L,$$

即 $S^* = S$. □

类似地, 对于具有右伴随性质的三角余模, 我们有如下定理:

定理 2.2.6 若 S 是 L 上具有右伴随性质的三角余模, 则 S 蕴涵 $I = I_{S,N}$ 是 R 蕴涵, 当且仅当 $N = N_S$ 是 L 上的强否定并且三元组 (T, S, N) 满足 De Morgan 律. □

2.2.4 三角模和三角余模诱导的 QL 蕴涵

设 T, S 和 N 分别是 L 上的三角模、三角余模和强否定. 令

$$I(x,y) = S(N(x), T(x,y)), \quad \forall x,y \in L, \tag{2.2.7}$$

称 I 为三元组 (T,S,N) 诱导的 QL 运算, 记为 $I_{T,S,N}$.

容易验证, QL 运算 $I_{T,S,N}$ 满足 (I2), (I3), (I5), (I6) 和 (I9).

但是, 一般来说, QL 运算不满足 (I1) 和 (I4).

例 2.2.9 $[0,1]$ 上的 T_M, S_P 和标准强否定 N_C 诱导的 QL 运算

$$I(x,y) = \begin{cases} 1 - x + x^2, & \text{若 } x \leqslant y, \\ 1 - x + xy, & \text{否则} \end{cases}$$

和 T_P, S_M 和标准强否定 N_C 诱导的 QL 运算 $I(x,y) = \max\{1-x, xy\}$ 都不满足 (I1) 和 (I4). 而 T_P, S_L 和 N_C 诱导的 QL 运算 I_{RC} 和 T_L, S_L 和 N_C 诱导的 QL 运算 I_{KD} 都满足 (I1) 和 (I4), 因此它们都是模糊蕴涵.

定义 2.2.5[74] 设 T, S 和 N 分别是 L 上的三角模、三角余模和强否定. 当三元组 (T,S,N) 诱导的 QL 运算 $I_{T,S,N}$ 是 L 上的模糊蕴涵时, 称 $I_{T,S,N}$ 为三角模和三角余模诱导的 QL 蕴涵, 简称为 QL 蕴涵.

QL 蕴涵是量子逻辑中重言式 $p \to q \equiv \neg p \vee (p \wedge q)$ 的推广.

容易看出, QL 运算 $I = I_{T,S,N}$ 满足 (I4) 当且仅当排中律成立, 即对于任意的 $x \in L$, $S(N(x), x) = 1$.

例 2.2.10 设 N 和 S 分别是 $[0,1]$ 上的强否定和三角余模, I 是 $[0,1]$ 上的三元组 (T_M, S, N) 诱导的 QL 运算. 若排中律成立, 则 $I = I_{S,N}$.

事实上, 当 $x \leqslant y$ 时,

$$I_{T_M,S,N}(x,y) = S(N(x), T_M(x,y)) = S(N(x), x) = 1,$$

$$I_{S,N}(x,y) = S(N(x), y) \geqslant S(N(x), x) = 1;$$

当 $x > y$ 时,

$$I_{T_M,S,N}(x,y) = S(N(x), T_M(x,y)) = S(N(x), y) = I_{S,N}(x,y).$$

因此, $I = I_{S,N}$.

我们知道, 当 S 和 N 分别是 $[0,1]$ 上的连续三角余模和一元连续函数时, 排中律成立当且仅当存在 $[0,1]$ 的两个自同构 φ 和 ϕ 使得

$$N(x) = \phi^{-1}(1 - \phi(x)) \geqslant \varphi^{-1}(1 - \varphi(x)),$$

$$S(x,y) = \varphi^{-1}(\min\{\varphi(x) + \varphi(y), 1\}), \quad \forall x, y \in [0,1].$$

于是, 三元组 (T_M, S, N) 诱导的 QL 运算为

$$I(x,y) = \varphi^{-1}(\min\{\varphi(\phi^{-1}(1 - \phi(x))) + \varphi(T(x,y)), 1\}),$$

其中 $x, y \in [0,1]$. 特别地, 当 $N(x) = \varphi^{-1}(1 - \varphi(x))$ 时,

$$I(x,y) = \varphi^{-1}(1 - \varphi(x) + \varphi(T(x,y))), \quad \forall x, y \in [0,1]. \tag{2.2.8}$$

可以证明, $[0,1]$ 上由 (2.2.8) 式确定 QL 运算 I 满足 (I8), 当且仅当 I 满足 (I11), 当且仅当 $T = T_M$.

例 2.2.11　设 I 是 $[0,1]$ 上的由 (2.2.8) 式确定 QL 运算, T 是阿基米德三角模或幂等三角模 (即 $T = \wedge$), 则 I 满足 (I12) 当且仅当存在 $t \in [0, \infty]$ 使得

$$T(x,y) = \varphi^{-1}(T_F^t(\varphi(x), \varphi(y))), \quad \forall x, y \in [0,1],$$

其中 T_F^t 是例 2.1.9 中 Frank 类三角模. 此时, I 也是 S 蕴涵, 相应的三角余模为

$$S(x,y) = \varphi^{-1}(1 - T_F^{1/s}(1 - \varphi(x), 1 - \varphi(y))), \quad \forall x, y \in [0,1],$$

这里 $1/0 = \infty, 1/\infty = 0$.

若对于任意 $x \in [0,1], N(x) \geqslant I_T(x, 0)$, 则

$$S(N(x), T(x,y)) = S(N(x), y), \quad \forall x, y \in [0,1] \Leftrightarrow T = T_M,$$

即只有 $T = \wedge$ 时, QL 蕴涵才是 S 蕴涵.

命题 2.2.13　假设 L 是完备格. 若 S 是 L 上具有右伴随性质的三角余模, 则 QL 蕴涵 I 满足 (I11), 当且仅当三角模 T 满足条件

$$T(x,x) \geqslant (N_S \circ N)(x), \quad \forall x \in L.$$

证明　设 S 是 L 上具有右伴随性质的三角余模. 若 I 满足 (I11), 即

$$S(N(x), T(x,x)) = 1, \quad \forall x \in L,$$

则对于任意 $x \in L$, 都有

$$(N_S \circ N)(x) = N_S(N(x)) = \wedge\{y \in L | S(N(x), y) = 1\} \leqslant T(x,x).$$

反之, 若 $T(x,x) \geqslant (N_S \circ N)(x), \forall x \in L$, 则三元组 (T, S, N) 诱导的 QL 运算 I 满足

$$I(x,x) = S(N(x), T(x,x)) \geqslant S(N(x), (N_S \circ N)(x))$$

$$= S(N(x), \wedge\{y \in L | S(N(x), y) = 1\})$$

$$= \wedge\{S(N(x), y) | S(N(x), y) = 1\} = 1, \quad \forall x \in L,$$

即 I 满足 (I11). □

最后讨论 S 蕴涵, R 蕴涵和 QL 蕴涵之间的关系.

定理 2.2.7 QL 蕴涵 I 满足 (I7) 当且仅当 I 是 S 蕴涵.

证明 设三元组 (T, S, N) 诱导的 QL 运算 I 是 L 上的模糊蕴涵. 若 I 满足 (I7), 则由命题 2.2.2(9) 知, I 满足 (I6) 和 (I12). 根据定理 2.2.3, I 是 S 蕴涵. 当 I 是 S 蕴涵时, 由定理 2.2.3 知, I 满足 (I7). □

定理 2.2.8 假设 L 是完备格. 若 QL 蕴涵 $I = I_{T,S,N}$ 是具有左伴随性质的三角模 T^* 的剩余蕴涵, 则 I 也是具有右伴随性质的三角余模 S^* 和强否定 N 诱导的 S 蕴涵, 其中

$$T^*(x, y) = N(S(N(x), T(x, N(y)))),$$

$$S^*(x, y) = S(x, T(N(x), y)), \quad \forall x, y \in L,$$

并且三元组 (T^*, S^*, N) 满足 De Morgan 律.

证明 当 QL 蕴涵 $I = I_{T,S,N}$ 是具有左伴随性质的三角模 T^* 的剩余蕴涵时, $I = I_{T^*}$. 于是

$$N_{T^*}(x) = I_{T^*}(x, 0) = I_{T,S,N}(x, 0) = N(x), \quad \forall x \in L,$$

即 $N_{T^*} = N$. 由定理 2.2.4 知, I 满足 (I7), 因此由定理 2.2.7 知, I 又是 S 蕴涵, 即存在 L 上的三角余模 S^* 和强否定 N^* 使得 $I = I_{S^*, N^*}$. 这样由定理 2.2.5 知, $N^* = N_{T^*} = N$ 并且三元组 (T^*, S^*, N) 满足 De Morgan 律

$$T^*(x, y) = N^{-1}(S^*(N(x), N(y))), \quad \forall x, y \in L,$$

即 T^* 是 S^* 的 N 对偶. 当然, S^* 也是 T^* 的 N 对偶, 于是由 T^* 是 L 上具有左伴随性质的三角模可以推出 S^* 是 L 上具有右伴随性质的三角余模. 又由于 I 是 S 蕴涵, 它满足 (I12), 因此由命题 2.2.12 得

$$S(N(x), T(x, y)) = N(T^*(x, N(y))) = S^*(N(x), y)$$

$$\Rightarrow \begin{cases} T^*(x, y) = N(S(N(x), T(x, N(y)))), \\ S^*(x, y) = S(x, T(N(x), y)), \quad \forall x, y \in L. \end{cases} \qquad \square$$

当 I 既是 $[0,1]$ 上具有左伴随性质的三角模 T 的 R 蕴涵又是 S 蕴涵时, 由定理 2.2.5 知, N_T 是强否定并且三元组 (T, S, N) 满足 De Morgan 律. 于是

$$S(x, y) = N^{-1}(T(N(x), N(y))), \quad \forall x, y \in L.$$

因此

$$S(N(x), x) = N^{-1}(T(x, N(x))) = N^{-1}(T(x, N_T(x))) = 1, \quad \forall x \in L,$$

即排中律成立. 这样由例 2.2.10 知, $I_{T_M, S, N} = I_{S, N}$. 因此, $I = I_{T_M, S, N}$ 还是 QL 蕴涵.

2.2.5 上、下近似模糊蕴涵和模糊余蕴涵

本小节中, 如无特别说明, L 也总是表示任意给定的一个完备格.

若 $\{T_j \mid j \in J\}$ 是 L 上一些二元运算组成的集合, 其中 J 是任意指标集, 规定它的最小上界 $\vee_{j \in J} T_j$ 和最大下界 $\wedge_{j \in J} T_j$ 为

$$(\vee_{j \in J} T_j)(x, y) = \vee_{j \in J} T_j(x, y),$$

$$(\wedge_{j \in J} T_j)(x, y) = \wedge_{j \in J} T_j(x, y), \quad \forall x, y \in L.$$

当 $J \neq \varnothing$ 时, 容易验证,

$$I_j \in \mathcal{I}(L), \forall j \in J \Rightarrow \wedge_{j \in J} I_j \in \mathcal{I}(L).$$

因此, 对于 L 上的二元运算 A, 如果存在 $I \in \mathcal{I}(L)$ 使得 $A \leqslant I$, 那么

$$\wedge \{I \mid A \leqslant I, I \in \mathcal{I}(L)\}$$

就是 L 上比 A 大的最小的模糊蕴涵, 称为 A 的上近似模糊蕴涵, 记为 $[A)_I$.

同样, 若 $J \neq \varnothing$, 则

$$I_j \in \mathcal{I}(L), \forall j \in J \Rightarrow \vee_{j \in J} I_j \in \mathcal{I}(L).$$

如果存在 $I \in \mathcal{I}(L)$ 使得 $I \leqslant A$, 那么

$$\vee \{I \mid I \leqslant A, I \in \mathcal{I}(L)\}$$

就是 L 上比 A 小的最大的模糊蕴涵, 称为 A 的下近似模糊蕴涵, 记为 $(A]_I$.

类似地, $[A)_C$ 表示 A 的上近似模糊余蕴涵, $(A]_C$ 表示 A 的下近似模糊余蕴涵, $[A)_I^\curvearrowright$ 表示 A 的上近似具有右伴随性质的模糊蕴涵, $(A]_C^\curvearrowleft$ 表示 A 的下近似具有左伴随性质的模糊余蕴涵.

下面考虑如何计算一个二元运算的上、下近似模糊蕴涵和模糊余蕴涵.

定义 2.2.6[75] 设 A 是 L 上的二元运算. 定义 A 的上近似蕴涵运算 A_{ui}, 上近似余蕴涵运算 A_{uc}, 下近似蕴涵运算 A_{li} 和下近似余蕴涵运算 A_{lc} 如下:

$$A_{ui}(x, y) = A_{uc}(x, y) = \vee \{A(u, v) \mid u \geqslant x, v \leqslant y\},$$

$$A_{li}(x,y) = A_{lc}(x,y) = \wedge\{A(u,v) | u \leqslant x, v \geqslant y\}, \quad \forall x,y \in L.$$

容易验证: 二元运算的上近似蕴涵运算、上近似余蕴涵运算、下近似蕴涵运算和下近似余蕴涵运算具有下面性质.

命题 2.2.14 设 A 和 B 都是 L 上的二元运算. 则下列断言成立.

(1) $A_{li} \leqslant A \leqslant A_{ui}$.

(2) $(A \vee B)_{ui} = A_{ui} \vee B_{ui}$, $(A \wedge B)_{li} = A_{li} \wedge B_{li}$.

(3) A_{ui} 和 A_{li} 都是混合单调的 (即关于第一个变量是单调递减的, 关于第二个变量是单调递增的).

(4) 若 A 是混合单调的, 则 $A_{li} = A = A_{ui}$.

(5) 若 N 是 L 上的强否定, 则 $(A_N)_{uc} = (A_{li})_N$, $(A_N)_{lc} = (A_{ui})_N$. □

由命题 2.2.14(5) 知, 二元运算 A 的上近似蕴涵运算 A_{ui} (上近似余蕴涵运算 A_{uc}) 和下近似余蕴涵运算 A_{lc} (相应地, 下近似蕴涵运算 A_{li}) 也是对偶的.

一般来说, 一个二元运算的上、下近似蕴涵运算 (或余蕴涵运算) 不是模糊蕴涵或模糊余蕴涵.

例 2.2.12 对于任意的 $x,y \in [0,1]$, 令 $A(x,y) = (x - x^2)y$, 通过计算得到

$$A_{ui}(x,y) = A_{uc}(x,y) = \begin{cases} y/4, & \text{若 } x \leqslant 1/2, \\ (x - x^2)y, & \text{否则}, \end{cases}$$

A_{ui} 既不是模糊蕴涵也不是模糊余蕴涵. 取

$$I^*(x,y) = \begin{cases} 1, & \text{若 } x = 0 \text{ 且 } y = 1, \\ y/4, & \text{若 } 0 < x \leqslant 1/2 \text{ 且 } y \neq 1, \\ (x - x^2)y, & \text{否则}, \end{cases}$$

$$C^*(x,y) = \begin{cases} 1, & \text{若 } (x,y) = (0,1), \\ y/4, & \text{若 } x \leqslant 1/2 \text{ 且 } (x,y) \neq (0,1), \\ (x - x^2)y, & \text{否则}. \end{cases}$$

容易看出 I^* 和 C^* 分别是 A 的上近似模糊蕴涵和上近似模糊余蕴涵.

从这个例子出发可以得到二元运算的上、下近似模糊蕴涵和上、下近似模糊余蕴涵的计算公式.

定理 2.2.9 设 A 是 L 上的二元运算. 则下列断言成立.

(1) 如果 $A \leqslant I_M$, 那么 $[A]_I = I_W \vee A_{ui}$.

(2) 如果 $I_W \leqslant A$, 那么 $(A]_I = I_M \wedge A_{li}$.

(3) 如果 $C_W \leqslant A$, 那么 $(A]_C = C_M \wedge A_{lc}$.

(4) 如果 $A \leqslant C_M$, 那么 $[A]_C = C_W \vee A_{uc}$.

(5) 如果 A 是右任意交分配的, A 满足 (I1), 并且 $A \leqslant I_M$, 那么 $[A]_I^{\wedge} = I_W \vee A$.

(6) 如果 A 是右任意并分配的, A 满足 (C1), 并且 $C_W \leqslant A$, 那么 $(A]_C^{\vee} = C_M \wedge A$.

证明　仅证明断言 (1), (2) 和 (5) 成立.

(1) 令 $I_1 = I_W \vee A_{ui}$. 显然 $A \leqslant I_1$, $I_W \leqslant I_1 \leqslant I_M$. 于是

$$I_1(0, x) = I(x, 1) = 1, \quad \forall x \in L,$$

并且 $I_1(1, 0) = 0$. 由命题 2.2.14(3) 和 I_W 的混合单调性知, I_1 也是混合单调的. 因此 $I_1 \in \mathcal{I}(L)$. 如果 $A \leqslant I^*$ 并且 $I^* \in \mathcal{I}(L)$, 那么

$$I^* = (I^*)_{ui} \geqslant A_{ui}, \quad I^* \geqslant I_W \vee A_{ui} = I_1.$$

所以 $[A)_I = I_W \vee A_{ui}$.

(2) 令 $I_2 = I_M \wedge A_{li}$, 则 $I_2 \leqslant A$, $I_W \leqslant I_2 \leqslant I_M$. 由断言 (1) 的证明看到 $I_2 \in \mathcal{I}(L)$. 如果 $I^* \leqslant A$ 并且 $I^* \in \mathcal{I}(L)$, 那么

$$I^* = (I^*)_{li} \leqslant A_{li}, \quad I^* \leqslant I_M \wedge A_{li} = I_2.$$

因此 $(A]_I = I_M \wedge A_{li}$.

(5) 令 $I_3 = I_W \vee A$. 如果 A 是右任意交分配的, 并且 A 满足 (I1), 那么 A 是混合单调的. 于是由命题 2.2.14(4) 知, $A_{ui} = A$. 由断言 (1) 知, $I_3 \in \mathcal{I}(L)$. 由于 A 是右任意交分配的, 因此, $A(x, 1) = 1, \forall x \in L$. 此外, 对于任意的 $x, y_j \in L(j \in J)$, 其中 J 是任意指标集, 当 $x = 0$ 时,

$$I_3(0, \wedge_{j \in J} y_j) = I_W(0, \wedge_{j \in J} y_j) = 1 = \wedge_{j \in J} I_3(0, y_j);$$

当 $x \neq 0$ 时,

$$\wedge_{j \in J} I_3(x, y_j) = \wedge_{j \in J}(I_W(x, y_j) \vee A(x, y_j))$$

$$= \wedge \{I_W(x, y_j) \vee A(x, y_j) | y_j \neq 1, j \in J\} = \wedge\{A(x, y_j) | y_j \neq 1, j \in J\}$$

$$= (\wedge\{I_W(x, y_j) | y_j \neq 1, j \in J\}) \vee (\wedge\{A(x, y_j) | y_j \neq 1, j \in J\})$$

$$= (\wedge_{j \in J} I_W(x, y_j)) \vee (\wedge_{j \in J} A(x, y_j))$$

$$= I_W(x, \wedge_{j \in J} y_j) \vee A(x, \wedge_{j \in J} y_j) = I_3(x, \wedge_{j \in J} y_j).$$

因此 $I_3 \in \mathcal{I}_\wedge(L)$. 如果 $A \leqslant I^*$ 并且 $I^* \in \mathcal{I}_\wedge(L)$, 那么 $I^* \geqslant I_W \vee A = I_3$.

所以 $[A]_I^\wedge = I_W \vee A$. □

命题 2.2.15 若 A 是 L 上的二元运算, $A \leqslant I_M$ 并且 $A(1,x) = x, \forall x \in L$, 则 $[A)_I$ 满足 (I6).

证明 若 $A(1,x) = x, \forall x \in L$, 则

$$A_{ui}(1,x) = \vee\{A(u,v)|u \geqslant 1, v \leqslant x\} = \vee\{v|v \leqslant x\} = x, \quad \forall x \in L.$$

于是由定理 2.2.9(1) 知

$$[A)_I(1,x) = (I_W \vee A_{ui})(1,x) = x, \quad \forall x \in L,$$

即 $[A)_I$ 满足 (I6). □

对于 A 的下近似模糊蕴涵 $(A]_I$, 命题 2.2.15 不成立.

例 2.2.13 假设 $L = [0,1]$, 取

$$A(x,y) = \begin{cases} 1, & \text{若 } x = 0 \text{ 或 } y = 1, \\ y, & \text{若 } x = 1, \\ 1/2, & \text{否则}, \end{cases}$$

则 $I_W \leqslant A$ 并且 $A(1,x) = x, \forall x \in L$,

$$A_{li}(1,x) = \begin{cases} 1, & \text{若 } x = 1, \\ \min\{1/2,x\}, & \text{否则}, \end{cases}$$

当 $1/2 < x < 1$ 时,

$$(A]_I(1,x) = (I_M \wedge A_{li})(1,x) = \min\{1/2,x\} \neq x,$$

即 $(A]_I$ 不满足 (I6).

命题 2.2.16 若 N 和 A 分别是 L 上的强否定和二元运算, $A \leqslant I_M$ 并且 $A(x,0) = N(x), \forall x \in L$, 则 $[A)_I$ 满足 (I9).

证明 若 N 是 L 上的强否定并且 $A(x,0) = N(x), \forall x \in L$, 则

$$A_{ui}(x,0) = \vee\{A(u,v)|u \geqslant x, v \leqslant 0\} = \vee\{A(u,0)|u \geqslant x\}$$

$$= \vee\{N(u)|u \geqslant x\} = N(x), \quad \forall x \in L.$$

于是当 $A \leqslant I_M$ 时,

$$[A)_I(x,0) = (I_W \vee A_{ui})(x,0) = A_{ui}(x,0) = N(x),$$

即 $[A)_I$ 满足 (I9).   □

对于 A 的下近似模糊蕴涵 $(A]_I$, 命题 2.2.16 也不成立.

例 2.2.14 设 N 是 $[0,1]$ 上的标准强否定,

$$A(x,y) = \begin{cases} 1, & \text{若 } x = 0 \text{ 或 } y = 1, \\ 1-x, & \text{若 } x = 1, \\ 1/2, & \text{否则}, \end{cases}$$

则 $I_W \leqslant A$, $A(x,0) = N(x)$,

$$(A]_I(x,0) = I_M(x,0) \wedge A_{li}(x,0) = \begin{cases} 1, & \text{若 } x = 0, \\ \min\{1-x, 1/2\}, & \text{否则}, \end{cases}$$

即 $[A)_I$ 不满足 (I9).

命题 2.2.17 若 A 是 L 上的二元运算, $A \leqslant I_M$ 并且 $A(x,x) = 1, \forall x \in L$, 则 $[A)_I$ 满足 (I11).

证明 若 $A(x,x) = 1, \forall x \in L$, 则 $A_{ui}(x,x) \geqslant A(x,x) = 1$. 因此

$$(A]_I(x,x) = (I_W \vee A_{ui})(x,x) = A_{ui}(x,x) = 1, \quad \forall x \in L,$$

即 $[A)_I$ 满足 (I11).   □

对于 A 的下近似模糊蕴涵 $(A]_I$, 命题 2.2.17 同样不成立.

例 2.2.15 假设 $L = [0,1]$, 取

$$A(x,y) = \begin{cases} 1/2, & \text{若 } y = \sqrt{x} \text{ 且 } x \in]0,1[, \\ 1, & \text{否则}, \end{cases}$$

则

$$I_W \leqslant A, \quad A(x,x) = 1, \quad A_{li}(1/2, 1/2) = 1/2,$$

$$(A]_I = (1/2, 1/2) = 1/2,$$

即 $(A]_I$ 不满足 (I11).

命题 2.2.18 设 N 是 L 上的强否定, A 是 L 上的二元运算. 若 A 满足 (I12), 则 A_{ui}, A_{li}, $[A)_I$, $(A]_I$, $[A)_C$ 和 $(A]_C$ 都满足 (I12).

证明 若 A 满足 (I12), 则

$$A_{ui}(N(y), N(x)) = \vee\{A(u,v) | u \geqslant N(y), v \leqslant N(x)\}$$

$$= \vee \{A(N(v), N(u)) | N(v) \geqslant x, N(u) \leqslant y\} = A_{ui}(x, y),$$

$$A_{li}(N(y), N(x)) = \wedge \{A(u, v) | u \leqslant N(y), v \geqslant N(x)\}$$

$$= \wedge \{A(N(v), N(u)) | N(v) \leqslant x, N(u) \geqslant y\} = A_{li}(x, y), \quad \forall x, y \in L.$$

于是由例 2.2.3 和定理 2.2.9 知, $[A)_I$, $(A]_I$, $[A)_C$ 和 $(A]_C$ 都满足 (I12). □

最后讨论上 (下) 近似模糊蕴涵和下 (上) 近似模糊余蕴涵之间的关系.

定理 2.2.10 设 N 是 L 上的强否定, A 是 L 上的二元运算. 则下列断言成立.

(1) 如果 $A \leqslant I_M$, 那么 $[A)_I = ((A_N]_C)_N$.

(2) 如果 $I_W \leqslant A$, 那么 $(A]_I = ([A_N)_C)_N$.

(3) 如果 $C_W \leqslant A$, 那么 $(A]_C = ([A_N)_I)_N$.

(4) 如果 $A \leqslant C_M$, 那么 $[A)_C = ((A_N]_I)_N$.

(5) 如果 A 是右任意交分配的, A 满足 (I1), 并且 $A \leqslant I_M$, 那么

$$[A)_I^{\wedge} = ((A_N]_C^{\vee})_N.$$

(6) 如果 A 是右任意并分配的, A 满足 (C1), 并且 $C_W \leqslant A$, 那么

$$(A]_C^{\vee} = ([A_N)_I^{\wedge})_N.$$

证明 仅证明断言 (1) 和 (5) 成立.

(1) 若 $A \leqslant I_M$, 由例 2.2.3, 命题 2.2.14 和定理 2.2.9 得

$$A_N \geqslant (I_M)_N = C_W, \quad [A)_I = I_W \vee A_{ui}.$$

于是 $(A_N]_C = C_M \wedge (A_N)_{lc}$. 根据注 2.2.1, 例 2.2.3 和命题 2.2.14(5), 有

$$((A_N]_C)_N = (C_M \wedge (A_N)_{lc})_N = (C_M \wedge (A_{ui})_N)_N$$

$$= (C_M)_N \vee ((A_{ui})_N)_N = I_W \vee A_{ui} = [A)_I.$$

(5) 如果 A 是右任意交分配的, 满足 (I1) 并且 $A \leqslant I_M$, 那么由定义 2.2.9 知, $A_{ui} = A$. 由定理 2.2.9(5) 知, $[A)_I^{\wedge} = I_W \vee A$. 由于 $A_N \geqslant (I_M)_N = C_W$, A_N 是右任意分配的并且满足 (I1), 因此 $(A_N)_{lc} = A_N$, 于是由定理 2.2.9(6) 得 $(A_N]_C^{\vee} = C_M \wedge A_N$. 所以

$$((A_N]_C^{\vee})_N = (C_M \wedge A_N)_N = (C_M)_N \vee (A_N)_N = I_W \vee A = [A)_I. \quad \square$$

利用上、下近似模糊蕴涵和模糊余蕴涵计算公式, 还可以得到模糊蕴涵和模糊余蕴涵之间的另外一种关系.

定理 2.2.11　若 $C \in \mathcal{C}(L)$, $I \in \mathcal{I}(L)$, 则 $[(I]_C)_I = I^*$ 并且 $([C]_I)_C = C^*$, 这里对于任意 $x, y \in L$,

$$I^*(x, y) = \begin{cases} I_W(x, y), & \text{若 } x = 1 \text{ 或 } y = 0, \\ I(x, y), & \text{否则}, \end{cases}$$

$$C^*(x, y) = \begin{cases} C_M(x, y), & \text{若 } x = 0 \text{ 或 } y = 1, \\ C(x, y), & \text{否则}. \end{cases}$$

证明　若 $I \in \mathcal{I}(L)$, 则 $C_W \leqslant I$. 于是由例 2.2.3 和定理 2.2.9 知, $(I]_C \in \mathcal{C}(L)$, $(I]_C = C_M \wedge I_{lc} = C_M \wedge I \leqslant I$ 并且

$$[(I]_C)_I = I_W \vee ((I]_C)_{ui} = I_W \vee (I]_C = I_W \vee (C_M \wedge I).$$

令 $A = I_W \vee (C_M \wedge I)$, 则

$$A(0, y) = I_W(0, y) \vee (C_M(0, y) \wedge I(0, y)) = 1 \vee (C_M(0, y) \wedge 1)$$

$$= 1 = I(0, y), \quad \forall y \in L,$$

$$A(x, 1) = I_W(x, 1) \vee (C_M(x, 1) \wedge I(x, 1)) = 1 \vee (C_M(x, 1) \wedge 1)$$

$$= 1 = I(x, 1), \quad \forall x \in L,$$

$$A(1, y) = I_W(1, y) \vee (C_M(1, y) \wedge I(1, y)) = I_W(1, y) \vee (0 \wedge I(1, y))$$

$$= I_W(1, y), \quad \forall y \in L,$$

$$A(x, 0) = I_W(x, 0) \vee (C_M(x, 0) \wedge I(x, 0)) = I_W(x, 0) \vee (0 \wedge I(x, 0))$$

$$= I_W(x, 0), \quad \forall x \in L,$$

$$A(x, y) = I_W(x, y) \vee (C_M(x, y) \wedge I(x, y)) = 0 \vee (1 \wedge I(x, y))$$

$$= I(x, y), \quad \forall x, y \in L \backslash \{0, 1\}.$$

因此, $[(I]_C)_I = I^*$.

同理可证, $([C]_I)_C = C^*$.　□

由定理 2.2.11 知, 如果 $I \in \mathcal{I}(L)$ 并且当 $x = 1$ 或 $y = 0$ 时, $I(x, y) = I_W(x, y)$, 那么 $[(I]_C)_I = I$; 如果 $C \in \mathcal{C}(L)$ 并且当 $x = 0$ 或 $y = 1$ 时, $C(x, y) = C_M(x, y)$, 那么 $([C]_I)_C = C$.

但是, $I \not\leqslant C_M, \forall I \in \mathcal{I}(L)$ 并且 $I_W \not\leqslant C, \forall C \in \mathcal{C}(L)$. 因此, I 的上近似模糊余蕴涵 $[I]_C$ 和 C 下近似模糊蕴涵 $(C]_I$ 都不存在.

第 3 章 [0, 1] 上的一致模

在模糊集合理论中使用的信息聚合模型三角模和三角余模可看成经典逻辑中逻辑联结词 "与" 和 "或" 的推广, Yager 和 Rybalov[76] 组合这两个聚合模型引入了单位闭区间 [0, 1] 上一致模概念, Fodor 等 [77] 讨论了一致模的基本结构. 随后这类算子被广泛应用到聚合算子 [78]、专家系统 [79−80]、神经元网络 [81]、模糊系统建模 [82−84]、伪分析和测度论 [85−87]、模糊 DI-包含度和图像处理 [88−89]、数据挖掘 [90] 等诸多领域.

本章首先讨论 [0, 1] 上一致模的基本性质及其连续性, 然后研究几种常见的一致模 (即可表示一致模、幂等一致模和基础算子连续的一致模) 的特征.

3.1 [0, 1] 上一致模及其连续性

本节讨论 [0, 1] 上一致模的概念及其连续性.

3.1.1 一致模概念

定义 3.1.1[76,91−94] 设 U 是 [0, 1] 上的二元运算. 若 U 满足条件:

(U1) $U(U(x, y), z) = U(x, U(y, z)), \forall x, y, z \in [0, 1]$;　　　　　　　(结合律)

(U2) $U(x, y) = U(y, x), \forall x, y \in [0, 1]$;　　　　　　　　　　　　(交换律)

(U3) $y \leqslant z \Rightarrow U(x, y) \leqslant U(x, z), U(y, x) \leqslant U(z, x), \forall x, y, z \in [0, 1]$; (单调性)

(U4) 存在 $e \in [0, 1]$, 使得 $U(e, x) = U(x, e) = x, \forall x \in [0, 1]$,　　　(有幺元)

则称 U 为 [0, 1] 上的一致模, 并称 e 为一致模 U 的幺元.

显然, 当 U 为 [0, 1] 上的一致模时, $([0, 1], \leqslant, U)$ 就是以 e 为幺元的格序交换半群. 当 $e = 1$ 时 U 是 [0, 1] 上的三角模; 当 $e = 0$ 时 U 是 [0, 1] 上的三角余模. 因此, 当一致模 U 的幺元 $e \in]0, 1[$ 时, 称其为真一致模. 此外, 对于任意一致模 U, 我们有 $U(0, 0) = 0$ 和 $U(1, 1) = 1$.

例 3.1.1 定义 [0, 1] 上的两个二元运算如下:

$$U_1(x, y) = \begin{cases} x \vee y, & \text{若 } x, y \in [e, 1], \\ x \wedge y, & \text{否则}, \end{cases} \qquad U_2(x, y) = \begin{cases} x \wedge y, & \text{若 } x, y \in [0, e], \\ x \vee y, & \text{否则}, \end{cases}$$

则当 $e \neq 0, 1$ 时, U_1 与 U_2 都是真一致模, 它们既不是三角模也不是三角余模. 这说明一致模是三角模和三角余模的真推广.

命题 3.1.1 设 U 是 $[0,1]$ 上的一致模, 则 $U(0,1) \in \{0,1\}$.

证明 令 $a = U(0,1)$. 设 e 是 U 的幺元, 则当 $a \leqslant e$ 时,

$$a = U(1,0) = U(1, U(0,0)) = U(U(1,0), 0) \leqslant U(e, 0) = 0;$$

当 $a \geqslant e$ 时,

$$a = U(1,0) = U(U(1,1), 0) = U(1, U(1,0)) \geqslant U(1, e) = 1.$$

因此, $U(0,1) = 0$ 或者 $U(0,1) = 0$.   □

根据 $U(0,1)$ 的取值情况, 可以对一致模 U 进行分类.

定义 3.1.2 设 U 是 $[0,1]$ 上的一致模. 若 $U(0,1) = 0$, 则称 U 为合取一致模; 若 $U(0,1) = 1$, 则称 U 为析取一致模.

命题 3.1.2 设一致模 U 是 $[0,1]^2$ 上的二元连续函数, 则 U 必是三角模或者三角余模.

证明 若 U 是合取一致模, 则 $U(0,1) = 0$ 并且 $U(1,1) = 1$. 令 $f(x) = U(x,1)$, 则 f 是 $[0,1]$ 上的连续函数并且 $f(0) = 0, f(1) = 1$. 于是由连续函数的介值性定理知, 存在 $x_0 \in [0,1]$ 使得 $f(x_0) = e$. 因此

$$1 = U(1, e) = U(1, U(x_0, 1)) = U(U(1,1), x_0) = U(1, x_0) = e,$$

即 U 是 $[0,1]$ 上的三角模.

同理, 若 U 是析取一致模, 则 U 是 $[0,1]$ 上的三角余模.   □

由命题 3.1.2 知, 不存在连续的真一致模. 因此在本章中, 总假定一致模 U 的幺元 $e \in]0,1[$ 并且作为二元函数在 $[0,1]^2$ 上是不连续的.

下面介绍 $[0,1]$ 上一致模的结构定理.

定理 3.1.1[77] 设 U 是 $[0,1]$ 上的真一致模, 则存在 $[0,1]$ 上三角模 T_U 和三角余模 S_U 使得

$$U(x,y) = \begin{cases} eT_U\left(\dfrac{x}{e}, \dfrac{y}{e}\right), & \text{若 } (x,y) \in [0,e]^2, \\ e + (1-e)S_U\left(\dfrac{x-e}{1-e}, \dfrac{y-e}{1-e}\right), & \text{若 } (x,y) \in [e,1]^2, \end{cases}$$

并且当 $(x,y) \in A(e) = [0,e[\times]e,1] \cup]e,1] \times [0,e[$ 时,

$$x \wedge y \leqslant U(x,y) \leqslant x \vee y.$$

此外, T_U 和 S_U 分别称为 U 的基础三角模和基础三角余模, 统称为 U 的基础算子.

证明 若 $(x, y) \in [0, e]^2$, 则 $0 = U(0, 0) \leqslant U(x, y) \leqslant U(e, e) = e$. 因此 U 是 $[0, e]$ 上的二元运算. 令

$$T_U(x, y) = \frac{U(ex, ey)}{e}, \quad \forall (x, y) \in [0, 1]^2,$$

则 T_U 是 $[0, 1]$ 上三角模并且当 $(x, y) \in [0, e]^2$ 时,

$$U(x, y) = eT_U\left(\frac{x}{e}, \frac{y}{e}\right).$$

同理, U 也是 $[e, 1]$ 上的二元运算. 令

$$S_U(x, y) = \frac{U(e + (1-e)x, e + (1-e)y) - e}{1 - e}, \quad \forall (x, y) \in [0, 1]^2,$$

则 S_U 是 $[0, 1]$ 上三角余模并且当 $(x, y) \in [e, 1]^2$ 时,

$$U(x, y) = e + (1-e)S_U\left(\frac{x-e}{1-e}, \frac{y-e}{1-e}\right).$$

当 $(x, y) \in A(e)$ 时, 不妨设 $x \leqslant y$, 则

$$x \wedge y = x = U(x, e) \leqslant U(x, y) \leqslant U(e, y) = y = x \vee y. \qquad \Box$$

根据定理 3.1.1, 若 $(x, y) \in [0, e]^2$, 则一致模的作用就像一个三角模, 若 $(x, y) \in [e, 1]^2$, 则一致模的作用就像一个三角余模. 但是当 $(x, y) \in A(e)$ 时, 仅知道一致模介于函数 min 和 max 之间, 其具体结构还不清楚. 这也是一致模结构复杂的原因.

由定理 3.1.1 容易得到下面的命题.

命题 3.1.3[77] 设一致模 U 有幺元 $e \in {]}0, 1{[}$, 则

$$\underline{U}_e(x, y) \leqslant U(x, y) \leqslant \overline{U}_e(x, y),$$

其中

$$\underline{U}_e(x, y) = \begin{cases} 0, & \text{若 } (x, y) \in [0, e{[}^2, \\ x \vee y, & \text{若 } (x, y) \in [e, 1]^2, \\ x \wedge y, & \text{否则}, \end{cases} \qquad \overline{U}_e(x, y) = \begin{cases} x \wedge y, & \text{若 } (x, y) \in [0, e]^2, \\ 1, & \text{若 } (x, y) \in {]}e, 1]^2, \\ x \vee y, & \text{否则}. \end{cases}$$

$$\Box$$

一致模 U 在两个矩形区域 $[0, e] \times [e, 1]$ 和 $[e, 1] \times [0, e]$ 的值与 $[0, 1]$ 上两个一元函数 $U(x, 1)$ 和 $U(x, 0)$ 的性质密切相关.

命题 3.1.4 设 U 是一致模并且两个边界截线 $U(x, 1)$ 和 $U(x, 0)$ 在 $[0, 1]$ 上除了点 e 外处处连续.

(1) 若 U 是合取的, 则对于任意 $x \in [0, e[$, $U(x, 1) = x$.

(2) 若 U 是析取的, 则对于任意 $x \in]e, 1]$, $U(x, 0) = x$.

证明 (1) 若 U 是合取的, 则 $U(0, 1) = 0$. 对于任意 $x \in [0, e[$ 由 U 的单调性知, $U(0, 1) = 0 \leqslant x \leqslant U(x, 1)$. 又因为 $U(1, x)$ 在 $[0, e[$ 上连续, 所以存在 $z \in [0, e[$ 使得 $U(z, 1) = x$. 因此

$$U(x, 1) = U(U(z, 1), 1) = U(z, U(1, 1)) = U(z, 1) = x, \quad \forall x \in [0, e[.$$

(2) 若 U 是析取的, 则 $U(0, 1) = 1$. 同理, 对于任意 $x \in]e, 1]$, 存在 $z \in]e, 1]$ 使得 $U(z, 0) = x$. 因此

$$U(x, 0) = U(U(z, 0), 0) = U(z, U(0, 0)) = U(z, 0) = x, \quad \forall x \in]e, 1]. \qquad \square$$

借助定理 3.1.1 和命题 3.1.4, 我们可以给出一类一致模的表达式.

定理 3.1.2[77] 设一致模 U 有幺元 $e \in]0, 1[$ 并且两个边界截线 $U(x, 1)$ 和 $U(x, 0)$ 在 $[0, 1]$ 上除了点 e 外处处连续.

(1) 若 U 是合取的, 则 U 可以表示为

$$U(x, y) = \begin{cases} eT_U\left(\dfrac{x}{e}, \dfrac{y}{e}\right), & \text{若 } (x, y) \in [0, e]^2, \\ e + (1 - e)S_U\left(\dfrac{x - e}{1 - e}, \dfrac{y - e}{1 - e}\right), & \text{若 } (x, y) \in [e, 1]^2, \\ x \wedge y, & \text{否则}, \end{cases} \qquad (3.1.1)$$

(2) 若 U 是析取的, 则 U 可以表示为

$$U(x, y) = \begin{cases} eT_U\left(\dfrac{x}{e}, \dfrac{y}{e}\right), & \text{若 } (x, y) \in [0, e]^2, \\ e + (1 - e)S_U\left(\dfrac{x - e}{1 - e}, \dfrac{y - e}{1 - e}\right), & \text{若 } (x, y) \in [e, 1]^2, \\ x \vee y, & \text{否则}, \end{cases} \qquad (3.1.2)$$

其中 T_U 和 S_U 分别是 U 的基础三角模和基础三角余模. $\qquad \square$

用 $\mathcal{U}_{\min}$ 和 $\mathcal{U}_{\max}$ 分别表示所有形如 (3.1.1) 式和 (3.1.2) 式的一致模构成的集合. 若 $U \in \mathcal{U}_{\min}$, 则 $([0, 1], U)$ 是

$$([0, e], U|_{[0, e]^2}) \quad \text{与} \quad ([e, 1], U|_{[e, 1]^2})$$

的序数和; 若 $U \in \mathcal{U}_{\max}$, 则 $([0, 1], U)$ 是

$$([e, 1], U|_{[e, 1]^2}) \quad \text{与} \quad ([0, e], U|_{[0, e]^2})$$

的序数和. 在 $\mathcal{U}_{\min}$ 和 $\mathcal{U}_{\max}$ 中, 基础三角模 T_U 和基础三角余模 S_U 可以是任意的, 不依赖于 $A(e)$ 上取值.

这两类一致模的结构见图 3.1, 其中粗线表示除了基础算子的不连续点外的不连续点. 对于 $\mathcal{U}_{\min}$ 中一致模来说, 除了相应基础算子的不连续点外, 它还有不连续点 (x, e) 和 (e, x), 其中 $x \geqslant e$; 对于 $\mathcal{U}_{\max}$ 中一致模来说, 除了相应基础算子的不连续点外, 它还有不连续点 (x, e) 和 (e, x), 其中 $x \leqslant e$.

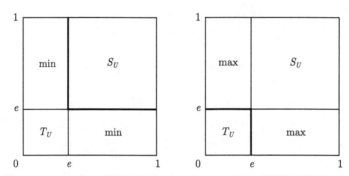

图 3.1 $\mathcal{U}_{\min}$ 类一致模结构图 (左) 和 $\mathcal{U}_{\max}$ 类一致模的结构图 (右)

3.1.2 $]0, 1[^2$ 内连续的一致模

为了给出 $]0, 1[^2$ 内连续的一致模的结构, 我们先介绍几个引理.

引理 3.1.1 设 U 是有幺元 $e \in]0, 1[$ 的一致模并且在 $]0, 1[^2$ 内连续 (即 U 是 $]0, 1[^2$ 内二元连续函数), 则 U 的基础三角模 T_U 和基础三角余模 S_U 都是连续的.

证明 因为 $T_U \leqslant \wedge$, 所以对于任意 $a \in [0, 1], T_U(a, 0) = T_U(0, a) = 0$ 并且 T_U 在点 $(a, 0)$ 和 $(0, a)$ 处都连续. 由于 U 在 $]0, 1[^2$ 内连续并且对于任意 $y \in [0, 1], U(e, y) = y$, 因此由定理 3.1.1 知: T_U 在 $]0, 1]^2$ 上连续. 故 T_U 在 $[0, 1]^2$ 上连续.

同理可证, S_U 在 $[0, 1]^2$ 上也连续. $\square$

当 U 的基础三角模 T_U 在 $[0, 1]^2$ 上连续时, 由命题 2.1.7 知: 若 $]a_\alpha, b_\alpha[$ 是 T_U 的生成区间, 则对于任意 $x, y \in]a_\alpha, b_\alpha[$, 我们有

$$U(x, y) = eT_U\left(\frac{x}{e}, \frac{y}{e}\right) = ea_\alpha + (eb_\alpha - ea_\alpha)T_U\left(\frac{x - ea_\alpha}{eb_\alpha - ea_\alpha}, \frac{y - ea_\alpha}{eb_\alpha - ea_\alpha}\right).$$

引理 3.1.2 设 U 是有幺元 $e \in]0, 1[$ 的一致模并且存在 $u \in [0, e[$ 使得对于任意的 $x \in]u, e[, y \in]e, 1[$ 都有 $U(x, y) = x$, 则 U 在 $]0, 1[^2$ 内不连续.

证明 取 $c \in]e, 1[$, 定义函数 $f(x) = U(x, c)$, 则

$$f(x) = U(x, c) = x < e, \quad \forall x \in]u, e[.$$

因为 $f(e) = U(e,c) = c$ 并且

$$\lim_{x \to e^-} f(x) = e \neq c = U(e,c) = f(e),$$

所以 U 在 $]0,1[^2$ 内不连续.   □

引理 3.1.3   设 U 是 $]0,1[^2$ 内连续有幺元 $e \in]0,1[$ 的一致模并且存在 a, b $(0 \leqslant a \leqslant b < 1, b > 0)$ 使得对于任意 $x \in [a,b], y \in [b,1]$ 都有 $T_U(x,y) = x$, 则对于任意 $x \in [ea, eb], y \in]e,1[$ 都有 $U(x,y) = x$.

证明   由 T_U 的定义知: 当 $x \in [ea, eb], z \in]eb, e[$ 时,

$$U(x,z) = eT_U\left(\frac{x}{e}, \frac{z}{e}\right) = e\frac{x}{e} = x.$$

下面证明: 对于任意 $x \in [ea, eb], y \in]e,1[$ 都有 $U(x,y) = x$.

首先, 对于任意 $y \in]e,1[$ 都有 $U(eb, y) < e$. 若存在 $y_0 \in]e,1[$ 使得 $U(eb, y_0) \geqslant e$, 则由 $U(eb, e) = eb < e$ 及 U 的连续性知, 存在 $y_1 \in]e, y_0]$ 使得 $U(eb, y_1) = e$, 于是当 $z \in]eb, e[$ 时,

$$z = U(z, e) = U(z, U(eb, y_1)) = U(U(eb, z), y_1) = U(eb, y_1) = e.$$

这是一个矛盾. 其次, 对于任意 $y \in]e,1[, U(e,y) = y > e$. 于是由 U 的连续性知, 存在 $z \in]eb, e[$ 使得 $U(z, y) = e$. 这样, 对于任意 $x \in [ea, eb], y \in]e,1[$ 都有

$$U(x,y) = U(U(x,z), y) = U(x, U(z,y)) = U(x,e) = x.   \square$$

引理 3.1.4   设 U 是 $]0,1[^2$ 内连续有幺元 $e \in]0,1[$ 的一致模, 则

(1) U 的基础三角模 T_U 有生成区间 $]a,1[$ 并且 $]a,1[$ 上相应的三角模是严格的.

(2) U 的基础三角余模 S_U 有生成区间 $]0,b[$ 并且 $]0,b[$ 上相应的三角余模是严格的.

证明   这里仅证明结论 (1) 成立.

由引理 3.1.1 知, T_U 是连续三角模. 根据命题 2.1.7, T_U 有唯一一簇可数的互不相交的开生成区间 $\{]a_\alpha, b_\alpha[\}_{\alpha \in A}$, 并且当 x 和 y 不在同一个生成区间内时, $T_U(x,y) = x \wedge y$.

下面证明: T_U 有生成区间 $]a,1[$.

假设没有 $\alpha \in A$ 使得 $b_\alpha = 1$, 则可以构造一个严格单调递增的序列 c_n 使得对于所有 $x \in [c_n, c_{n+1}], y \in]c_{n+1}, 1[$ 都有 $T_U(x,y) = x$. 构造方法如下:

(1) 若 $A = \varnothing$, 则令

$$c_n = 1 - \frac{1}{2^{n+1}},$$

(2) 若 $b = \sup\{b_\alpha | \alpha \in A\} < 1$, 令

$$c_n = 1 - \frac{1-b}{2^{n+1}},$$

则 $c_n > 1 - (1-b)/2 = (1+b)/2 > b$.

(3) 若 $b = \sup\{b_\alpha | \alpha \in A\} = 1$ 并且对于任意 $\alpha \in A$ 都有 $b_\alpha < 1$, 则序列 $\{b_\alpha\}$ 有严格单调的子序列

$$b_{\alpha_1} < b_{\alpha_2} < b_{\alpha_3} < \cdots < 1 \text{ 使得 } \lim_{n \to \infty} b_{\alpha_n} = 1.$$

此时取

$$c_1 = a_{\alpha_1}, c_2 = b_{\alpha_1}, c_3 = a_{\alpha_2}, c_4 = b_{\alpha_2}, \cdots.$$

根据引理 3.1.3, 对于任意 $n \in \mathbb{N}, x \in [ec_n, ec_{n+1}], y \in]e, 1[$ 都有 $U(x, y) = x$. 因此对于任意 $x \in [ec_1, e[= \cup_{n=1}^{+\infty}[ec_n, ec_{n+1}], y \in]e, 1[$ 都有 $U(x, y) = x$. 这样, 由引理 3.1.2 知, U 在 $]0, 1[^2$ 内不连续, 矛盾.

现在证明: 生成区间 $]a, 1[$ 上三角模是严格的.

对于任意 $\alpha \in A, a \notin]a_\alpha, b_\alpha[$, 于是, $T_U(a, a) = a, U(ea, ea) = eT_U(a, a) = ea$.

对于任意 $y \in]e, 1[$, 若 $U(ea, y) \geqslant e$, 则由 U 的连续性知, 存在 $z \in]ea, y[$ 使得 $U(ea, z) = e$. 因此,

$$e = U(ea, z) = U(U(ea, ea), z) = U(ea, U(ea, z)) = U(ea, e) = ea,$$

矛盾. 所以 $U(ea, y) < e$. 这样, 一方面, $U(ea, y) \geqslant U(ea, e) = ea$, 另一方面,

$$U(ea, y) = U(U(ea, ea), y) = U(ea, U(ea, y)) \leqslant U(ea, e) = ea.$$

故 $U(ea, y) = ea$.

设 T_0 是 $]a, 1[$ 上相应的三角模, 则 T_0 是连续的阿基米德三角模, 如果 T_0 不是严格的, 那么由定理 2.1.11 知, 存在连续严格递减函数 $t : [ea, e] \to [0, M]$ 使得 $t(ea) = M < +\infty, t(e) = 0$, 并且当 $(x, y) \in [ea, e]^2$ 时, $U(x, y) = t^{(-1)}(t(x) + t(y))$, 其中 $t^{(-1)}(x) = t^{-1}(x \wedge M)$. 对于任意 $x \in [ea, e]$, 令 $c_x = t^{-1}(M - t(x))$, 则

$$c_x \in]ea, e[, \quad U(x, c_x) = t^{(-1)}(t(x) + t(t^{-1}(M - t(x)))) = t^{-1}(M) = ea.$$

由引理 3.1.2 知, 存在 $x_0 \in]ea, e[, y_0 \in]e, 1[$ 使得 $U(x_0, y_0) > x_0$. 若 $U(x_0, y_0) > e$, 则

$$U(U(x_0, y_0), c_{x_0}) \geqslant U(e, c_{x_0}) = c_{x_0} > ea;$$

若 $U(x_0, y_0) \leqslant e$, 则由 t 的严格单调性得到

$$U(U(x_0, y_0), c_{x_0}) = t^{-1}(t(U(x_0, y_0)) + t(c_{x_0})) > t^{-1}(t(x_0) + t(c_{x_0}))$$

$$= U(x_0, c_{x_0}) = ea.$$

另一方面,

$$U(U(x_0, y_0), c_{x_0}) = U(U(x_0, c_{x_0}), y_0) = U(ea, y_0) = ea.$$

这样也得出矛盾, 故 T_0 是严格的. □

由引理 3.1.3 和引理 3.1.4 可以得到下面定理.

定理 3.1.3 设 U 是 $]0,1[^2$ 内连续有幺元 $e \in]0,1[$ 的一致模, 则下面两种情况之一成立.

(1) S_U 是严格的, T_U 有生成区间 $]a, 1[$ 并且相应的三角模 T_0 是严格的.

(2) T_U 是严格的, S_U 有生成区间 $]0, b[$ 并且相应的三角余模 S_0 是严格的.

证明 根据引理 3.1.4, T_U 有生成区间 $]a, 1[$, S_U 有生成区间 $]0, b[$.

若 $a > 0$ 并且 $b < 1$, 由 $a > 0$ 知, 对于任意 $x \in [0, a], y \in]a, 1[, T_U(x, y) = x$. 于是由引理 3.1.3 得到对于任意 $x \in [0, ea], y \in]e, 1[, U(x, y) = x$. 由 $b < 1$ 知, 对于任意 $x \in [0, b], y \in]b, 1[, S_U(x, y) = y$. 同样, 由引理 3.1.3 得到对于任意 $x \in [0, e], y \in [e + (1 - e)b, 1], U(x, y) = y$. 这样, 当 $x \in [0, ea], y \in [e + (1 - e)b, 1]$ 时,

$$x = U(x, y) = y,$$

矛盾. 因此 $a = 0$ 或者 $b = 1$, 即结论 (2) 或者 (1) 成立. □

下面主要讨论定理 3.1.3 中结论 (1).

引理 3.1.5 设 U 是 $]0,1[^2$ 内连续有幺元 $e \in]0,1[$ 的一致模. 若 U 的基础三角余模 S_U 是严格的, 基础三角模 T_U 有生成区间 $]a, 1[$ 并且 $]a, 1[$ 上相应的三角模是严格的, 则 U 在 $]ea, 1[^2$ 内严格单调.

证明 由于 S_U 是严格的并且 T_U 在 $]a, 1[^2$ 内严格单调, 因此 U 在区域 $]ea, e[^2$ 内和区域 $[e, 1]^2$ 上都是严格单调递增. 设 $t, x, y \in]ea, 1[$ 并且 $x < y$.

(1) 当 $t, x, y \in]ea, e[$ 或者 $t, x, y \in [e, 1]$ 时, 显然, $U(x, t) < U(y, t)$.

(2) 当 $t, x \in]ea, e], y \in]e, 1[$ 时, 由 $]a, 1[$ 上相应的三角模的严格单调性知

$$U(x, t) = eT_U\left(\frac{x}{e}, \frac{t}{e}\right) < t,$$

而 $U(y, t) \geqslant t$, 因此 $U(x, t) < U(y, t)$.

当 $x \in]ea, e], t, y \in]e, 1[$ 时, 同理可证, $U(x, t) < U(y, t)$.

(3) 当 $x, y \in]ea, e], t \in]e, 1[$ 时, 假设存在 $x, y \in]ea, e]$ 和 $t \in]e, 1[$ 使得 $U(x, t) = U(y, t)$. 如果 $U(x, t) = U(y, t) < e$, 那么由 $U(e, t) = t$ 和 U 的连续性知, 存在 $x_1 \in]x, e]$ 使得 $U(x_1, t) = e$, 因此

$$x = U(x, e) = U(x, U(x_1, t)) = U(x_1, U(x, t))$$

$$= U(x_1, U(y, t)) = U(y, U(x_1, t)) = U(y, e) = y,$$

矛盾. 如果 $U(x, t) = U(y, t) \geqslant e$, 那么由 U 的连续性, $U(x, e) = x$ 和 $U(x, t) \geqslant e \geqslant y$ 知: 存在 $y_1 \in]e, t]$ 使得 $U(x, y_1) = y$; 由 $U(y, e) = y$ 和 $U(y, t) \geqslant e$ 知: 存在 $z \in [e, t]$ 使得 $U(y, z) = e$, 因此

$$U(t, y_1) = U(U(t, y_1), e) = U(U(t, y_1), U(y, z))$$

$$= U(U(y, t), U(y_1, z)) = U(U(x, t), U(y_1, z))$$

$$= U(t, U(U(x, y_1), z)) = U(t, U(y, z)) = U(t, e) = t,$$

这与 U 在区域 $[e, 1]^2$ 上严格单调矛盾. 所以, $U(x, t) < U(y, t)$.

当 $t \in]ea, e], x, y \in]e, 1[$ 时, 同理可证, $U(x, t) < U(y, t)$.

故 U 在 $]ea, 1[^2$ 内严格单调. □

若 $H :]a, b[^2 \to]a, b[$ 是严格单调的连续函数并且满足方程

$$H(H(x, y), z) = H(x, H(y, z)), \quad \forall x, y, z \in]a, b[,$$

则由函数方程理论知, 存在严格单调的连续函数 $h :]a, b[\to] - \infty, +\infty[$ 使得

$$H(x, y) = h^{-1}(h(x) + h(y)), \quad \forall x, y \in]a, b[.$$

定理 3.1.4 设 U 是 $]0, 1[^2$ 内连续有幺元 $e \in]0, 1[$ 的一致模, S_U 是严格的, T_U 有生成区间 $]a, 1[$ 并且相应的三角模 T_0 是严格的, 则存在严格递增函数 $h : [ea, 1] \to [-\infty, +\infty]$ 使得 $h(ea) = -\infty, h(e) = 0, h(1) = +\infty$, 并且

$$U(x, y) = \begin{cases} eT_U\left(\dfrac{x}{e}, \dfrac{y}{e}\right), & \text{若 } (x, y) \in [0, ea]^2, \\ h^{-1}(h(x) + h(y)), & \text{若 } (x, y) \in]ea, 1]^2, \\ x \wedge y, & \text{否则.} \end{cases}$$

证明 (1) 若 $x, y \in [0, ea]$, 则由 T_U 的定义知

$$U(x, y) = eT_U\left(\frac{x}{e}, \frac{y}{e}\right).$$

(2) 若 $x,y \in]ea,1]$, 则由定理 3.1.1 知 $U(x,y) \in]ea,1]$. 根据引理 3.1.5, U 在 $]ea,1[^2$ 内严格单调, 于是存在连续严格递增函数 $h:]ea,1[\rightarrow]-\infty,+\infty[$ 使得对于任意 $x,y \in]ea,1[$ 都有 $U(x,y) = h^{-1}(h(x)+h(y))$. 由 $U(e,e) = e$ 得到 $h(e) = 0$. 由于 $]a,1[$ 是 T_U 的生成区间, 因此, 当 $y \in]ea,e[$ 时,

$$U(ea,y) = eT_U\left(\frac{ea}{e},\frac{y}{e}\right) = ea + (e-ea)T_U\left(\frac{ea-ea}{e-ea},\frac{y-ea}{e-ea}\right) = ea.$$

令

$$h(ea) = \lim_{x \to ea^+} h(x).$$

若 $h(ea) = M > -\infty$, 则对于任意 $y \in]ea,e[$,

$$\lim_{x \to ea^+} U(x,y) = \lim_{x \to ea^+} h^{-1}(h(x)+h(y)) = ea.$$

这样根据 h 的严格单调性和连续性得到

$$\lim_{x \to ea^+} h(x) + h(y) = h(ea) = M.$$

因此对于任意 $y \in]ea,e[$, $h(y) = 0$, 这与 h 的严格单调性矛盾. 所以, $h(ea) = -\infty$. 类似地, 可以证明 $h(1) = \lim_{x \to 1^-} h(x) = +\infty$.

(3) 若 $(x,y) \in [0,ea]\times]ea,1] \cup]ea,1]\times[0,ea]$, 不妨设 $(x,y) \in [0,ea]\times]ea,1]$. 如果 $a = 0$, 那么 $U(0,y) = h^{-1}(h(0)+h(y)) = h^{-1}(-\infty) = 0$.

如果 $a > 0$, 那么对于任意 $x \in [0,a], y \in]a,1[$, $T_U(x,y) = x$, 因此由引理 3.1.3 知, 对于任意 $x \in [0,ea], y \in]ea,1[$, $U(x,y) = x$. $\qquad\square$

引理 3.1.6　设 U 是 $]0,1[^2$ 内连续有幺元 $e \in]0,1[$ 的一致模, S_U 是严格的, T_U 有生成区间 $]a,1[$ 并且相应的三角模 T_0 是严格的, 则存在 T_U 的幂等元 $p \in [0,a]$ 使得

$$U(x,1) = \begin{cases} x, & 若 x \in [0,ep[, \\ 1, & 若 x \in]ep,1], \\ x 或 1, & 若 x = ep. \end{cases}$$

证明　若 $U(0,1) = 1$, 则对于任意 $x \in [0,1]$, $U(x,1) = 1$. 此时取 $p = 0$ 并且 0 是 T_U 的幂等元.

若 $U(0,1) = 0$, 则由定理 3.1.4 知

$$U(x,1) = h^{-1}(h(x)+h(1)) = h^{-1}(+\infty) = 1, \quad \forall x \in]ea,1].$$

下面证明: 对于任意 $x \in]0, ea]$, $U(x, 1) = 1$ 或者 $U(x, 1) = x$.

若存在 $x_0 \in]0, ea]$ 使得 $x_0 < U(x_0, 1) < 1$, 令 $y_0 = U(x_0, 1)$. 如果 $y_0 \in]ea, 1[$, 那么由定理 3.1.4 知, 对于任意 $y \in]e, 1[$,

$$y_0 = U(x_0, 1) = U(x_0, U(1, y)) = U(U(x_0, 1), y) = U(y_0, y) > y_0,$$

矛盾. 如果 $y_0 \in]x_0, ea]$, 那么由 $U(y_0, 0) = 0, U(y_0, e) = y_0$ 和 U 的连续性知, 存在 $z_0 \in]0, e[$ 使得 $U(y_0, z_0) = x_0$, 因此

$$y_0 = U(x_0, 1) = U(U(y_0, z_0), 1)$$

$$= U(U(U(x_0, 1), z_0), 1) = U(U(x_0, z_0), U(1, 1))$$

$$= U(U(x_0, z_0), 1) = U(U(x_0, 1), z_0) = U(y_0, z_0) = x_0,$$

矛盾.

令

$$\lambda = \inf\{x \in [0, ea] | U(x, 1) = 1\}, \quad p = \frac{\lambda}{e},$$

根据 U 的单调性, 对于任意 $x \in]0, ep[$, $U(x, 1) = x$; 对于任意 $x \in]ep, ea[$, $U(x, 1) = 1$ 并且 $U(ep, 1) = ep$ 或者 $U(ep, 1) = 1$.

显然, $p \in [0, a]$ 并且对于任意 $x \in]0, ep[, y \in]ep, e]$,

$$U(x, y) = U(U(x, 1), y) = U(x, U(y, 1)) = U(x, 1) = x.$$

于是对于任意 $x \in]0, p[, y \in]p, 1]$, $T_U(x, y) = x$. 由此可见 p 不在 T_U 的生成区间内, 因此 $T_U(p, p) = p \wedge p = p$, 即 p 是 T_U 的幂等元. $\square$

结合定理 3.1.3 和定理 3.1.4 以及引理 3.1.6 可得下面的结构定理.

定理 3.1.5[95-96] 若一致模 U 有幺元 $e \in]0, 1[$ 并且在 $]0, 1[^2$ 内连续, 则下面两个结论之一成立

(1) 当定理 3.1.3(1) 成立时,

$$
U(x, y) = \begin{cases}
eT_U\left(\dfrac{x}{e}, \dfrac{y}{e}\right), & \text{若 } x, y \in [0, ea], \\
h^{-1}(h(x) + h(y)), & \text{若 } x, y \in]ea, 1[, \\
x \wedge y, & \text{若 } (x, y) \in [0, ea] \times]ea, 1[\cup]ea, 1[\\
& \times [0, ea] \cup [0, ep[\times \{1\} \cup \{1\} \times [0, ep[, \\
1 & \text{若 } (x, y) \in]ep, 1] \times \{1\} \cup \{1\} \times]ep, 1], \\
x \text{ 或 } 1, & \text{若 } (x, y) = (ep, 1), \\
y \text{ 或 } 1, & \text{若 } (x, y) = (1, ep),
\end{cases}
$$

$$\tag{3.1.3}$$

其中 $0 \leqslant a < 1$, T_0 是 T_U 的生成区间 $]a, 1[$ 所对应的三角模,

$$p \in [0, a], \quad U(ep, ep) = ep,$$

并且严格递增函数 $h : [ea, 1] \to [-\infty, +\infty]$ 满足 $h(ea) = -\infty$, $h(e) = 0$, $h(1) = +\infty$.

(2) 当定理 3.1.3(2) 成立时,

$$
U(x, y) = \begin{cases}
e + (1 - e)S_U\left(\dfrac{x - e}{1 - e}, \dfrac{y - e}{1 - e}\right), & \text{若 } x, y \in [e + (1 - e)b, 1], \\
r^{-1}(r(x) + r(y)), & \text{若 } x, y \in]0, e + (1 - e)b[, \\
x \vee y, & \text{若 } (x, y) \in [e + (1 - e)b, 1] \times]0, \\
& e + (1 - e)b[\ \cup \ ]0, e + (1 - e)b[\\
& \times [e + (1 - e)b, 1] \ \cup \ ]e + (1 - e)q, \\
& 1] \times \{0\} \cup \{0\} \times]e + (1 - e)q, 1], \\
0, & \text{若 } (x, y) \in [0, e + (1 - e)q[\times\{0\} \\
& \cup\{0\} \times [0, e + (1 - e)q[, \\
x \text{ 或 } 0, & \text{若 } (x, y) = (e + (1 - e)q, 0), \\
y \text{ 或 } 0, & \text{若 } (x, y) = (0, e + (1 - e)q),
\end{cases}
$$

$$\text{(3.1.4)}$$

其中 $0 < b \leqslant 1$, S_0 是 S_U 的生成区间 $]0, b[$ 所对应的三角余模, $q \in [b, 1]$,

$$U(e + (1 - e)q, e + (1 - e)q) = e + (1 - e)q,$$

并且严格递增函数 $r : [0, e + (1 - e)b] \to [-\infty, +\infty]$ 满足

$$r(0) = -\infty, \quad r(e) = 0, \quad r(e + (1 - e)b) = +\infty. \qquad \square$$

3.1.3　几乎连续的一致模

定义 3.1.3　若一致模 U 除了两点 $(0, 1)$ 和 $(1, 0)$ 外都连续, 即一致模 U 在区域 $[0, 1]^2 \backslash \{(0, 1), (1, 0)\}$ 上连续, 则称 U 为几乎连续的.

显然, 几乎连续的真一致模 U 的基本三角模 T_U 和基本三角余模 S_U 都是 $[0, 1]^2$ 上连续函数.

命题 3.1.5　若一致模 U 是几乎连续的, 则当 $x < 1$ 时, $U(x, 0) = 0$; 当 $x > 0$ 时, $U(x, 1) = 1$.

证明　若存在 $x_0 \in]0, 1[$ 使得 $U(x_0, 0) = y_0 > 0$, 则由 U 的连续性知, 对于任意 $y \leqslant y_0$, 存在 $x \leqslant x_0$ 使得 $U(x, 0) = y$, 因此

$$U(y, 0) = U(U(x, 0), 0) = U(x, U(0, 0)) = U(x, 0) = y.$$

而当 $y \leqslant e$ 时, $U(y, 0) = 0$, 矛盾. 所以当 $x < 1$ 时, $U(x, 0) = 0$.

同理可证: 当 $x > 0$ 时, $U(x, 1) = 1$. □

命题 3.1.6[97]　若真一致模 U 是几乎连续的, 则当 $x < 1, y < 1$ 时, $U(x, y) < 1$; 当 $x > 0, y > 0$ 时, $U(x, y) > 0$.

证明　若存在 $x_0 < 1, y_0 < 1$ 使得 $U(x_0, y_0) = 1$, 则由 U 的单调性知, $x_0, y_0 \geqslant e$. 取

$$z_0 = \inf\{x \in [0, 1] | U(x, y_0) = 1\},$$

则 $e \leqslant z_0 \leqslant x_0 < 1$ 并且由 U 的连续性知, $U(z_0, y_0) = 1$. 根据命题 3.1.5, 对于任意 $x > 0$ 都有

$$U(U(x, z_0), y_0) = U(x, U(z_0, y_0)) = U(x, 1) = 1.$$

由此可见 $U(x, z_0) \geqslant z_0 \geqslant e$. 再由命题 3.1.5 和 U 的连续性知, $0 = U(0, z_0) \geqslant e$, 矛盾. 所以, 当 $x < 1, y < 1$ 时, $U(x, y) < 1$.

同理可证: 当 $x > 0, y > 0$ 时, $U(x, y) > 0$. □

定义 3.1.4　若真一致模 U 是几乎连续的, 并且当 $0 < x < e$ 时, $U(x, x) < x$; 当 $e < x < 1$ 时, $U(x, x) > x$, 则称 U 为阿基米德的.

显然, 当 U 是阿基米德一致模时, U 的基本三角模 T_U 和基本三角余模 S_U 都是连续的.

命题 3.1.7　设一致模 U 是阿基米德的, 则 U 的基本三角模 T_U 和基本三角余模 S_U 都是阿基米德的.

证明　当 $0 < x < e$ 时, 存在 $0 < y < 1$ 使得 $x = ey$. 因此

$$U(x, x) < x \Leftrightarrow U(ey, ey) < ey \Leftrightarrow T_U(y, y) < y.$$

当 $e < x < 1$ 时, 存在 $0 < y < 1$ 使得 $x = e + (1 - e)y$. 因此

$$U(x, x) > x \Leftrightarrow U(e + (1-e)y, e + (1-e)y) > e + (1-e)y \Leftrightarrow S_U(y, y) > y.$$

所以, 当 U 是阿基米德的时, T_U 和 S_U 都是阿基米德的. □

根据定理 2.1.11 和定理 2.1.14, T_U 和 S_U 分别有加法生成子 $t : [0, 1] \to [0, \infty]$ 和 $s : [0, 1] \to [0, \infty]$, 其中 t 是严格单调递减函数并且满足 $t(1) = 0$, s 是严格单调递增函数并且满足 $s(0) = 0$. 因此

$$T_U(x, y) = t^{(-1)}(t(x) + t(y)), \quad \forall (x, y) \in [0, 1]^2,$$

$$S_U(x, y) = s^{(-1)}(s(x) + s(y)), \quad \forall (x, y) \in [0, 1]^2.$$

这样阿基米德一致模

$$U(x,y) = \begin{cases} et^{(-1)}\left(t\left(\dfrac{x}{e}\right) + t\left(\dfrac{y}{e}\right)\right), & \text{若 } (x,y) \in [0,e]^2, \\[3mm] e + (1-e)s^{(-1)}\left(s\left(\dfrac{x-e}{1-e}\right) + s\left(\dfrac{y-e}{1-e}\right)\right), & \text{若 } (x,y) \in [e,1]^2. \end{cases}$$

3.2 可表示一致模

本节首先讨论可表示一致模的基本性质, 然后给出可表示一致模的一些特征.

3.2.1 可表示一致模的概念及性质

定义 3.2.1[77] 设 U 是真一致模. 若存在严格递增的连续函数 $h : [0,1] \to [-\infty, +\infty]$ 满足 $h(0) = -\infty$, $h(e) = 0$, $h(1) = +\infty$, 使得

$$U(x,y) = h^{-1}(h(x) + h(y)), \quad \forall(x,y) \in [0,1]^2 \backslash \{(0,1),(1,0)\}, \tag{3.2.1}$$

则称 U 为可表示的一致模, h 称为 U 的加法生成子.

用 $\mathcal{U}_{\text{rep}}$ 表示 $[0,1]$ 上所有可表示一致模构成的集合.

可表示一致模与 Dombi[98] 的 "aggregative operator" 和 Klement 等 [99] 提出的 "associative compensatory operator" 密切相关.

这里, 除了相差一个正常数外, 可表示一致模 U 的加法生成子是唯一的.

事实上, 若存在严格递增的连续函数 $k : [0,1] \to [-\infty, +\infty]$ 使得

$$U(x,y) = h^{-1}(h(x) + h(y)) = k^{-1}(k(x) + k(y)), \quad \forall(x,y) \in [0,1]^2 \backslash \{(0,1),(1,0)\}.$$

令 $u = h(x)$, $u = h(y)$, 则

$$(k \circ h^{-1})(u+v) = (k \circ h^{-1})(u) + (k \circ h^{-1})(v).$$

求解此柯西函数方程得: $(k \circ h^{-1})(u) = \alpha u$, 其中常数 $\alpha > 0$, 因此 $k(x) = \alpha h(x)$.

若 h 是 U 的一个加法生成子, 令 $\varphi(x) = \exp h(x)$, 则 $\varphi : [0,1] \to [0,+\infty]$ 是严格递增的连续函数, 满足 $\varphi(0) = 0$, $\varphi(e) = 1$, $\varphi(1) = +\infty$ 并且

$$U(x,y) = \varphi^{-1}(\varphi(x) \cdot \varphi(y)), \quad \forall(x,y) \in [0,1]^2 \backslash \{(0,1),(1,0)\},$$

φ 也称为 U 的乘法生成子.

例 3.2.1 对于任意 $\beta > 0$, 令 $h_\beta(x) = \ln((-1/\beta)\ln(1-x))$, 以 h_β 为加法生成子的可表示一致模为

$$U_\beta(x,y) = \begin{cases} 1, & \text{若 } (x,y) \in \{(0,1),(1,0)\}, \\[2mm] 1 - \exp\left(-\dfrac{1}{\beta}\ln(1-x)\ln(1-y)\right), & \text{否则}, \end{cases}$$

并且有幺元 $e = 1 - \exp(-\beta)$.

对于任意 $\lambda > 0$, 令 $\varphi_\lambda(x) = (\lambda x)/(1 - x)$, 以 φ_λ 为乘法生成子的可表示一致模为

$$
U_\lambda(x, y) = \begin{cases} 0, & \text{若 } (x, y) \in \{(1, 0), (0, 1)\}, \\ \dfrac{\lambda xy}{(1 - x)(1 - y) + \lambda xy}, & \text{否则}, \end{cases}
$$

并且有幺元 $e_\lambda = 1/(1 + \lambda)$. 当 $\lambda = 1$ 时, U_λ 是 "3Π" 一致模 [99], 其加法生成子为 $h(x) = \ln(x/(1 - x))$, 幺元为 $e = 1/2$.

根据定义 3.2.1, 可表示一致模 U 的基础三角模 T_U 是一个严格三角模, 基础三角余模 S_U 是一个严格三角余模. 设 t 和 s 分别是 T_U 和 S_U 的加法生成子, 则 U 的一个加法生成子可以通过如下方式构造:

$$
h(x) = \begin{cases} -t\left(\dfrac{x}{e}\right), & \text{若 } x \leqslant e, \\ s\left(\dfrac{x - e}{1 - e}\right), & \text{若 } x \geqslant e. \end{cases} \tag{3.2.2}
$$

反过来, 由 (3.2.2) 式定义的 h 是严格递增的连续函数, $h(e) = 0$, 并且 h 的伪逆为

$$
h^{(-1)}(x) = \begin{cases} et^{(-1)}(-x), & \text{若 } x \leqslant 0, \\ e + (1 - e)s^{(-1)}(x), & \text{若 } x \geqslant 0. \end{cases}
$$

令 $U(x, y) = h^{(-1)}(h(x) + h(y)), \forall x, y \in [0, 1]$. 若 $h(0) > -\infty$, 则存在 $x, y, z \in {]0, 1[}$ 使得 $x, y < e < z$ 并且

$$
h(x) + h(y) < h(0) < h(x) + h(y) + h(z), \quad h(0) + h(z) < h(1).
$$

由此可见, $h(y) + h(z) > h(0)$. 通过计算得到

$$
U(U(x, y), z) = h^{(-1)}(h(U(x, y)) + h(z))
$$
$$
= h^{(-1)}(h(h^{(-1)}(h(x) + h(y))) + h(z)) = h^{(-1)}(h(0) + h(z)) = h^{-1}(h(0) + h(z)),
$$
$$
U(x, U(y, z)) = h^{(-1)}(h(U(x, y)) + h(z)) = h^{(-1)}(h(x) + h(h^{(-1)}(h(y) + h(z))))
$$
$$
= h^{(-1)}(h(x) + h(y) + h(z)) = h^{-1}(h(x) + h(y) + h(z)),
$$

因此,

$$
U(x, U(y, z)) = h^{-1}(h(x) + h(y) + h(z)) < h^{-1}(h(0) + h(z)) = U(U(x, y), z),
$$

即 U 不满足结合律. 同样, 当 $h(1) < +\infty$ 时, U 也不满足结合律.

这样一来, 当函数 $U(x, y) = h^{(-1)}(h(x) + h(y))$ 是一致模时, $h(0) = -\infty$, $h(1) = +\infty$ 并且 $h^{(-1)} = h^{-1}$. 此时, 一致模 $U(x, y) = h^{-1}(h(x) + h(y))$ 在 $]0, 1[^2$ 内严格递增.

命题 3.2.1   设 U 是可表示一致模, 则存在强否定 N 使得 U 的幺元 e 是 N 的不动点, 并且除了两点 $(0, 1)$ 和 $(1, 0)$ 外, U 关于 N 是自对偶的, 即

$$U(x, y) = N^{-1}(U(N(x), N(y))), \quad \forall (x, y) \in [0, 1]^2 \backslash \{(0, 1), (1, 0)\}.$$

证明   若 U 是可表示一致模, 则 $U(x, y) = h^{-1}(h(x) + h(y))$. 令

$$N_U(x) = h^{-1}(-h(x)), \quad \forall x \in [0, 1].$$

容易验证: N_U 是强否定并且 U 的幺元 e 是 N_U 的不动点. 由于

$$N_U(U(x, y)) = h^{-1}(-h(h^{-1}(h(x) + h(y)))) = h^{-1}(-h(x) - h(y)),$$

$$U(N_U(x), N_U(y)) = h^{-1}(h(h^{-1}(-h(x))) + h(h^{-1}(-h(y)))) = h^{-1}(-h(x) - h(y)),$$

因此, 对于任意 $(x, y) \in [0, 1]^2 \backslash \{(0, 1), (1, 0)\}$, $U(x, y) = N_U^{-1}(U(N_U(x), N_U(y)))$. 这样就证明了除了两点 $(0, 1)$ 和 $(1, 0)$ 外, U 关于 N_U 是自对偶的. $\square$

若 φ 是可表示一致模 U 的乘法生成子, 令

$$N_U(x) = \varphi^{-1}\left(\frac{1}{\varphi(x)}\right), \quad \forall x \in [0, 1].$$

同样, N_U 是强否定, U 的幺元 e 是 N_U 的不动点, 并且除了两点 $(0, 1)$ 和 $(1, 0)$ 外, U 关于 N_U 是自对偶的.

定理 3.2.1[99]   设 U 是有幺元 $e \in]0, 1[$ 的几乎连续一致模, 则 U 是可表示一致模, 当且仅当 U 在 $]0, 1[^2$ 内是严格递增的.

证明   由前面结论知, 必要性成立. 下面证明充分性成立.

因为 U 是 $]0, 1[^2$ 内严格递增的连续函数并且 U 满足结合律, 所以由函数方程理论知, 存在严格单调的连续函数 $h :]0, 1[\to]-\infty, +\infty[$ 使得

$$U(x, y) = h^{-1}(h(x) + h(y)), \quad \forall x, y \in]0, 1[.$$

这样, 当 $x \in]0, 1[$ 时, 由 $U(x, e) = h^{-1}(h(x) + h(e)) = x$ 得: $h(e) = 0$. 设 $h(1) = c = \lim\limits_{x \to 1^-} h(x)$, 则 $e < c \leqslant +\infty$. 如果 $c \neq +\infty$, 那么

$$1 = U(1, 1) = \lim\limits_{(x, y) \to (1, 1)} h^{-1}(h(x) + h(y)) = h^{-1}(2c),$$

于是, $2c = c$, 即 $c = 0$, 矛盾. 因此 $h(1) = +\infty$. 同理, $h(0) = -\infty$. 这样一来, 我们有

$$U(x,y) = h^{-1}(h(x) + h(y)), \quad \forall (x,y) \in [0,1]^2 \backslash \{(0,1),(1,0)\},$$

即 U 是可表示一致模并且 h 为 U 的加法生成子. $\square$

3.2.2 可表示一致模的特征

根据定义 3.2.1, 可表示一致模 U 的加法生成子 h 是严格递增的连续函数, 这样由 (3.2.1) 式确定的函数 U 自然在区域 $[0,1]^2 \backslash \{(0,1),(1,0)\}$ 上连续, 即 U 是几乎连续一致模. 实际上, 几乎连续的真一致模也是可表示一致模.

定理 3.2.2[97] 设一致模 U 有幺元 $e \in]0,1[$, 则 U 是可表示一致模, 当且仅当 U 是几乎连续一致模.

证明 这里仅证明充分性成立.

设 $x,y,t \in]0,1[$ 并且 $U(x,t) = U(y,t)$. 根据命题 3.1.5, $U(t,0) = 0, U(t,1) = 1$, 于是由 U 的连续性知, 存在 $z \in]0,1[$ 使得 $U(t,z) = e$, 因此

$$x = U(x,U(t,z)) = U(U(x,t),z) = U(U(y,t),z) = U(y,U(t,z)) = y.$$

所以 U 在 $]0,1[^2$ 内严格单调. 再由定理 3.2.1 知, U 是可表示一致模. $\square$

由命题 3.2.1 可以看到, 对可表示一致模 U 来说, 存在不动点为 e 的强否定 N 使得对于任意 $x \in]0,1[$,

$$N(U(x,N(x))) = U(N(x),N(N(x))) = U(x,N(x)),$$

即 $U(x,N(x))$ 是 U 不动点, 因此 $U(x,N(x)) = e$. 反过来, 我们得到可表示一致模的又一个特征.

定理 3.2.3[100] 设 U 是有幺元 $e \in]0,1[$ 的一致模, 则 U 是可表示一致模, 当且仅当存在一个函数 $N : [0,1] \to [0,1]$ 满足 $N(0) = 1, N(e) = e, N(1) = 0$ 并且

$$U(x,N(x)) = e, \quad \forall x \in]0,1[.$$

证明 这里仅证明充分性成立.

(1) U 在 $]0,1[^2$ 内是严格递增的.

如果 $x,y,z \in]0,1[$ 并且 $U(x,z) = U(y,z)$, 那么

$$x = U(x,U(z,N(z))) = U(U(x,z),N(z))$$

$$= U(U(y,z),N(z)) = U(y,U(z,N(z))) = y.$$

所以 U 在 $]0, 1[^2$ 内严格单调.

(2) N 是强否定.

当 $x \in]0, 1[$ 时, $N(x) \in]0, 1[$. 假设存在 $x_0 \in]0, 1[$ 使得 $N(x_0) = 0$, 那么

$$e = U(x_0, N(x_0)) = U(x_0, 0) = U(x_0, U(0, 0)) = U(U(x_0, 0), 0) = U(e, 0) = 0,$$

矛盾. 同理, 假设存在 $x_0 \in]0, 1[$ 使得 $N(x_0) = 1$, 那么 $e = 1$, 也得到矛盾. 这样, 对于任意 $x \in]0, 1[$, $N(N(x)) \in]0, 1[$ 并且

$$U(N(x), x) = U(x, N(x)) = e = U(N(x), N(N(x))).$$

由于 U 在 $]0, 1[^2$ 内严格单调, 因此 $x = N(N(x))$, 即 N 是对合的.

当 $x_1, x_2 \in]0, 1[$ 并且 $x_1 < x_2$ 时, 由 U 的严格单调性知

$$U(x_1, N(x_2)) < U(x_2, N(x_2)) = e = U(x_1, N(x_1)),$$

再由 U 的严格单调性得: $N(x_2) < N(x_1)$, 即 N 是 $[0, 1]$ 上严格递减函数.

因此, N 是 $[0, 1]$ 上的强否定.

(3) U 在区域 $[0, 1]^2 \backslash \{(0, 1), (1, 0)\}$ 内是连续函数.

当 $x \in [0, e]$ 时, 显然 $U(x, 0) = 0$; 当 $x \in]e, 1[$ 时, $e = N(e) > N(x) > N(1) = 0$,

$$U(x, 0) = U(x, U(N(x), 0)) = U(U(x, N(x)), 0) = U(e, 0) = 0.$$

同理, 当 $y \in]0, 1]$ 时, $U(y, 1) = 1$. 因此, $U(x, 0)$ 和 $U(x, 1)$ 分别是 $[0, 1[$ 和 $]0, 1]$ 上连续函数.

当 $y_0 \in]0, 1[$ 时, $U(0, y_0) = 0$, $U(1, y_0) = 1$ 并且由 U 的严格单调性知, 对于任意 $x \in [0, 1]$, $U(x, y_0) \in [0, 1]$. 由于

$$t = U(t, e) = U(t, U(y_0, N(y_0))) = U(U(t, N(y_0)), y_0), \quad \forall t \in [0, 1],$$

因此函数 $U(x, y_0)$ 的值域为 $[0, 1]$. 又因为 $U(x, y_0)$ 是严格递增函数, 所以 $U(x, y_0)$ 是 $[0, 1]$ 的连续函数.

这样, U 在区域 $[0, 1]^2 \backslash \{(0, 1), (1, 0)\}$ 内是连续函数, 即 U 是几乎连续的.

故由定理 3.2.2 知, U 是可表示一致模. □

我们知道, 可表示一致模 U 的基础三角模 T_U 和基础三角余模 S_U 都是严格的 (即严格单调并且连续, 见定义 2.1.7). 在基础三角模和三角余模都是严格的条件下, 现在考虑可表示一致模的特征.

为此我们先介绍几个引理.

引理 3.2.1 设 U 是有幺元 $e \in \,]0,1[$ 的一致模并且 U 的基础三角模 T_U 和基础三角余模 S_U 都是严格的.

(1) 如果存在 $u \in \,]0,e[, v \in \,]e,1[$ 使得 $U(u,v) = u \wedge v$, 那么对于任意 $x \in [0,e[$ 和 $y \in [e,1]$ 都有 $U(x,y) = x \wedge y$.

(2) 如果存在 $u \in \,]0,e[, v \in \,]e,1[$ 使得 $U(u,v) = u \vee v$, 那么对于任意 $x \in \,]0,e]$ 和 $y \in \,]e,1]$ 都有 $U(x,y) = x \vee y$.

证明 这里仅证明结论 (1) 成立.

首先证明: 对于任意 $x \in [0,e[, U(x,v) = x \wedge v$.

当 $x \in \,]0,u[$ 时, $U(u,0) < x < U(u,e)$, 由 T_U 的连续性知, 存在 $t \in \,]0,e[$ 使得 $x = U(u,t)$, 于是

$$U(x,v) = U(U(u,t),v) = U(t,U(u,v)) = U(t,u) = x = x \wedge v.$$

再由 U 的单调性得 $U(0,v) = 0 = 0 \wedge v$. 同样, 当 $x \in \,]u,e[$ 时, $U(0,x) < u < U(e,x)$ 并且存在 $s \in \,]0,e[$ 使得 $u = U(x,s)$. 显然, $U(x,v) \geqslant U(x,e) = x$. 如果 $U(x,v) > x$, 那么由 U 的结合律和 T_U 的严格单调性知

$$u = U(u,v) = U(U(s,x),v) = U(s,U(x,v)) > U(s,x) = u,$$

矛盾, 因此 $U(x,v) = x = x \wedge v$. 所以对于任意 $x \in [0,e[, U(x,v) = x \wedge v$.

其次证明: 对于任意 $x \in [0,e[, y \in [e,1[, U(x,v) = x \wedge y$.

当 $x \in [0,e[$ 时, $U(x,e) = x = U(x,v)$, 因此当 $y \in [e,v]$ 时, $U(x,y) = x = x \wedge y$. 这样存在 $d \in [v,1]$ 使得

$$U(x,y) = x \wedge y = x, \quad \forall x \in [0,e[, y \in [e,d[.$$

若存在 $y_0 \in \,]v,1[$ 使得 $U(u,y_0) > u$, 则 $d < 1$ 并且

$$U(u,y_0) = U(U(u,v),y_0) = U(v,U(u,y_0)).$$

取 $t_0 = U(u,y_0)$, 则 $t_0 = U(v,t_0)$, $t_0 = U(U(v,v),t_0), \cdots, t_0 = U(U(v,\cdots,v),t_0)$.

(i) 若 $t_0 < e$, 则由 S_U 的严格单调性知, $u_n = U(v,\cdots,v)$(括号中出现 n 个 v) 严格递增并且以 1 为极限. 这样一来, 对于任意 $y \in \,]e,1[, U(t_0,y) = t_0 = t_0 \wedge y$. 固定 $]e,1[$ 中 y, 再利用首先证明的结论得到, 对于任意 $x \in [0,e[, U(x,y) = x \wedge y$, 矛盾.

(ii) 若 $t_0 \geqslant e$, 则由 $t_0 = U(e,t_0) = U(v,t_0)$ 及 S_U 的严格单调性得: $t_0 = 1$. 但是根据定理 3.2.1, $t_0 = U(u,y_0) \leqslant u \vee y_0 = y_0 < 1$, 矛盾.

所以, 对于任意 $x \in [0,e[, y \in [e,1[, U(x,v) = x \wedge y$. $\quad\square$

当有幺元 $e \in\;]0,1[$ 的一致模 U 的基础三角模 T_U 和基础三角余模 S_U 都是严格时, 如果存在 $u \in\;]0,e[, v \in\;]e,1[$ 使得 $u < U(u,v) < v$, 那么

$$x < U(x,y) < y, \quad \forall x \in\;]0,e[, y \in\;]e,1[.$$

引理 3.2.2   设带幺元 $e \in\;]0,1[$ 的一致模 U 的基础三角模 T_U 和基础三角余模 S_U 都是严格的, 则不存在 $x \in\;]0,e[$ 使得对于任意 $y \in\;]e,1[$, $x < U(x,y) < e$, 也不存在 $y \in\;]e,1[$ 使得对于任意 $x \in\;]0,e[$, $e < U(x,y) < y$.

证明   假设存在 $u \in\;]0,e[$ 使得对于任意 $y \in\;]e,1[$, $u < U(u,y) < e$.

由 U 单调性知, 当 $x \in [0,u]$ 并且 $y \in\;]e,1[$ 时, $U(x,y) < e$. 令

$$A = \{x \in [0,e] | U(x,y) < e, \forall y \in\;]e,1[\}.$$

显然, $A \neq \varnothing$ 并且 $e \notin A$.

当 $x \in A, t \in [0,e], y \in\;]e,1[$ 时, $U(x,y) < e$. 于是由 U 的结合律得到方程

$$eT_U\left(\frac{t}{e}, \frac{U(x,y)}{e}\right) = U(t, U(x,y)) = U(U(t,x), y) = U\left(eT_U\left(\frac{t}{e}, \frac{x}{e}\right), y\right).$$

取 $t = 0$ 时, 对于任意 $y \in\;]e,1[$ 都有 $U(0,y) = 0$.

根据定理 2.1.12, 存在自同构 $\varphi : [0,1] \to [0,1]$ 使得对于任意 $x, y \in [0,1]$, $T_U(x,y) = \varphi^{-1}(\varphi(x) \cdot \varphi(y))$. 因此,

$$e\varphi^{-1}\left(\varphi\left(\frac{t}{e}\right)\varphi\left(\frac{U(x,y)}{e}\right)\right) = U\left(e\varphi^{-1}\left(\varphi\left(\frac{t}{e}\right)\varphi\left(\frac{x}{e}\right)\right), y\right),$$

其中 $x \in A, t \in [0,e], y \in\;]e,1[$. 令 $x_1 = \varphi(x/e)$, $t_1 = \varphi(t/e)$,

$$f_y(w) = \varphi\left(\frac{U(e\varphi^{-1}(w), y)}{e}\right),$$

得到方程

$$e\varphi^{-1}(t_1 f_y(x_1)) = e\varphi^{-1}(f_y(t_1 x_1)) \quad \text{或者} \quad t_1 f_y(x_1) = f_y(t_1 x_1).$$

求解此函数方程得到: 对于每个 $y \in\;]e,1[$, 存在 $c(y)$ 使得 $f_y(w) = c(y)w, c(y) > 0$ 并且 $c(y)$ 是单调递增函数. 这样, 当 $x \in A, y \in\;]e,1[$ 时,

$$U(x,y) = e\varphi^{-1}\left(c(y)\varphi\left(\frac{x}{e}\right)\right).$$

容易看出, $x < U(x, y) < e$ 等价于 $c(y) > 1$ 并且 $c(y)\varphi(x/e) < 1$. 当 $x \in A$, $y, z \in]e, 1[$ 时,

$$U(x, U(y, z)) = U\left(x, e + (1 - e)S_U\left(\frac{y - e}{1 - e}, \frac{z - e}{1 - e}\right)\right)$$
$$= e\varphi^{-1}\left(c\left(e + (1 - e)S_U\left(\frac{y - e}{1 - e}, \frac{z - e}{1 - e}\right)\right)\varphi\left(\frac{x}{e}\right)\right).$$

若 $U(x, y) \notin A$, 则存在 $z \in]e, 1[$ 使得 $U(U(x, y), z) \geqslant e$. 而由 S_U 的严格单调性知, $U(x, U(y, z)) < e$, 矛盾. 因此, $U(x, y) \in A$ 并且

$$U(U(x, y), z) = U\left(e\varphi^{-1}\left(c(y)\varphi\left(\frac{x}{e}\right)\right), z\right) = e\varphi^{-1}\left(c(y)c(z)\varphi\left(\frac{x}{e}\right)\right).$$

由 U 的结合律得到

$$c\left(e + (1 - e)S_U\left(\frac{y - e}{1 - e}, \frac{z - e}{1 - e}\right)\right) = c(y)c(z), \quad \forall y, z \in]e, 1[.$$

设 s 是 S_U 的加法生成子, 则

$$c\left(e + (1 - e)s^{-1}\left(s\left(\frac{y - e}{1 - e}\right) + s\left(\frac{z - e}{1 - e}\right)\right)\right) = c(y)c(z), \quad \forall y, z \in]e, 1[.$$

令 $p = s\left(\dfrac{y - e}{1 - e}\right)$, $q = s\left(\dfrac{z - e}{1 - e}\right)$, 则

$$c(e + (1 - e)s^{-1}(p + q)) = c(e + (1 - e)s^{-1}(p)) \cdot c(e + (1 - e)s^{-1}(q)).$$

再令 $h(w) = \ln c(e + (1 - e)s^{-1}(w))$, 得到方程

$$h(x + y) = h(x) + h(y), \quad x, y \in]0, +\infty[.$$

求解此方程得: $h(x) = \alpha x$, 其中 α 是正常数, 即

$$c(y) = \exp\left(\alpha s\left(\frac{y - e}{1 - e}\right)\right).$$

由于 S_U 严格单调, 因此 $\lim\limits_{x \to 1} s(x) = +\infty$, $\lim\limits_{y \to 1} c(y) = +\infty$, 这与 $c(y) \cdot \varphi(x/e) < 1$ 矛盾.

所以, 不存在 $x \in]0, e[$ 使得对于任意 $y \in]e, 1[$, $x < U(x, y) < e$.

同理可证, 不存在 $y \in]e, 1[$ 使得对于任意 $x \in]0, e[$, $e < U(x, y) < y$. □

引理 3.2.3 设带幺元 $e \in]0, 1[$ 的一致模 U 的基础三角模 T_U 和基础三角余模 S_U 都是严格的. 如果存在 $u \in]0, e[$ 和 $v \in]e, 1[$ 使得 $u < U(u, v) < v$, 那么 U 在区域 $]0, e[\times]e, 1[$ 上严格递增.

证明 设存在 $u \in]0, e[$ 和 $v \in]e, 1[$ 使得 $u < U(u, v) < v$, 则由引理 3.2.2 的证明知, U 是 $]0, 1[^2$ 内连续有幺元 $e \in]0, 1[$ 的一致模并且

$$x < U(x, y) < y, \quad \forall x \in]0, e[, y \in]e, 1[.$$

假设存在 $x \in]0, e[$, $y, z \in]e, 1[$ 使得 $y < z$ 并且 $U(x, y) = U(x, z)$, 令 $w_1 = U(x, y)$, 那么

$$U(w_1, y) = U(U(x, y), y) = U(U(x, z), y) = U(U(x, y), z) = U(w_1, z).$$

由此可见, $w_1 \neq e$.

当 $w_1 > e$ 时, 由 $U(w_1, y) = U(w_1, z)$ 得

$$e + (1 - e)S_U\left(\frac{w_1 - e}{1 - e}, \frac{y - e}{1 - e}\right) = e + (1 - e)S_U\left(\frac{w_1 - e}{1 - e}, \frac{z - e}{1 - e}\right),$$

这与 S_U 严格递增矛盾. 因此 $w_1 < e$ 并且 $x < w_1 = U(x, y)$.

令 $w_2 = U(w_1, y) = U(x, U(y, y)), \cdots, w_n = U(w_{n-1}, y) = U(x, U(y, \cdots, y))$, 则当 $n \geqslant 1$ 时, $U(w_n, y) = U(w_n, z)$, 并且 $x < w_1 < w_2 < \cdots < w_{n-1} < w_n < e$. 因此数列 $\{w_n\}$ 收敛. 设 $\{w_n\}$ 收敛于 w_0, 则 $w_0 \leqslant e$. 令 $y_n = U(y, \cdots, y)$(括号中有 n 个 y), 则由 S_U 严格单调性知, 数列 $\{y_n\}$ 收敛于 1. 根据数列极限定义, 对于任意 $t \in]e, 1[$, 存在正整数 n 使得 $t < y_n < 1$, 于是 $U(x, t) \leqslant U(x, y_n) = w_n < e$, 与引理 3.2.2 矛盾.

所以, U 在区域 $]0, e[\times]e, 1[$ 上严格递增. □

引理 3.2.4 设带幺元 $e \in]0, 1[$ 的一致模 U 的基础三角模 T_U 和基础三角余模 S_U 都是严格的. 如果存在 $u \in]0, e[$ 和 $v \in]e, 1[$ 使得 $u < U(u, v) < v$, 那么

(1) 当 $x \in]0, e[$, $y \in]e, 1[$ 并且 $x < U(x, y) \leqslant e$ 时,

$$U(x, y) = et^{-1}\left(t\left(\frac{x}{e}\right) - s\left(\frac{y - e}{1 - e}\right)\right),$$

(2) 当 $x \in]0, e[$, $y \in]e, 1[$ 并且 $e \leqslant U(x, y) < y$ 时,

$$U(x, y) = e + (1 - e)s^{-1}\left(s\left(\frac{y - e}{1 - e}\right) - t\left(\frac{x}{e}\right)\right),$$

其中 t 和 s 分别是 T_U 和 S_U 的加法生成子.

证明 (1) 当 $y \in]e,1[$ 时, 根据引理 3.2.1,

$$x < U(x,y) < y, \quad \forall x \in]0,e[.$$

再由引理 3.2.2 知, 存在 $x_0 \in]0,e[$ 使得 $x_0 < U(x_0,y) \leqslant e$. 这样, 当 $x \in]0,x_0[$ 时, $x < U(x,y) \leqslant e$, 于是由 U 的结合律得到方程

$$eT_U\left(\frac{x}{e}, \frac{U(x_0,y)}{e}\right) = U(x, U(x_0,y)) = U(x_0, U(x,y)) = eT_U\left(\frac{x_0}{e}, \frac{U(x,y)}{e}\right),$$

用加法生成子 t 表示 T_U 得到方程

$$et^{-1}\left(t\left(\frac{x}{e}\right) + t\left(\frac{U(x_0,y)}{e}\right)\right) = et^{-1}\left(t\left(\frac{x_0}{e}\right) + t\left(\frac{U(x,y)}{e}\right)\right),$$

化简此方程得

$$t\left(\frac{x}{e}\right) + t\left(\frac{U(x_0,y)}{e}\right) = t\left(\frac{x_0}{e}\right) + t\left(\frac{U(x,y)}{e}\right),$$

即

$$t\left(\frac{x}{e}\right) - t\left(\frac{U(x,y)}{e}\right) = t\left(\frac{x_0}{e}\right) - t\left(\frac{U(x_0,y)}{e}\right).$$

令

$$c(y) = t\left(\frac{x}{e}\right) - t\left(\frac{U(x,y)}{e}\right).$$

根据引理 3.2.3, U 是严格递增的. 由于加法生成子 t 是严格递减的, 因此 $c(y)$ 是严格递减的并且

$$U(x,y) = et^{-1}\left(t\left(\frac{x}{e}\right) - c(y)\right).$$

下面求出 $c(y)$.

当 $y, z \in]e,1[$ 时, 由 S_U 的严格单调性知, $U(y,z) > e$, 再由引理 3.2.2 知, 存在 $x \in]0,e[$ 使得 $U(x, U(y,z)) \leqslant e$, 因此 $U(x,y) \leqslant e$ 并且 $U(x,z) \leqslant e$. 由于

$$U(x, U(y,z)) = et^{-1}\left(t\left(\frac{x}{e}\right) - c(U(y,z))\right)$$

$$= et^{-1}\left(t\left(\frac{x}{e}\right) - c\left(e + (1-e)S_U\left(\frac{y-e}{1-e}, \frac{z-e}{1-e}\right)\right)\right),$$

$$U(U(x, y), z) = et^{-1}\left(t\left(\frac{U(x, y)}{e}\right) - c(z)\right) = et^{-1}\left(t\left(\frac{x}{e}\right) - c(y) - c(z)\right),$$

这样, 由 U 的结合律得

$$c\left(e + (1 - e)S_U\left(\frac{y - e}{1 - e}, \frac{z - e}{1 - e}\right)\right) = c(y) + c(z).$$

令 $p = (y - e)/(1 - e)$, $q = (z - e)/(1 - e)$, $r(x) = c(e + (1 - e)x)$, 则

$$r(S_U(p, q)) = r(p) + r(q) \quad \text{或者} \quad S_U(p, q) = r^{-1}(r(p) + r(q)),$$

即 r 是 S_U 的加法生成元 s, $c(y) = s((y - e)/(1 - e))$. 所以

$$U(x, y) = et^{-1}\left(t\left(\frac{x}{e}\right) - s\left(\frac{y - e}{1 - e}\right)\right).$$

(2) 当 $x \in \,]0, e[$ 时, 存在 $y_0 \in \,]e, 1[$ 使得 $e \leqslant U(x, y_0) < y_0$. 这样, 当 $y \in \,]y_0, 1[$ 时, $e \leqslant U(x, y) < y$. 令

$$d(x) = s\left(\frac{U(x, y) - e}{1 - e}\right) - s\left(\frac{y - e}{1 - e}\right).$$

同理可证, 函数 $d(x)$ 是严格递增的并且满足方程

$$d\left(eT_U\left(\frac{x}{e}, \frac{y}{e}\right)\right) = d(x) + d(y).$$

通过此方程求得 $d(x) = -t(x/e)$. 所以

$$U(x, y) = e + (1 - e)s^{-1}\left(s\left(\frac{y - e}{1 - e}\right) - t\left(\frac{x}{e}\right)\right). \qquad \square$$

利用引理 3.2.1—引理 3.2.4, 我们给出基础三角模和三角余模都严格的一致模是可表示一致模的特征.

定理 3.2.4[101] 设带幺元 $e \in \,]0, 1[$ 的一致模 U 的基础三角模 T_U 和基础三角余模 S_U 都是严格的, 则 U 是可表示一致模, 当且仅当存在 $u \in \,]0, e[$ 和 $v \in \,]e, 1[$ 使得 $u < U(u, v) < v$.

证明 当 U 是可表示一致模, 由定理 3.2.1 和定理 3.2.2 知, U 在 $]0, 1[^2$ 内严格递增. 因此存在 $u \in \,]0, e[$ 和 $v \in \,]e, 1[$ 使得 $u \neq U(u, v)$ 并且 $U(u, v) \neq v$, 即 $u < U(u, v) < v$.

设 t 和 s 分别是 T_U 和 S_U 的加法生成子, h 由 (3.2.2) 式给出, 则 h 是严格递增的连续函数, $h(0) = -\infty$, $h(e) = 0$, 并且 $h(1) = +\infty$.

若存在 $u \in]0, e[$ 和 $v \in]e, 1[$ 使得 $u < U(u, v) < v$, 则由引理 3.2.1 知, 对于任意 $x \in]0, e[$ 和 $y \in]e, 1[$ 都有 $x < U(x, y) < y$. 当 $x < U(x, y) \leqslant e < y$ 时,

$$h^{-1}(h(x)+h(y)) = h^{-1}\left(-t\left(\frac{x}{e}\right) + s\left(\frac{y-e}{1-e}\right)\right) = h^{-1}\left(-t\left(\frac{U(x,y)}{e}\right)\right) = U(x,y),$$

当 $x < e \leqslant U(x, y) < y$ 时,

$$h^{-1}(h(x) + h(y)) = h^{-1}\left(-t\left(\frac{x}{e}\right) + s\left(\frac{y-e}{1-e}\right)\right)$$
$$= h^{-1}\left(s\left(\frac{U(x,y)-e}{1-e}\right)\right) = h^{-1}(h(U(x,y))) = U(x,y),$$

因此, 对于任意 $(x, y) \in [0, 1]^2 \backslash \{(0, 1), (1, 0)\}$, $U(x, y) = h^{-1}(h(x) + h(y))$, 即 U 是可表示的一致模并且 h 是 U 的加法生成子. $\quad\square$

3.3 幂等一致模

本节首先讨论幂等一致模的特征, 然后考虑具有左、右伴随性质的幂等一致模的特征.

3.3.1 幂等一致模的特征

定义 3.3.1 设 U 是 $[0, 1]$ 上的二元运算. 若 U 满足幂等律, 即

$$U(x, x) = x, \quad \forall x \in [0, 1],$$

则称 U 为幂等的. 如果 U 是 $[0, 1]$ 上有幺元 e 的一致模并且满足幂等律, 那么称 U 为幂等一致模.

用 $\mathcal{U}_{\mathrm{ide}}$ 表示 $[0, 1]$ 上所以幂等一致模组成的集合.

例 3.3.1 设 $e \in]0, 1[$, 则例 3.1.1 中 U_1 是唯一既属于 $\mathcal{U}_{\min}$ 又属于 $\mathcal{U}_{\mathrm{ide}}$ 的一致模, U_2 是唯一既属于 $\mathcal{U}_{\max}$ 又属于 $\mathcal{U}_{\mathrm{ide}}$ 的一致模.

命题 3.3.1[102] 设 U 是 $[0, 1]$ 上有幺元 e 的二元运算. 若 U 满足幂等律和结合律并且具有单调性, 则存在以 e 为不动点的单调递减函数 g 使得

$$U(x, y) = \begin{cases} x \wedge y, & \text{若 } y < g(x), \\ x \vee y, & \text{若 } y > g(x), \\ x \wedge y \text{ 或者 } x \vee y, & \text{若 } y = g(x). \end{cases} \tag{3.3.1}$$

证明　对于任意 $x, y \in [0,1]$. 由 U 的幂等律和单调性得

$$x \wedge y = U(x \wedge y, x \wedge y) \leqslant U(x,y) \leqslant U(x \vee y, x \vee y) = x \vee y.$$

这样, 当 $x, y \in [0, e]$ 时,

$$U(x,y) \leqslant U(x,e) = x, U(x,y) \leqslant U(e,y) = y \Rightarrow U(x,y) \leqslant x \wedge y,$$

因此 $U(x,y) = x \wedge y$; 当 $x, y \in [e, 1]$ 时,

$$U(x,y) \geqslant U(x,e) = x, U(x,y) \geqslant U(e,y) = y \Rightarrow U(x,y) \geqslant x \vee y,$$

因此 $U(x,y) = x \vee y$; 当 $(x,y) \in [0, e[\times]e, 1]$ 时, $x = x \wedge y \leqslant U(x,y) \leqslant x \vee y = y$, 如果 $U(x,y) \leqslant e$, 那么

$$U(x,y) = U(x, U(x,y)) = x \wedge U(x,y) = x,$$

如果 $U(x,y) \geqslant e$, 那么

$$U(x,y) = U(U(x,y), y) = U(x,y) \vee y = y,$$

即 $U(x,y) = x$ 或者 $U(x,y) = y$; 当 $(x,y) \in]e, 1] \times [0, e[$ 时, 同理可证, $U(x,y) = x$ 或者 $U(x,y) = y$.
　　令

$$g(x) = \begin{cases} \vee\{y | U(x,y) = x \wedge y\}, & \text{若 } x \leqslant e, \\ \wedge\{y | U(x,y) = x \vee y\}, & \text{若 } x > e, \end{cases}$$

则 $g(e) = e$, 当 $x \in [0, e]$ 时, $g(x) \geqslant e$, 当 $x \in [e, 1]$ 时, $g(x) \leqslant e$. 下面考虑两种情形:

　　(1) 若 $x < e < y$, 则当 $y < g(x)$ 时, $U(x,y) = x = x \wedge y$; 当 $y > g(x)$ 时, $U(x,y) \neq x$, $U(x,y) = y = x \vee y$.

　　(2) 若 $y < e < x$, 则当 $y < g(x)$ 时, $U(x,y) \neq x$, $U(x,y) = y = x \wedge y$; 当 $y > g(x)$ 时, $U(x,y) = x = x \vee y$.

　　所以 U 可以表示成 (3.3.1) 式.

　　现在证明 g 是单调递减函数.

　　设 $x, z \in [0, e]$ 并且 $x \leqslant z$, 当 $y > g(x) \geqslant e$ 时, $y = U(x,y) \leqslant U(z,y)$, $U(z,y) = y \neq z$, 因此 $g(z) \leqslant y$, $g(z) \leqslant \wedge\{y | y > g(x)\} = g(x)$, 即 g 是 $[0, e]$ 上单调递减函数.

　　同理可证, g 是 $[e, 1]$ 上单调递减函数.　□

由 (3.3.1) 式可以看出, 对于任意 $x, y \in [0,1]$, $U(x,y) \in \{x, y\}$, 这样的二元运算也称为 $[0,1]^2$ 上局部内部算子 (参见文献 [103—104]).

设有幺元 $e \in]0,1[$ 的一致模 U 是 $A(e)$ 上局部内部算子, 即

$$U(x,y) \in \{x, y\}, \quad \forall (x,y) \in A(e),$$

则由定理 3.1.1 及命题 3.3.1 的证明知, 存在 $[0,1]$ 上三角模 T_U 和三角余模 S_U 以及以 e 为不动点的单调递减函数 g 使得

$$U(x,y) = \begin{cases} eT_U\left(\dfrac{x}{e}, \dfrac{y}{e}\right), & \text{若 } (x,y) \in [0,e]^2, \\ e + (1-e)S_U\left(\dfrac{x-e}{1-e}, \dfrac{y-e}{1-e}\right), & \text{若 } (x,y) \in [e,1]^2, \\ x \wedge y, & \text{若 } (x,y) \in A(e) \text{ 且 } y < g(x), \\ x \vee y, & \text{若 } (x,y) \in A(e) \text{ 且 } y > g(x), \\ x \wedge y \text{ 或者 } x \vee y, & \text{若 } (x,y) \in A(e) \text{ 且 } y = g(x). \end{cases}$$

$$(3.3.2)$$

命题 3.3.2 若 $[0,1]$ 上有幺元 e 的单调二元运算 U 满足幂等律和结合律, 则存在以 e 为不动点的单调递减函数 g 满足

$$g(x) = 0, \quad \forall x \in]g(0), 1], \quad g(x) = 1, \quad \forall x \in [0, g(1)[,$$

$$\wedge\{y | g(y) = g(x)\} \leqslant g(g(x)) \leqslant \vee\{y | g(y) = g(x)\}, \quad \forall x \in [0,1] \qquad (3.3.3)$$

使得

$$U(x,y) = \begin{cases} x \wedge y, & \text{若 } y < g(x), \text{或者 } y = g(x) \text{ 并且 } x < g(g(x)), \\ x \vee y, & \text{若 } y > g(x), \text{或者 } y = g(x) \text{ 并且 } x > g(g(x)), \\ x \wedge y \text{ 或者 } x \vee y, & \text{若 } y = g(x) \text{ 并且 } x = g(g(x)). \end{cases}$$

$$(3.3.4)$$

证明 首先证明在满足 $y \neq g(x)$ 的点 (x,y) 处, U 满足交换律. 不妨设 $x < y$ 并且 $y \neq g(x)$, 则 $g(y) \leqslant g(x)$.

由命题 3.3.1 的证明知:

(1) 当 $x < y \leqslant e$ 时, $U(x,y) = x \vee y = U(y,x)$.

(2) 当 $e \leqslant x < y$ 时, $U(x,y) = x \wedge y = U(y,x)$.

(3) 当 $x < e < y$ 时, $U(x,y) = x \wedge y$ 或者 $U(x,y) = x \vee y$.

如果 $g(x) = g(y)$, 那么 $g(x) = g(y) = e$. 因此当 $x < z_1 < e$ 并且 $e < z_2 < y$ 时, $g(x) = g(z_1) = g(z_2) = g(y) = e$ 并且

$$z_2 = U(z_1, z_2) = U(U(y, z_1), z_2) = U(y, U(z_1, z_2)) = U(y, z_2) = y,$$

矛盾. 所以 $g(y) < g(x)$.

(i) 当 $y < g(x)$ 时, 由 (3.3.1) 式知, $U(x, y) = x$. 如果 $U(y, x) = y$, 那么对于任意 $z \in]y, g(x)[$, $U(x, z) = x$ 并且由 U 的结合律得

$$y = U(y, x) = U(y, U(x, z)) = U(U(y, x), z) = U(y, z) = y \vee z = z,$$

矛盾. 因此, $U(y, x) = x = U(x, y)$.

(ii) 当 $g(x) < y$ 时, 由 (3.3.1) 式知, $U(x, y) = y$. 如果 $U(y, x) = x$, 那么对于任意 $z \in]g(x), y[$, $U(x, z) = x \vee z = z$ 并且由 U 的结合律得

$$z = U(x, z) = U(U(y, x), z) = U(y, U(x, z)) = U(y, z) = y \vee z = y,$$

矛盾. 因此, $U(y, x) = y = U(x, y)$.

这样一来, 由 U 的交换律知, 对于任意 $x \in]g(0), 1]$, $U(0, x) = U(x, 0) = x \vee 0 = x$, 因此 $g(x) \leqslant 0$, 即 $g(x) = 0$. 类似地, 对于任意 $x \in [0, g(1)[$, $g(x) = 1$.

设 $x \in [0, 1]$, 令

$$a = \wedge\{y | g(y) = g(x)\}, \quad b = \vee\{y | g(y) = g(x)\}.$$

显然, $a \leqslant x \leqslant b$, $g(b) \leqslant g(x) \leqslant g(a)$. 如果 $g(g(x)) < a$, 那么,

$$U(g(x), z) = g(x) \vee z = U(z, g(x)), \quad \forall z \in]g(g(x)), a[,$$

于是, $g(a) \geqslant g(x) \geqslant g(z) \geqslant g(a)$, 即 $g(z) = g(x)$, $z \geqslant a$, 矛盾. 因此 $g(g(x)) \geqslant a$. 同理可证: $g(g(x)) \leqslant b$.

当 $x < g(g(x))$ 时, $x \neq e$. 如果 $x < e$, 那么 $g(x) \geqslant e > x$ 并且

$$U(x, g(x)) = U(g(x), x) = x \wedge g(x);$$

如果 $x > e$, 那么 $g(x) \leqslant e < x$ 并且 $U(x, g(x)) = U(g(x), x) = x \wedge g(x)$.

当 $x > g(g(x))$ 时, 同理可证: $U(x, g(x)) = x \vee g(x)$. □

同样, 当有幺元 $e \in]0, 1[$ 的一致模 U 是 $A(e)$ 上局部内部算子时, (3.3.3) 式成立并且在 $A(e)$ 上 (3.3.4) 式成立.

命题 3.3.2 中单调递减函数 g 也称为幂等的 (或者在 $A(e)$ 上局部内部的) 一致模 U 的特征算子. 例如, $\mathcal{U}_{\min}$ 中一致模和 $\mathcal{U}_{\max}$ 中一致模的特征算子分别为

$$g_{\min}(x) = \begin{cases} 1, & \text{若 } x < e, \\ e, & \text{若 } x \geqslant e \end{cases} \quad \text{和} \quad g_{\max}(x) = \begin{cases} e, & \text{若 } x \geqslant e, \\ 0, & \text{若 } x < e. \end{cases}$$

由于 U 在集合 $\{(x, y) | y = g(x), x = g(g(x)), x \in [0, 1]\}$ 上的值并不确定, 这样一个单调递减函数 g 可能是不同 U 的特征算子 (见后面的定理 3.4.5).

命题 3.3.3 若 $[0,1]$ 上有幺元 e 的单调二元运算 U 满足幂等律和结合律或者 U 是 $A(e)$ 上局部内部的一致模, g 是命题 3.3.2 中单调递减函数.

(1) 若 g 是 $]a,b[\subseteq [0,1]$ 内严格递减的连续函数并且 $g(]a,b[) =]c,d[$, 则 g 是 $]c,d[$ 内严格递减的连续函数并且对于任意的 $x \in]a,b[\cup]c,d[$, $g(g(x)) = x$.

(2) 若 s 是 g 的不连续点, 记

$$p(s) = \begin{cases} \lim_{x \to s^+} g(x), & \text{若 } s < 1, \\ 0, & \text{若 } s = 1, \end{cases} \qquad q(s) = \begin{cases} \lim_{x \to s^-} g(x), & \text{若 } s > 0, \\ 0, & \text{若 } s = 0, \end{cases}$$

则对于任意 $x \in]p(s), q(s)[$, $g(x) = s$.

(3) 设 $s \in [0,1]$, 记 $B_s = \{x | g(x) = s\}$, $p_s = \wedge B_s$, $q_s = \vee B_s$. 若 $|B_s| \geqslant 2$ 并且 $p_s < q_s$, 则 s 是 g 的不连续点并且 $p_s = p(s) \leqslant g(s) \leqslant q(s) = q_s$.

证明 (1) 假设 g 是 $]a,b[\subseteq [0,1]$ 内严格递减的连续函数, 那么 g 是 $]a,b[$ 到 $]c,d[$ 的双射, 于是由命题 3.3.2 知, 对于任意 $x \in]a,b[$, $g(g(x)) = x$. 因此, $g^{-1} = g$, $g(]c,d[) =]a,b[$ 并且 g 也是 $]c,d[$ 内严格递减的连续函数. 这样, 对于任意 $x \in]c,d[$, $g(g(x)) = x$.

(2) 设 s 是 g 的不连续点, 记 $p(s) = \lim_{x \to s^+} g(x)$, $q(s) = \lim_{x \to s^-} g(x)$, $p(s) < x < q(s)$.

当 $s > e$ 时, 对于任意 $y \in [e, s[$, $g(y) \geqslant q(s) > x$ 并且 $U(y,x) = x \wedge y = U(x,y)$, 于是 $g(x) \geqslant y$, 因此 $g(x) \geqslant s$. 对于任意 $y > s$, $g(y) \leqslant p(s) < x$ 并且 $U(y,x) = x \vee y = U(x,y)$, 于是 $g(x) \leqslant y$, 因此 $g(x) \leqslant s$. 所以 $g(x) = s$.

当 $s < e$ 时, 同理可证: $g(x) = s$.

当 $s = e$ 时, 对于任意 $y < e$, $g(y) \geqslant q(e) > x$ 并且 $U(y,x) = x \wedge y = U(x,y)$, 于是 $g(x) \geqslant y$, 因此 $g(x) \geqslant s$. 对于任意 $y > e$, $g(y) \leqslant p(e) < x$ 并且 $U(y,x) = x \vee y = U(x,y)$, 于是 $g(x) \leqslant y$, 因此 $g(x) \leqslant e$. 所以 $g(x) = e$.

(3) 设 $s \in [0,1]$, $|B_s| \geqslant 2$. 取 $x_0 \in B_s$, 则 $g(x_0) = s$. 这样, $B_s = \{x | g(x) = g(x_0)\}$. 由命题 3.3.2 知

$$p_s = \wedge B_s \leqslant g(g(x_0)) = g(s) \leqslant \vee B_s = q_s.$$

若 $p_s < x < q_s$, $y < s = g(x_0)$, 则存在 $x_1 \in B_s$ 使得 $x < x_1 < q_s$, $y < s = g(x_1) \leqslant g(x)$, 于是 $U(x,y) = x \wedge y = U(y,x)$. 这样一来, 对于任意的 $x \in]p_s, q_s[$, $x \leqslant g(y)$, 即 $q_s \leqslant g(y)$. 因此, $q(s) \geqslant q_s$. 若 $q(s) > q_s$, 则由结论 (2) 知, 对于任意的 $x \in]p(s), q(s)[$, $g(x) = s$, 于是 $\vee B_s = q_s \geqslant q(s)$, 矛盾. 所以 $q_s = q(s)$. 类似地, 可以证明, $p_s = p(s)$.

注意到 $p_s < q_s$, 因此 s 是 g 的不连续点. $\square$

定义 3.3.2   设 $g : [0, 1] \to [0, 1]$ 是单调递减函数, $G = \{(x, g(x))|x \in [0, 1]\}$ 是 g 的图像, s 是 g 的不连续点, 用 s^- 和 s^+ 分别表示 g 在 s 点处的左、右极限, 在图像 G 中 g 的所有不连续点 s 处添加从 s^- 到 s^+ 的垂直截线获得的图像称为 g 的完全图, 记为 F_g. 若 g 的完全图 F_g 是 Id-对称的, 即

$$(x, y) \in F_g \Leftrightarrow (y, x) \in F_g, \quad \forall x, y \in [0, 1],$$

则称 g 为 Id-对称的.

定义 3.3.3   设 $g : [0, 1] \to [0, 1]$ 是单调递减函数. 若 g 在区间 $]p_s, q_s[$ 内取常数值 s, 这里 $p_s = \wedge\{x|g(x) = s\}$, $q_s = \vee\{x|g(x) = s\}$, $p_s < q_s$, 当且仅当 $s \in]0, 1[$ 是 g 的不连续点或者 $s = 0, 1$ 并且满足

$$p_s = \begin{cases} \lim\limits_{x \to s^+} g(x), & \text{若 } s < 1, \\ 0, & \text{若 } s = 1, \end{cases} \qquad q_s = \begin{cases} \lim\limits_{x \to s^-} g(x), & \text{若 } s > 0, \\ 0, & \text{若 } s = 0. \end{cases}$$

则称 g 满足 C 条件.

显然, 当单调递减函数 $g : [0, 1] \to [0, 1]$ 满足 C 条件时, 对于任意 $x > g(0^+)$, $g(x) = 0$; 对于任意 $x < g(1^-)$, $g(x) = 1$.

定理 3.3.1[105]   设 $e \in]0, 1[$, 则下面三个结论等价:

(1) U 是有幺元 e 的幂等一致模.

(2) 存在以 e 为不动点的单调递减函数 $g : [0, 1] \to [0, 1]$ 满足 (3.3.3) 式和 C 条件, 使得 U 可以表示为 (3.3.4) 式并且 U 在集合 $\{(x, y)|y = g(x), x = g(g(x))\}$ 上满足交换律.

(3) 存在以 e 为不动点的 Id-对称的单调递减函数 $g : [0, 1] \to [0, 1]$, 使得 U 可以表示为 (3.3.4) 式并且 U 在集合 $\{(x, y)|y = g(x), x = g(g(x))\}$ 上满足交换律.

证明   若 U 是有幺元 $e \in]0, 1[$ 的幂等一致模, 则由命题 3.3.2 和命题 3.3.3 知, 结论 (2) 成立.

设结论 (2) 成立. 当 $(x, y) \in G$ 并且 g 在点 x 处是严格递减函数时, $y = g(x)$ 并且 $g(g(x)) = x$, 此时 $x = g(y)$, 即 $(y, x) \in G \subseteq F_g$. 当 $(x, y) \in G$ 并且 g 在区间 $]p(y), q(y)[$ 内取常数值 y 时, y 是 g 的不连续点, 并且 $p(y) = y^+$, $q(y) = y^-$, 此时 (y, x) 在从 y^- 到 y^+ 的垂直截线上, 即 $(y, x) \in F_g$. 当 $(x, y) \in F_g \backslash G$ 时, x 是 g 的不连续点, 此时, 类似地可以证明 $(y, x) \in F_g$. 因此 g 为 Id-对称的, 即结论 (3) 成立.

设结论 (3) 成立, 则 U 可以表示为 (3.3.4) 式. 因此, U 是 $[0, 1]$ 上局部内部算子, 关于每个变量都是单调递增的, 满足幂等律并且以 e 为幺元. 注意到 g 是 Id-对称的, 于是 U 满足交换律. 对于任意 $x, y, z \in [0, 1]$, 由于 U 满足交换

律和幂等律, 因此不妨设 $x < y < z$. 如果 $U(x, y) = x$, $U(x, z) = z$, 那么由 U 的单调性知, $U(y, z) \geqslant U(x, z) = z$, 因此 $U(y, z) = z$; 如果 $U(x, y) = y$, 那么 $U(x, z) \geqslant U(x, y) = y$, 因此 $U(x, z) = z$. 另外, 通过计算得到

$$U(x, U(y, z)) = \begin{cases} U(x, y) = x, & \text{若 } U(x, y) = x, U(x, z) = x \text{ 且 } U(y, z) = y, \\ U(x, z) = x, & \text{若 } U(x, y) = x, U(x, z) = x \text{ 且 } U(y, z) = z, \\ U(x, z) = z, & \text{若 } U(x, y) = x, U(x, z) = z \text{ 且 } U(y, z) = z, \\ U(x, y) = y, & \text{若 } U(x, y) = y, U(x, z) = x \text{ 且 } U(y, z) = y, \\ U(x, y) = y, & \text{若 } U(x, y) = y, U(x, z) = z \text{ 且 } U(y, z) = y, \\ U(x, z) = z, & \text{若 } U(x, y) = y, U(x, z) = z \text{ 且 } U(y, z) = z, \end{cases}$$

并且

$$U(U(x, y), z) = \begin{cases} U(x, z) = x, & \text{若 } U(x, y) = x, U(x, z) = x \text{ 且 } U(y, z) = y, \\ U(x, z) = x & \text{若 } U(x, y) = x, U(x, z) = x \text{ 且 } U(y, z) = z, \\ U(x, z) = z & \text{若 } U(x, y) = x, U(x, z) = z \text{ 且 } U(y, z) = z, \\ U(y, z) = y & \text{若 } U(x, y) = y, U(x, z) = x \text{ 且 } U(y, z) = y, \\ U(y, z) = y, & \text{若 } U(x, y) = y, U(x, z) = z \text{ 且 } U(y, z) = y, \\ U(y, z) = z & \text{若 } U(x, y) = y, U(x, z) = z \text{ 且 } U(y, z) = z, \end{cases}$$

所以 U 满足结合律. 这样, U 是有幺元 e 的幂等一致模, 即结论 (1) 成立. □

3.3.2 具有左、右伴随性质的幂等一致模的特征

定义 3.3.4 设 g 是 $[0, 1]$ 上一元函数. 若对于任意 $x \in [0, 1]$, $g(g(x)) \leqslant x$, 则称 g 为次对合的; 若对于任意 $x \in [0, 1]$, $g(g(x)) \geqslant x$, 则称 g 为超对合的; 若对于任意 $x \in [0, 1]$, $g(g(x)) = x$, 则称 g 为对合的.

若 g 是次对合或者超对合的单调递减函数, 则 g 限制在值域上是对合的, 即

$$g(g(g(x))) = g(x), \quad \forall x \in [0, 1].$$

命题 3.3.4 设 g 是 $[0, 1]$ 上单调递减函数, 则下面两个结论成立.
(1) g 是次对合的, 当且仅当对于任意 $x, y \in [0, 1]$, $g(x) \leqslant y \Leftrightarrow g(y) \leqslant x$.
(2) g 是超对合的, 当且仅当对于任意 $x, y \in [0, 1]$, $x \leqslant g(y) \Leftrightarrow y \leqslant g(x)$.

证明 这里仅证明结论 (1) 成立.

设 g 是次对合的单调递减函数, $x, y \in [0, 1]$. 若 $g(x) \leqslant y$, 则 $x \geqslant g(g(x)) \geqslant g(y)$; 若 $g(y) \leqslant x$, 则 $y \geqslant g(g(y)) \geqslant g(x)$.

若对于任意 $x, y \in [0, 1]$, $g(x) \leqslant y \Leftrightarrow g(y) \leqslant x$, 则取 $y = g(x)$ 时, 由 $g(x) \leqslant g(x)$ 得: $g(g(x)) \leqslant x$, 即 g 是次对合. □

[0,1] 上幂等的三角模和三角余模分别是 T_M 和 S_W, 有幺元 $e \in]0,1[$ 的幂等一致模都是不连续的. 现在我们给出具有左、右伴随性质的幂等一致模的特征.

定理 3.3.2[106] U 是有幺元 $e \in]0,1]$ 的幂等一致模并且具有左伴随性质 (参见定义 2.1.5), 当且仅当存在以 e 为不动点的超对合的单调递减函数 g 使得

$$U(x,y) = \begin{cases} x \wedge y, & \text{若 } y \leqslant g(x), \\ x \vee y, & \text{否则}. \end{cases} \tag{3.3.5}$$

证明   若 U 是有幺元 $e \in]0,1]$ 的幂等一致模, 则由命题 3.3.1 知, 存在以 e 为不动点的单调递减函数 $g : [0,1] \to [0,1]$, 使得

$$U(x,y) = \begin{cases} x \wedge y, & \text{若 } y < g(x), \\ x \vee y, & \text{若 } y > g(x), \\ x \wedge y \text{ 或者 } x \vee y, & \text{若 } y = g(x). \end{cases}$$

当 U 具有左伴随性质时, 由注 2.1.2 知, 对于任意指标集 J, 都有

$$U(x, \vee_{j \in J} y_j) = \vee_{j \in J} U(x, y_j), \quad \forall x, y_j \in [0,1] (j \in J).$$

特别地, 当 J 是空指标集时,

$$U(x,0) = U(x, \vee_{j \in \varnothing} y_j) = \vee_{j \in \varnothing} U(x, y_j) = 0 = x \wedge 0, \quad \forall x \in [0,1].$$

于是, 对于任意 $x \in [0,1]$, $x \leqslant g(0)$. 因此, $g(0) = 1$. 由 U 具有左伴随性质还可以得到

$$U(x, g(x)) = U(x, \vee\{y | y < g(x)\}) = \vee\{U(x,y) | y < g(x)\}$$

$$= \vee \{x \wedge y | y < g(x)\} = x \wedge (\vee\{y | y < g(x)\}) = x \wedge g(x), \quad \forall x \in [0,1].$$

所以 U 可以表示为 (3.3.5) 式.

令 $D = \{(x,x) | x \in [0,1]\}$, 则

$$U(x,y) = x \wedge y \Leftrightarrow U(y,x) = x \wedge y, \quad \forall (x,y) \in [0,1]^2 \backslash D,$$

即

$$y \leqslant g(x) \Leftrightarrow x \leqslant g(y), \quad \forall (x,y) \in [0,1]^2 \backslash D.$$

由此可见

$$y \leqslant g(x) \Leftrightarrow x \leqslant g(y), \quad \forall (x,y) \in [0,1]^2.$$

根据命题 3.3.1 和命题 3.3.4, g 是以 e 为不动点的超对合的单调递减函数.

设 g 是以 e 为不动点的超对合的单调递减函数并且 U 由 (3.3.5) 式给出. 显然, U 是幂等的并且有幺元 e. 由 (3.3.5) 式知

$$U(x,y) = x \wedge y \Leftrightarrow y \leqslant g(x) \Leftrightarrow x \leqslant g(y)$$

$$\Leftrightarrow U(y,x) = x \wedge y, \quad \forall (x,y) \in [0,1]^2 \backslash D,$$

即 U 满足交换律. 再由 U 的交换律和 (3.3.5) 式容易看出 U 具有单调性.

现在证明 U 具有左伴随性质.

设 $x, y_j \in [0,1] (j \in J)$, 其中 J 是任意指标集.

(1) 当 $J = \varnothing$ 时, 由于 g 是超对合的, 根据命题 3.3.4(2), $g(0) = 1$, 因此由 (3.3.5) 式知

$$U(x, \vee_{j \in \varnothing} y_j) = U(x, 0) = x \wedge 0 = 0 = \vee_{j \in \varnothing} U(x, y_j), \quad \forall x \in [0,1].$$

(2) 当 $J \neq \varnothing$ 时, 如果对于任意 $j \in J$ 都有 $y_j \leqslant g(x)$, 那么 $\vee_{j \in J} y_j \leqslant g(x)$, $U(x, y_j) = x \wedge y_j$ 并且

$$U(x, \vee_{j \in J} y_j) = x \wedge (\vee_{j \in J} y_j) = \vee_{j \in J} (x \wedge y_j) = \vee_{j \in J} U(x, y_j);$$

如果存在 $k \in J$ 使得 $y_k > g(x)$, 那么 $\vee_{j \in J} y_j > g(x)$ 并且对于任意满足 $y_j \leqslant g(x)$ 的 y_j, 都有 $x \wedge y_j \leqslant y_j \leqslant g(x) < y_k \leqslant x \vee y_k$, 因此

$$\vee_{j \in J} U(x, y_j) = (\vee \{U(x, y_j) | y_j \leqslant g(x)\}) \vee (\vee \{U(x, y_j) | y_j > g(x)\})$$

$$= (\vee \{x \wedge y_j | y_j \leqslant g(x)\}) \vee (\vee \{x \vee y_j | y_j > g(x)\})$$

$$= (\vee \{x \vee y_k | y_j \leqslant g(x)\}) \vee (\vee \{x \vee y_j | y_j > g(x)\})$$

$$\geqslant (\vee \{x \vee y_j | y_j \leqslant g(x)\}) \vee (\vee \{x \vee y_j | y_j > g(x)\})$$

$$= x \vee (\vee_{j \in J} y) = U(x, \vee_{j \in J} y_j).$$

下面证明 U 满足结合律.

设 $x, y, z \in [0,1]$.

(1) 当 $y \leqslant g(x)$, $z \leqslant g(y)$ 并且 $z \leqslant g(x)$ 时,

$$z \leqslant g(x) \vee g(y) \leqslant g(x \wedge y), \quad y \wedge z \leqslant g(x).$$

因此

$$U(U(x,y),z) = U(x \wedge y, z) = x \wedge y \wedge z = U(x, y \wedge z) = U(x, U(y,z)).$$

(2) 当 $y > g(x)$, $z \leqslant g(y)$ 并且 $z \leqslant g(x)$ 时,

$$z \leqslant g(x) \wedge g(y) = g(x \vee y), \quad y > g(x) \geqslant z, \quad x > g(y) \geqslant z, \quad y \wedge z \leqslant g(x).$$

因此

$$U(U(x, y), z) = U(x \vee y, z) = (x \vee y) \wedge z = z$$

$$= x \wedge z = U(x, z) = U(x, y \wedge z) = U(x, U(y, z)).$$

(3) 当 $y \leqslant g(x)$, $z > g(y)$ 并且 $z \leqslant g(x)$ 时,

$$y > g(z) \geqslant g(g(x)) \geqslant x, \quad x \leqslant g(y) < z, \quad x < y \vee z \leqslant g(x).$$

因此

$$U(U(x, y), z) = U(x \wedge y, z) = U(x, z) = x \wedge z = x$$

$$= x \wedge (y \vee z) = U(x, y \vee z) = U(x, U(y, z)).$$

(4) 当 $y \leqslant g(x)$, $z \leqslant g(y)$ 并且 $z > g(x)$ 时, $z \leqslant g(y) \leqslant g(x \wedge y)$, $z > y$ 并且 $y \wedge z \leqslant g(x)$. 因此

$$U(U(x, y), z) = U(x \wedge y, z) = (x \wedge y) \wedge z = x \wedge y$$

$$= x \wedge (y \wedge z) = U(x, y \wedge z) = U(x, U(y, z)).$$

(5) 当 $y \leqslant g(x)$, $z > g(y)$ 并且 $z > g(x)$ 时,

$$y > g(z), \quad x > g(z), \quad x \wedge y > g(z), \quad z > g(x) \geqslant y, \quad z > g(y) \geqslant x,$$

$$y \vee z \geqslant z > g(x).$$

因此

$$U(U(x, y), z) = U(x \wedge y, z) = U(z, x \wedge y) = z \vee (x \wedge y) = z$$

$$= x \vee (y \vee z) = U(x, y \vee z) = U(x, U(y, z)).$$

(6) 当 $y > g(x)$, $z \leqslant g(y)$ 并且 $z > g(x)$ 时,

$$z > g(x) \geqslant g(x \vee y), \quad x > g(y) \geqslant z, \quad x > g(z) \geqslant g(g(y)) \geqslant y, \quad y \wedge z > g(x).$$

因此

$$U(U(x, y), z) = U(x \vee y, z) = (x \vee y) \vee z = x$$

$$= x \vee (y \wedge z) = U(x, y \wedge z) = U(x, U(y, z)).$$

(7) 当 $y > g(x)$, $z > g(y)$ 并且 $z \leqslant g(x)$ 时,

$$z > g(y) \geqslant g(x \vee y), \quad z \leqslant g(x) < y, \quad x > g(y) \geqslant g(y \vee z).$$

因此

$$U(U(x, y), z) = U(x \vee y, z) = (x \vee y) \vee z = x \vee y$$

$$= (y \vee z) \vee x = U(x, y \vee z) = U(x, U(y, z)).$$

(8) 当 $y > g(x)$, $z > g(y)$ 并且 $z > g(x)$ 时,

$$z > g(x) \wedge g(y) = g(x \vee y), \quad y \vee z > g(x).$$

因此

$$U(U(x, y), z) = U(x \vee y, z) = (x \vee y) \vee z = x \vee y \vee z$$

$$= x \vee (y \vee z) = U(x, y \vee z) = U(x, U(y, z)).$$

故 U 是有幺元 $e \in]0, 1]$ 的具有左伴随性质的幂等一致模. $\square$

当幂等一致模 U 具有左伴随性质时, g 是超对合的单调递减函数. 于是由定义 1.1.9 和命题 3.3.4(2) 知, $g : ([0, 1], \leqslant) \rightarrow ([0, 1], \leqslant)$ 和 $g : ([0, 1], \leqslant) \rightarrow ([0, 1], \leqslant)$ 构成 Galois 关联. 因此由命题 1.1.6 知, g 将上确界转变为下确界, 即对于任意指标集 J 都有

$$g(\vee_{j \in J} x_j) = \wedge_{j \in J} g(x_j), \quad \forall x_j \in [0, 1](j \in J).$$

由定理 1.2.2 知, g 是 $([0, 1], \leqslant)$ 到 $([0, 1], \geqslant)$ 的剩余映射并且 $g(0) = 1$.

若幂等一致模 U 具有右伴随性质, 则由注 2.1.2 知, 对于任意指标集 J, 都有

$$U(x, \wedge_{j \in J} y_j) = \wedge_{j \in J} U(x, y_j), \quad \forall x, y_j \in [0, 1](j \in J).$$

因此对于任意 $x \in [0, 1]$,

$$U(x, g(x)) = U(x, \wedge\{y | y > g(x)\}) = \wedge\{U(x, y) | y > g(x)\}$$

$$= \wedge\{x \vee y | y > g(x)\} = x \vee (\wedge\{y | y > g(x)\}) = x \vee g(x).$$

这样, 类似于定理 3.3.2, 可以得到具有右伴随性质的幂等一致模的特征.

定理 3.3.3　U 是有幺元 $e \in [0,1[$ 的幂等一致模并且具有右伴随性质, 当且仅当存在以 e 为不动点的次对合的单调递减函数 g 使得

$$U(x,y) = \begin{cases} x \vee y, & \text{若 } y \geqslant g(x), \\ x \wedge y, & \text{否则}. \end{cases} \tag{3.3.6}$$

同样, 当幂等一致模 U 具有右伴随性质时, g 是次对合的单调递减函数, 并且对于任意指标集 J, 都有

$$g(\wedge_{j \in J} x_j) = \vee_{j \in J} g(x_j), \quad \forall x_j \in [0,1] (j \in J).$$

由定理 1.2.2 知, $g : ([0,1], \leqslant) \to ([0,1], \geqslant)$ 是剩余映射 $g : ([0,1], \geqslant) \to ([0,1], \leqslant)$ 的右伴随并且 $g(1) = 0$.

3.4　基础算子连续的一致模

当一致模 U 的基础三角模 T_U 和基础三角余模 S_U 都连续时, 根据定理 2.1.13 和定理 2.1.16, $T_U = \wedge$ 或者 T_U 是连续的阿基米德三角模或者 T_U 是一簇连续的阿基米德三角模的序数和, 并且 $S_U = \vee$ 或者 S_U 是连续的阿基米德三角余模或者 S_U 是一簇连续的阿基米德三角余模的序数和. 本节讨论基础算子连续的两类一致模的一些特征.

3.4.1　连续阿基米德情形

我们知道, 连续的阿基米德三角模是严格三角模或者幂零三角模, 连续的阿基米德三角余模是严格三角余模或者幂零三角余模.

利用定理 3.2.4 可得基础三角模 T_U 和基础三角余模 S_U 都严格的带幺元 $e \in]0,1[$ 的一致模 U 的分类如下:

定理 3.4.1[107]　设带幺元 $e \in]0,1[$ 的一致模 U 的基础三角模 T_U 和基础三角余模 S_U 都是严格的, 则下列结论之一成立:

(1) $U \in \mathcal{U}_{\text{rep}}$;

(2) $U \in \mathcal{U}_{\text{min}}$;

$$(3)\ U(x,y) = \begin{cases} eT_U\left(\dfrac{x}{e}, \dfrac{y}{e}\right), & \text{若 } x,y \in [0,e], \\ e + (1-e)S_U\left(\dfrac{x-e}{1-e}, \dfrac{y-e}{1-e}\right), & \text{若 } x,y \in [e,1], \\ 1, & \text{若 } x \vee y = 1, \\ x \wedge y, & \text{否则}; \end{cases} \tag{3.4.1}$$

$$(4)\ U(x,y) = \begin{cases} eT_U\left(\dfrac{x}{e},\dfrac{y}{e}\right), & \text{若 } x,y \in [0,e], \\[2mm] e+(1-e)S_U\left(\dfrac{x-e}{1-e},\dfrac{y-e}{1-e}\right), & \text{若 } x,y \in [e,1], \\[2mm] 1, & \text{若 } x \vee y = 1 \text{ 且 } x \wedge y \neq 0, \\[1mm] x \wedge y, & \text{否则}; \end{cases}$$

$$(3.4.2)$$

(5) $U \in \mathcal{U}_{\max}$;

$$(6)\ U(x,y) = \begin{cases} eT_U\left(\dfrac{x}{e},\dfrac{y}{e}\right), & \text{若 } x,y \in [0,e], \\[2mm] e+(1-e)S_U\left(\dfrac{x-e}{1-e},\dfrac{y-e}{1-e}\right), & \text{若 } x,y \in [e,1], \\[2mm] 0, & \text{若 } x \wedge y = 0, \\[1mm] x \vee y, & \text{否则}; \end{cases} \qquad (3.4.3)$$

$$(7)\ U(x,y) = \begin{cases} eT_U\left(\dfrac{x}{e},\dfrac{y}{e}\right), & \text{若 } x,y \in [0,e], \\[2mm] e+(1-e)S_U\left(\dfrac{x-e}{1-e},\dfrac{y-e}{1-e}\right), & \text{若 } x,y \in [e,1], \\[2mm] 0, & \text{若 } x \wedge y = 0 \text{ 且 } x \vee y \neq 1, \\[1mm] x \vee y, & \text{否则}. \end{cases}$$

$$(3.4.4)$$

证明 设带幺元 $e \in]0,1[$ 的一致模 U 的基础三角模 T_U 和基础三角余模 S_U 都是严格的.

若存在 $u \in]0,e[$ 和 $v \in]e,1[$ 使得 $u < U(u,v) < v$, 则对于任意 $x \in]0,e[$ 和 $y \in]e,1[$ 都有 $x < U(x,y) < y$, 此时由定理 3.2.4 知, $U \in \mathcal{U}_{\mathrm{rep}}$.

若存在 $u \in]0,e[$ 和 $v \in]e,1[$ 使得 $U(u,v) = u$, 则根据引理 3.2.1 得: 对于任意 $x \in]0,e[$ 和 $y \in]e,1[$ 都有 $U(x,y) = x$.

下面证明: 对于任意 $x \in]0,e[$, $U(1,x) = x$ 或者 $U(1,x) = 1$.

假设存在 $t \in]0,e[$ 使得 $t < U(1,t) < 1$, 那么由 U 的结合律知

$$U(1,t) = U(U(1,1),t) = U(1,U(1,t)).$$

由此可见, $U(1,t) < e$. 令 $c = U(1,t)$, 则 $t < U(1,t) = c < e$. 因为 $T_U(c,0) = U(c,0) = 0$ 并且 $T_U(c,e) = U(c,e) = c$, 所以由 T_U 的严格性知, 存在唯一的 $s \in]0,e[$ 使得 $t = U(c,s)$. 这样又得到

$$c = U(1,t) = U(1,U(c,s)) = U(U(1,c),s) = U(c,s) = t,$$

矛盾.

如果存在 $x_1, x_2 \in]0, e[$ 使得 $x_1 < x_2$, $U(1, x_1) = x_1$ 并且 $U(1, x_2) = 1$, 那么, 一方面, $0 < U(x_1, x_2) < U(x_1, e) = x_1$, 另一方面,

$$U(x_1, x_2) = U(U(1, x_1), x_2) = U(U(1, x_2), x_1) = U(1, x_1) = x_1,$$

矛盾. 所以

$$U(1, x) = x, \quad \forall x \in]0, e[\quad \text{或者} \quad U(1, x) = 1, \quad \forall x \in]0, e[.$$

若对于任意 $x \in]0, e[$, $U(1, x) = x$, 则 $U(1, 0) = 0$, 此时对于任意 $x \in [0, e[$ 和 $y \in]e, 1]$ 都有 $U(x, y) = x$, 即 $U \in \mathcal{U}_{\min}$.

若对于任意 $x \in]0, e[$, $U(1, x) = 1$, 则 $U(1, 0) = 0$ 或者 $U(1, 0) = 1$. 当 $U(1, 0) = 1$ 时, 对于任意 $y \in [0, 1]$, $U(1, y) = 1$, 此时结论 (3) 成立. 当 $U(1, 0) = 0$ 时, 对于任意 $y \in]0, 1]$, $U(1, y) = 1$, 此时结论 (4) 成立.

若存在 $u \in]0, e[$ 和 $v \in]e, 1[$ 使得 $U(u, v) = v$, 则对于任意 $x \in]0, e[$ 和 $y \in]e, 1[$ 都有 $U(x, y) = y$. 此时, 同理可证: 结论 (5)—(7) 中之一成立. □

由定理 3.4.1 可以看出, 当一致模 U 的基础三角模 T_U 和基础三角余模 S_U 都严格时, 除了 $U \in \mathcal{U}_{\text{rep}}$ 外, 其他的一致模都是 $A(e)$ 上局部内部算子. 容易求出由 (3.4.1)—(3.4.2) 式及 (3.4.3)—(3.4.4) 式表示的一致模的特征算子如下:

$$g_1(x) = \begin{cases} 1, & \text{若 } x \in [0, e[, \\ e, & \text{若 } x \in [e, 1[, \\ 0, & \text{若 } x = 1, \end{cases} \qquad g_2(x) = \begin{cases} 1, & \text{若 } x = 0, \\ e, & \text{若 } x \in]0, e], \\ 0, & \text{若 } x \in]e, 1]. \end{cases}$$

其中 g_1 和 g_2 对应的合取一致模分别由 (3.4.2) 式和 (3.4.3) 式给出, g_1 和 g_2 对应的析取一致模分别由 (3.4.1) 式和 (3.4.4) 式给出.

当基础三角模 T_U 严格并且基础三角余模 S_U 幂零, 或者基础三角模 T_U 幂零并且基础三角余模 S_U 严格, 或者基础三角模 T_U 和基础三角余模 S_U 都幂零时, 类似于引理 3.2.1, 可以证明下面结论成立.

引理 3.4.1 设 U 是有幺元 $e \in]0, 1[$ 的一致模, U 的基础三角模 T_U 是严格的并且 U 的基础三角余模 S_U 是幂零的, 或者基础三角模 T_U 是幂零的并且基础三角余模 S_U 是严格的, 或者基础三角模 T_U 和基础三角余模 S_U 都是幂零的.

(1) 如果存在 $u \in]0, e[, v \in]e, 1[$ 使得 $U(u, v) = u \wedge v$, 那么对于任意 $x \in [0, e[$ 和 $y \in [e, 1[$ 都有 $U(x, y) = x \wedge y$.

(2) 如果存在 $u \in]0, e[, v \in]e, 1[$ 使得 $U(u, v) = u \vee v$, 那么对于任意 $x \in]0, e]$ 和 $y \in]e, 1]$ 都有 $U(x, y) = x \vee y$. □

借助引理 3.4.1 可得基础三角模 T_U 严格并且基础三角余模 S_U 幂零的带幺元 $e \in]0, 1[$ 的一致模 U 的分类如下:

定理 3.4.2[107−108]　设带幺元 $e \in\ ]0,1[$ 的一致模 U 的基础三角模 T_U 是严格的并且基础三角余模 S_U 是幂零的, 则下列三个结论之一成立:

(1) $U \in \mathcal{U}_{\min}$;

(2) $U \in \mathcal{U}_{\max}$;

(3) U 可以表示为 (3.4.3) 式.

证明　设 s 是幂零三角余模 S_U 的加法生成子, 记

$$d = \wedge\{z \in [e,1]|U(z,z) = 1\} = \wedge\{z \in [e,1]|2s(z) = s(1)\},$$

则 $e < d < 1$ 并且 $U(d,d) = 1$. 设 $x \in\ ]0,e[$.

(1) 当 $U(1,x) = 1$ 时, 由 U 的结合律和单调性知

$$1 = U(1,x) = U(U(d,d),x) = U(U(d,x),d) \Rightarrow U(d,x) > e.$$

若 $U(d,x) < d$, 则

$$s(U(U(d,x),d)) = s(U(d,x)) + s(d) < 2s(d) = s(1),$$

即 $U(U(d,x),d) < 1$, 矛盾. 因此, $U(d,x) \geqslant d$. 另一方面, $U(d,x) \leqslant d \vee x = d$. 所以, $U(d,x) = d$. 这样, 由引理 3.4.1 知, 对于任意 $u \in\ ]0,e]$ 和 $y \in\ ]e,1]$, $U(u,y) = u \vee y$.

假设存在 $y \in\ ]e,1[$ 使得 $0 < U(0,y) < y$, 那么

$$0 < U(0,y) = U(U(0,0),y) = U(0,U(0,y)) \Rightarrow U(0,y) > e.$$

令 $c = U(0,y)$, 则 $e < c < y$ 并且由 S_U 的连续性知, 存在 $s \in\ ]e,1[$ 使得 $y = U(c,s)$. 这样就得到

$$c = U(0,y) = U(0,U(c,s)) = U(U(0,c),s) = U(c,s) = y,$$

矛盾. 因此, 对于任意的 $y \in\ ]e,1[$, $U(0,y) = 0$ 或者 $U(0,y) = y$.

假设存在 $y_1, y_2 \in\ ]e,1[$ 使得 $U(0,y_1) = 0$, $U(0,y_2) = y_2$ 并且 $y_1 \leqslant y_2$, 那么

$$y_2 = U(0,y_2) = U(U(0,y_1),y_2) = U(U(0,y_2),y_1) = U(y_2,y_1) > U(y_2,e) = y_2,$$

矛盾. 因此, 对于任意 $y \in\ ]e,1[$, $U(0,y)=0$, 或者对于任意 $y \in\ ]e,1[$, $U(0,y)=y$.

当对于任意 $y \in\ ]e,1[$, $U(0,y) = 0$ 时, 如果 $U(0,1) = 1$, 那么

$$1 = U(0,1) = U(0,U(d,d)) = U(U(0,d),d) = U(0,d) = 0,$$

矛盾. 因此, $U(0,1) = 0$. 此时, 结论 (3) 成立.

当对于任意 $y \in]e, 1[$, $U(0, y) = y$ 时, 由 U 的单调性知, $U(0, 1) = 1$, 此时,

$$U(u, y) = u \vee y, \quad \forall (u, y) \in [0, 1]^2 \backslash ([0, e]^2 \cup [e, 1]^2),$$

即 $U \in \mathcal{U}_{\max}$.

(2) 当 $U(1, x) < 1$ 时, 若 $U(1, x) \geqslant e$, 则

$$s(1) > s(U(1, x)) = s(U(U(1, d), x)) = s(U(U(1, x), d)) = s(U(1, x)) + s(d),$$

即 $s(d) = 0$, 矛盾. 因此, $0 < x \leqslant U(1, x) < e$ 并且 $U(U(1, x), d) = U(1, x) = U(1, x) \wedge d$. 这样, 由引理 3.4.1 知, 对于任意 $u \in [0, e[$ 和 $y \in [e, 1[$, $U(u, y) = u \wedge y$.

假设存在 $t \in]0, e[$ 使得 $U(1, t) > t$, 那么由 T_U 的严格单调性知

$$U(U(d, t), U(d, t)) = U(U(d, d), U(t, t)) = U(1, U(t, t)) = U(U(1, t), t) > U(t, t),$$

因此, $U(d, t) = d \wedge t > t$, 矛盾. 因此, 对于任意 $t \in]0, e[$, $U(1, t) = t$. 所以, $U(1, 0) = 0$,

$$U(u, y) = u \wedge y, \quad \forall (u, y) \in [0, 1]^2 \backslash ([0, e]^2 \cup [e, 1]^2),$$

即 $U \in \mathcal{U}_{\max}$. $\qquad \square$

同样, 基础三角模 T_U 幂零并且基础三角余模 S_U 严格的带幺元 $e \in]0, 1[$ 的一致模 U 的分类如下:

定理 3.4.3 设带幺元 $e \in]0, 1[$ 的一致模 U 的基础三角模 T_U 是幂零的并且基础三角余模 S_U 是严格的, 则下列三个结论之一成立:

(1) $U \in \mathcal{U}_{\max}$;

(2) $U \in \mathcal{U}_{\min}$;

(3) U 可以表示为 (3.4.1) 式. $\qquad \square$

借助引理 3.4.1 还可以得到基础三角模 T_U 和基础三角余模 S_U 都是幂零的带幺元 $e \in]0, 1[$ 的一致模 U 的分类如下:

定理 3.4.4 设带幺元 $e \in]0, 1[$ 的一致模 U 的基础三角模 T_U 和基础三角余模 S_U 都是幂零的, 则下列二个结论之一成立:

(1) $U \in \mathcal{U}_{\max}$;

(2) $U \in \mathcal{U}_{\min}$.

证明 设 t 和 s 分别是幂零三角模 T_U 和幂零三角余模 S_U 的加法生成子, 记

$$c = \vee \{z \in [0, e] | U(z, z) = 0\} = \vee \{z \in [0, e] | 2t(z) = t(0)\},$$

$$d = \wedge \{z \in [e, 1] | U(z, z) = 1\} = \wedge \{z \in [e, 1] | 2s(z) = s(1)\},$$

则 $0 < c < e < d < 1$, $U(c,c) = 0$ 并且 $U(d,d) = 1$. 设 $x \in {]}0, e[$.

(1) 当 $U(1,x) = 1$ 时, 由 U 的结合律和单调性知

$$1 = U(1,x) = U(U(d,d),x) = U(U(d,x),d) \Rightarrow U(d,x) \geqslant d.$$

另一方面, $U(d,x) \leqslant d \vee x = d$. 所以, $U(d,x) = d$. 这样, 由引理 3.4.1 知, 对于任意 $u \in {]}0, e]$ 和 $y \in {]}e, 1]$, $U(u,y) = u \vee y$.

由定理 3.4.2 的证明知, 对于任意 $y \in {]}e, 1[$, $U(0,y) = 0$, 或者对于任意 $y \in {]}e, 1[$, $U(0,y) = y$.

假设对于任意 $y \in {]}e, 1[$, $U(0,y) = 0$, 那么当 $U(0,1) = 1$ 时,

$$1 = U(0,1) = U(0, U(d,d)) = U(U(0,d),d) = U(0,d) = 0,$$

矛盾; 当 $U(0,1) = 0$ 时,

$$0 = U(0,1) = U(U(c,c),1) = U(c, U(c,1)) = U(c, c \vee 1) = U(c,1) = 1,$$

矛盾. 因此, 对于任意 $y \in {]}e, 1[$, $U(0,y) = y$. 再由 U 的单调性知, $U(0,1) = 1$, 此时,

$$U(u,y) = u \vee y, \quad \forall (u,y) \in [0,1]^2 \backslash ([0,e]^2 \cup [e,1]^2),$$

即 $U \in \mathcal{U}_{\max}$.

(2) 当 $U(1,x) < 1$ 时, 由定理 3.4.2 的证明知, 对于任意 $u \in [0, e[$ 和 $y \in [e, 1[$, $U(u,y) = u \wedge y$.

现在证明, 对于任意 $t \in [0, e[$, $U(1,t) = t$.

(i) 假设存在 $t_1 \in [c, e[$ 使得 $U(1, t_1) > t_1$, 则

$$U(U(d, t_1), U(d, t_1)) = U(U(d,d), U(t_1, t_1)) = U(U(1, t_1), t_1) > U(t_1, t_1) \geqslant 0,$$

因此, $U(d, t_1) = d \wedge t_1 > t_1$, 矛盾. 因此, 对于任意 $t \in [c, e[$, $U(1,t) = t$. 所以, 对于任意 $t \in [0, c[$, $U(1,t) \leqslant U(1,c) = c$. 由此可见, $U(1,0) = 0$.

(ii) 假设存在 $t_2 \in {]}0, c[$ 使得 $U(1, t_2) \geqslant c$, 令 $c_1 = \vee\{z \in [0,e] | U(t_2, z) = 0\}$, 则由 T_U 的连续性和 U 的结合律得

$$U(t_2, c_1) = \vee\{U(t_2, z) | z \in [0,e], U(t_2, z) = 0\} = 0,$$

$$0 = U(1,0) = U(1, U(t_2, c_1)) = U(U(1, t_2), c_1) = U(c, c_1) > 0,$$

矛盾. 因此, 对于任意 $t \in {]}0, c[$, $U(1,t) < c$.

(iii) 假设存在 $t_3 \in [0, c[$ 使得 $t_3 < U(1, t_3) < c$, 令 $c_2 = \vee\{z \in [0, e] | U(t_3, z) = 0\}$, 则

$$0 = U(1, 0) = U(1, U(t_3, c_2)) = U(U(1, t_3), c_2) > U(t_3, c_2) = 0,$$

矛盾. 因此, 对于任意 $t \in [0, c[$, $U(1, t) = t$.

这样一来,

$$U(u, y) = u \wedge y, \quad \forall (u, y) \in [0, 1]^2 \backslash ([0, e]^2 \cup [e, 1]^2),$$

即 $U \in \mathcal{U}_{\min}$. □

3.4.2 $A(e)$ 上局部内部情形

首先考虑基础算子都连续并且在 $A(e)$ 上局部内部的一致模 (参见文献 [91—92, 109, 110]) 的特征算子的性质.

命题 3.4.1 设 U 是带幺元 $e \in]0, 1[$ 的一致模, U 的基础三角模 T_U 和基础三角余模 S_U 都连续, 并且 U 是 $A(e)$ 上局部内部算子.

(1) 若 U 的特征算子 g 是 $]a, b[$ 内严格递减的连续函数, 则对于任意 $x \in]a, b[$, $g(x)$ 是 U 的幂等元, 并且对于任意 $x \in [a, b]$, x 是 U 的幂等元.

(2) 对于任意 $s \in [0, 1]$, 令

$$a = \wedge\{x \in [0, 1] | g(x) = s\}, \quad b = \vee\{x \in [0, 1] | g(x) = s\}.$$

若 $a < b$, 则 s, a 和 b 都是 U 的幂等元.

(3) 若 $x \in [0, 1]$ 是 g 的不连续点, 则 x 和 $g(x)$ 都是 U 的幂等元.

(4) 对于任意 $x \in [0, 1]$, $g(x)$ 是 U 的幂等元.

证明 (1) 当 $]a, b[\subseteq [0, e]$, $x \in]a, b[$ 时, $g(]a, b[) =]c, d[\subseteq [e, 1]$, $g(x) \geqslant e$, g 也是 $]c, d[$ 内严格递减的连续函数, $U(g(x), g(x)) \geqslant g(x)$ 并且对于任意 $x \in]a, b[\cup]c, d[$, $g(g(x)) = x$. 如果 $U(g(x), g(x)) > g(x) \geqslant e$, 那么

$$g(U(g(x), g(x))) < g(g(x)) = x < b.$$

这样, 当 $g(U(g(x), g(x))) < z < g(g(x))$ 时,

$$U(g(x), g(x)) = U(g(x), g(x)) \vee z = U(U(g(x), g(x)), z)$$

$$= U(g(x), U(g(x), z)) = U(g(x), z) = z \leqslant e,$$

矛盾. 因此, $U(g(x), g(x)) = g(x)$.

当 $]a, b[\subseteq [e, 1]$, $x \in]a, b[$ 时, 类似地可以证明: $U(g(x), g(x)) = g(x)$.

当 $e \in]a, b[$ 时, 对于任意 $x \in]a, e[\cup \{e\} \cup]e, b[=]a, b[$, $U(g(x), g(x)) = g(x)$.

由于 $g(]c, d[) =]a, b[$ 并且对于任意 $y = g(x) \in]c, d[$, $g(y)$ 是 U 的幂等元, 因此对于任意 $x \in]a, b[$, $x = g(y) = g(g(x))$ 是 U 的幂等元. 再由 T_U 和 S_U 的连续性知, a 和 b 也是 U 的幂等元.

(2) 当 $]a, b[\subseteq [0, e]$ 时, $s \in [e, 1]$. 显然, e 和 1 都是 U 的幂等元. 若 $s \in]e, 1[$, 则由命题 3.3.3 知, s 是 g 的不连续点, 这样当 $e \leqslant u < s < v < 1$ 时,

$$g(u) \geqslant b > x > a \geqslant g(v), \quad U(u, v) = S_U(u, v) \geqslant u \vee v = v,$$

$$U(u, v) = x \vee U(u, v) = U(x, U(u, v)) = U(U(x, u), v)$$

$$= U(x \wedge u, v) = U(x, v) = x \vee v = v,$$

由 S_U 的连续性得: $U(s, s) = s$.

如果存在 $c < a$ 使得 g 在 $]c, a[$ 内是严格递减的连续函数, 那么由 (1) 知, a 是 U 的幂等元. 如果 a 是 g 的不连续点, 不妨设 $g(a) < \lim_{x \to a^-} g(x) = q$, 任取 $v \in]a, b[$ 使得 $s = g(v)$, 那么当 $u < a$ 并且 $g(a) < y < q$ 时,

$$g(u) \geqslant q > y > g(a) \geqslant g(v) = s, \quad U(u, v) = T_U(u, v) \leqslant u \wedge v = u,$$

$$U(u, v) = U(u, v) \wedge y = U(U(u, v), y) = U(u, U(v, y))$$

$$= U(u, v \vee y) = U(u, y) = u \wedge y = u,$$

再由 T_U 的连续性得: $U(a, a) = a$.

同理可证: b 也是 U 的幂等元.

当 $]a, b[\subseteq [e, 1]$ 时, 类似地, s, a 和 b 都是 U 的幂等元.

当 $e \in [a, b]$ 时, $s = g(e) = e$, $a = b$, 矛盾.

(3) 设 $x \in [0, 1]$ 是 g 的不连续点.

当 $x \in [0, e[$ 时, 根据命题 3.3.3, g 在 $]a, b[\subseteq [e, 1]$ 内是常值函数, 其中

$$a = \wedge \{z \in [0, 1] | g(z) = x\} < \vee \{z \in [0, 1] | g(z) = x\} = b,$$

即对于任意 $z \in]a, b[$, $g(z) = x$. 这样, 由 (2) 知, x 是 U 的幂等元. 如果 $g(x) \in]a, b[$, 那么当 $e \leqslant u < g(x) < v$ 时, $U(u, v) = S_U(u, v) \geqslant u \vee v = v$ 并且

$$U(u, v) = U(u, v) \vee x = U(x, U(u, v)) = U(U(x, u,)v)$$

$$= U(x \wedge u, v) = U(x, v) = x \vee v = v,$$

由 S_U 的连续性得: $U(g(x),g(x)) = g(x)$. 如果 $g(x) = a$ 或者 $g(x) = b$, 那么由 (2) 知, $g(x)$ 也是 U 的幂等元.

当 $x \in\,]e,1]$ 时, 同理可证: x 和 $g(x)$ 都是 U 的幂等元.

(4) 综合结论 (1)—(3) 得到: 对于任意 $x \in [0,1]$, $g(x)$ 是 U 的幂等元.　　□

利用命题 3.4.1 可以得到基础算子都连续并且在 $A(e)$ 上局部内部的一部分一致模的特征.

定理 3.4.5[110]　设带幺元 $e \in\,]0,1[$ 的一致模 U 是 $A(e)$ 上局部内部算子, 则 T_U 是连续的阿基米德三角模并且 $S_U = \vee$, 当且仅当存在 $s,t \in [e,1]$ 使得 $s \leqslant t$ 并且下列结论之一成立:

(1) $U(x,y) = \begin{cases} eT_U\left(\dfrac{x}{e},\dfrac{y}{e}\right), & \text{若 } x,y \in [0,e], \\ x \wedge y, & \text{若 } 0 < x \wedge y < e < x \vee y \leqslant s \\ & \text{或者 } 0 = x \wedge y < e < x \vee y \leqslant t, \\ x \vee y, & \text{否则}; \end{cases}$

(2) $U(x,y) = \begin{cases} eT_U\left(\dfrac{x}{e},\dfrac{y}{e}\right), & \text{若 } x,y \in [0,e], \\ x \wedge y, & \text{若 } 0 < x \wedge y < e < x \vee y \leqslant s \\ & \text{或者 } 0 = x \wedge y < e < x \vee y < t, \\ x \vee y, & \text{否则}; \end{cases}$

(3) $U(x,y) = \begin{cases} eT_U\left(\dfrac{x}{e},\dfrac{y}{e}\right), & \text{若 } x,y \in [0,e], \\ x \wedge y, & \text{若 } 0 < x \wedge y < e < x \vee y < s \\ & \text{或者 } 0 = x \wedge y < e < x \vee y < t, \\ x \vee y, & \text{否则}; \end{cases}$

(4) $U(x,y) = \begin{cases} eT_U\left(\dfrac{x}{e},\dfrac{y}{e}\right), & \text{若 } x,y \in [0,e], \\ x \wedge y, & \text{若 } 0 < x \wedge y < e < x \vee y < s \\ & \text{或者 } 0 = x \wedge y < e < x \vee y \leqslant t, \\ x \vee y, & \text{否则}. \end{cases}$

此外, 当 T_U 是幂零三角模时, $s = t$ 并且结论 (1) 或者 (3) 之一成立.

证明　设带幺元 $e \in\,]0,1[$ 的一致模 U 是 $A(e)$ 上局部内部算子, 则存在以 e 为不动点的单调递减函数 g 使得在 $A(e)$ 上 (3.3.4) 式成立并且 g 是 Id-对称的.

当 T_U 是连续的阿基米德三角模并且 $S_U = \vee$ 时, U 的幂等元集合为 $\{0\} \cup [e,1]$. 由命题 3.4.1 知, 对于任意 $x \in [0,1]$, $g(x) \in \{0\} \cup [e,1]$. 因此, g 在 $]0,e[$ 内是常值函数. 令 $s = g(]0,e[)$, $t = g(0)$. 这样, 由 g 的 Id-对称性知, g (图 3.2) 可

以表示为下面两种形式之一:

$$g_3(x) = \begin{cases} t, & 若\ x = 0, \\ s, & 若\ x \in\ ]0, e[, \\ e, & 若\ e \leqslant x \leqslant s, \\ 0, & 若\ x > s, \end{cases} \qquad g_4(x) = \begin{cases} t, & 若\ x = 0, \\ s, & 若\ x \in\ ]0, e[, \\ e, & 若\ e \leqslant x < s, \\ 0, & 若\ x \geqslant s. \end{cases}$$

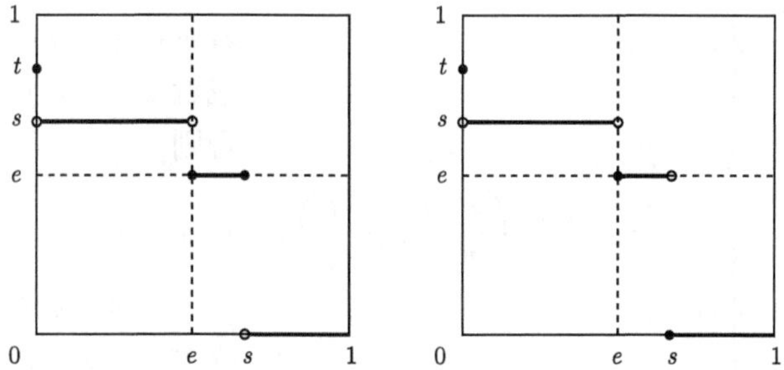

图 3.2 g_3 的函数图像 (左) 和 g_4 的函数图像 (右)

如果对于任意 $x \in\ ]0, e[$, $U(x, g(x)) = x \wedge g(x)$, 那么结论 (1) 或者 (2) 之一成立. 如果对于任意 $x \in\ ]0, e[$, $U(x, g(x)) = x \vee g(x)$, 那么结论 (3) 或者 (4) 之一成立.

当 T_U 是幂零三角模时, T_U 有零因子, 即存在 $x, y \in\ ]0, e[$ 使得 $T_U(x, y) = 0$. 假设 $s < t = g(0)$, 那么对于任意 $s < z < t = g(0)$, $U(U(x, y), z) = U(0, z) = 0$ 并且

$$U(x, U(y, z)) = U(x, y \vee z) = U(x, z) = x \vee z = z,$$

与 U 的结合律矛盾. 因此, $s = t$. 此时, 结论 (1) 或者 (3) 之一成立.

反过来, 若 U 表示成结论 (1)—(4) 中一种形式, 通过简单计算得到 U 是一致模并且在 $A(e)$ 上是局部内部算子. □

类似地, 下面定理成立.

定理 3.4.6 设带幺元 $e \subset\ ]0, 1[$ 的一致模 U 是 $A(e)$ 上局部内部算子, 则 $T_U = \wedge$ 并且 S_U 是连续的阿基米德三角余模, 当且仅当存在 $s, t \in [0, e]$ 使得 $t \leqslant s$ 并且下列结论之一成立:

(1) $$U(x, y) = \begin{cases} e + (1-e)S_U\left(\dfrac{x-e}{1-e}, \dfrac{y-e}{1-e}\right), & 若\ x, y \in [e, 1], \\ x \vee y, & 若\ s \leqslant x \wedge y < e < x \vee y < 1 \\ & 或者\ t \leqslant x \wedge y < e < x \vee y = 1, \\ x \wedge y, & 否则; \end{cases}$$

□

$$(2)\ U(x,y)=\begin{cases} e+(1-e)S_U\left(\dfrac{x-e}{1-e},\dfrac{y-e}{1-e}\right), & 若\ x,y\in[e,1],\\[2mm] x\vee y, & 若\ s\leqslant x\wedge y<e<x\vee y<1\\ & 或者\ t<x\wedge y<e<x\vee y=1,\\[2mm] x\wedge y, & 否则; \end{cases}$$

$$(3)\ U(x,y)=\begin{cases} e+(1-e)S_U\left(\dfrac{x-e}{1-e},\dfrac{y-e}{1-e}\right), & 若\ x,y\in[e,1],\\[2mm] x\vee y, & 若\ s<x\wedge y<e<x\vee y<1\\ & 或者\ t<x\wedge y<e<x\vee y=1,\\[2mm] x\wedge y, & 否则; \end{cases}$$

$$(4)\ U(x,y)=\begin{cases} e+(1-e)S_U\left(\dfrac{x-e}{1-e},\dfrac{y-e}{1-e}\right), & 若\ x,y\in[e,1],\\[2mm] x\vee y, & 若\ s<x\wedge y<e<x\vee y<1\\ & 或者\ t\leqslant x\wedge y<e<x\vee y=1,\\[2mm] x\wedge y, & 否则. \end{cases}$$

此外, 当 S_U 是幂零三角余模时, $s=t$ 并且结论 (1) 或者 (3) 之一成立.

定理 3.4.6 中一致模的特征算子有两种情况 (图 3.3):

$$g_5(x)=\begin{cases} 1, & 若\ x\in[0,s[,\\ e, & 若\ x\in[s,e],\\ s, & 若\ x\in]e,1[,\\ t, & 若\ x=1, \end{cases} \qquad g_6(x)=\begin{cases} 1, & 若\ x\in[0,s],\\ e, & 若\ x\in]s,e],\\ s, & 若\ x\in]e,1[,\\ t, & 若\ x=1. \end{cases}$$

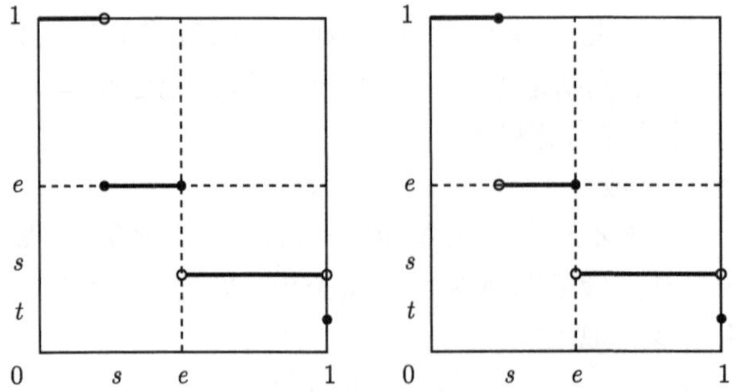

图 3.3　g_5 的函数图像 (左) 和 g_6 的函数图像 (右)

当一致模的基础三角模 T_U 为连续阿基米德三角模的序数和或者基础三角余模 S_U 为连续阿基米德三角余模的序数和时, 该一致模的结构非常复杂 (参见文献 [111—115]), 至今此类一致模没有被刻画.

第 4 章 有界格上的一致模

由于复杂的智能系统需要处理非数字化信息, 因此如何处理那些还没有数字化甚至不能数字化的信息便成为信息处理研究的一个重要课题. 众所周知, 有界格上的一致模是处理非数字化信息的一个典型聚合模型. 本章从纯数学的角度就这个聚合模型展开讨论: 首先引入有界格上的一致模的概念; 然后研究有界格上的一致模的构造及表示问题; 最后探讨一致模诱导的模糊蕴涵和模糊余蕴涵的特征, 以及这些模糊蕴涵和模糊余蕴涵之间的关系.

本章中, 如无特别说明, L 和 M 都表示任意给定的有界格, 它们的最小元和最大元都分别记作 0 和 1, 并且 $0 \neq 1$.

4.1 一致模的概念和结构

本节引入有界格上的一致模概念, 讨论它们的基本性质.

4.1.1 一致模的概念与性质

定义 4.1.1[116–117] 设 U 是 L 上的二元运算. 若 U 满足条件:

(U1) $U(U(x,y),z) = U(x,U(y,z)), \forall x,y,z \in L$; (结合律)

(U2) $U(x,y) = U(y,x), \forall x,y \in L$; (交换律)

(U3) $y \leqslant z \Rightarrow U(x,y) \leqslant U(x,z), U(y,x) \leqslant U(z,x), \forall x,y,z \in L$; (单调性)

(U4) 存在 $e \in L$, 使得 $U(e,x) = U(x,e) = x, \forall x \in L$, (有幺元)

则称 U 为 L 上的一致模, 并称 e 为一致模 U 的幺元.

根据定义 4.1.1, 当 U 为 L 上的一致模时, $(L, \leqslant, U)$ 就是以 e 为幺元的格序交换半群.

以下, 如无特别说明, e 总是表示 L 中任意给定的某个元素, 并记

$$A(e) = [0,e] \times [e,1] \cup [e,1] \times [0,e],$$

$$\mathcal{U}(L,e) = \{U | U \text{ 是 } L \text{ 上的一致模}, e \text{ 是 } U \text{ 的幺元}\}.$$

有时, $\mathcal{U}(L,e)$ 也简记为 $\mathcal{U}(e)$. 稍后我们将会发现, 总有 $\mathcal{U}(e) \neq \varnothing$.

显然, $\mathcal{U}(e)$ 关于二元运算之间的序关系 $\leqslant$ (参看定义 2.1.2) 构成一个偏序集.

对于任意的 $U \in \mathcal{U}(e)$, 由定义 2.1.1 和定义 4.1.1 可知, 当 $e = 1$ 时, U 是 L 上的三角模; 当 $e = 0$ 时, U 是 L 上的三角余模.

根据定义 4.1.1, 我们有

命题 4.1.1[116,118] 设 $U \in \mathcal{U}(e)$. 则下列断言成立.

(1) $x \wedge y \leqslant U(x,y) \leqslant x \vee y, \forall (x,y) \in A(e)$.

(2) $0 \leqslant U(x,y) \leqslant x, \forall (x,y) \in L \times [0,e]$.

(3) $0 \leqslant U(x,y) \leqslant y, \forall (x,y) \in [0,e] \times L$.

(4) $x \leqslant U(x,y) \leqslant 1, \forall (x,y) \in L \times [e,1]$.

(5) $y \leqslant U(x,y) \leqslant 1, \forall (x,y) \in [e,1] \times L$.

(6) $U(0,0) = 0, U(1,1) = 1$.   □

$U \in \mathcal{U}(e)$ 在不同范围内取值情况见表 4.1.

表 4.1   一致模在不同范围内取值情况表

U	$[0,e]$	I_e	$]e,1]$
$[0,e]$	$0 \leqslant U(x,y) \leqslant x \wedge y$	$0 \leqslant U(x,y) \leqslant y$	$x \leqslant U(x,y) \leqslant y$
I_e	$0 \leqslant U(x,y) \leqslant x$	$0 \leqslant U(x,y) \leqslant 1$	$x \leqslant U(x,y) \leqslant 1$
$]e,1]$	$y \leqslant U(x,y) \leqslant x$	$y \leqslant U(x,y) \leqslant 1$	$x \vee y \leqslant U(x,y) \leqslant 1$

命题 4.1.2[119] 设 $U \in \mathcal{U}(e)$, 则 $U(1,0) \in \{0,1\} \cup I_e$ 并且它是半群 (L,U) 的零元, 即

$$U(U(1,0), x) = U(1,0), \quad \forall x \in L.$$

证明 由于 e 是半群 (L,U) 的幺元, 因此, 当 $e = 0$ 时, 我们有

$$U(1,0) = U(1,e) = 1;$$

当 $e = 1$ 时, 我们有

$$U(1,0) = U(e,0) = 0.$$

假设 $U(1,0) \in]0,e]$. 这时, 根据命题 4.1.1(6), 我们有 $U(1,0) = U(1,U(0,0))$. 由于 U 满足 (U1) 和 (U3), 我们有

$$U(1,0) = U(1,U(0,0)) = U(U(1,0),0) \leqslant U(e,0) = 0,$$

因此 $U(1,0) \leqslant 0$, 从而, $U(1,0) = 0$. 这与假设矛盾. 所以 $U(1,0) \notin (0,e]$.

类似地, 假设 $U(1,0) \in [e,1[$. 则有

$$U(1,0) = U(U(1,1),0) = U(1,U(1,0)) \geqslant U(1,e) = 1.$$

这也与假设矛盾. 所以 $U(1,0) \notin [e,1)$. 综上所述, $U(1,0) \in \{0,1\} \cup I_e$.

现在令 $U(1,0) = a$. 于是, 对于任意的 $x \in L$, 有

$$U(a,x) \leqslant U(a,1) = U(U(0,1),1) = U(0,U(1,1)) = U(0,1) = a,$$

$$U(a,x) \geqslant U(a,0) = U(U(1,0),0) = U(1,U(0,0)) = U(1,0) = a,$$

从而, $U(a,x) = a$. 所以 $a = U(1,0)$ 是半群 (L,U) 的零元. □

定义 4.1.2 设 $U \in \mathcal{U}(e)$. 若 $U(1,0) = 0$, 则称 U 为合取一致模; 若 $U(1,0) = 1$, 则称 U 为析取一致模.

根据命题 4.1.2, 当 U 是合取一致模时, 0 是半群 (L,U) 的零元; 当 U 是析取一致模时, 1 是半群 (L,U) 的零元; 当 U 既不是合取一致模也不是析取一致模时, $U(1,0) \in I_e$.

命题 4.1.3 设 $U \in \mathcal{U}(e)$. 则下面断言成立.

(1) $U(0,x) \in \{0\} \cup I_e, U(1,x) \in \{1\} \cup I_e, \forall x \in I_e$.

(2) $U(x,y) \neq e, \forall (x,y) \in [0,e] \times I_e \cup I_e \times [0,e] \cup [e,1] \times I_e \cup I_e \times [e,1]$.

证明 (1) 假设 $x \in I_e$. 若 $U(0,x) = e$, 则

$$0 = U(0,e) = U(0,U(0,x)) = U(U(0,0),x) = U(0,x) = e;$$

若 $U(0,x) > e$, 则 $x = U(e,x) \geqslant U(0,x) > e$, 得到矛盾; 若 $U(0,x) < e$, 则

$$U(0,x) = U(U(0,0),x) = U(0,U(0,x)) \leqslant U(0,e) = 0.$$

因此, $U(0,x) = 0$ 或者 $U(0,x) \in I_e$.

当 $x \in I_e$ 时, 同理可证 $U(1,x) = 1$ 或者 $U(1,x) \in I_e$.

(2) 假设存在 $(x,y) \in [0,e] \times I_e$ 使得 $U(x,y) = e$, 则 $e = U(x,y) \leqslant U(e,y) = y$, 这是一个矛盾. 所以当 $(x,y) \in [0,e] \times I_e$ 时, $U(x,y) \neq e$. 其余情形的证明从略. □

例 4.1.1 假设 $M_7 = \{0,a,b,c,e,d,1\}$ 是如图 4.1 所示的有限格. 按照表 4.2 定义 M_7 的二元运算 U. 不难验证, U 是一致模, 但是它既不是合取一致模, 也不是析取一致模.

表 4.2 一致模 U 的取值表

U	0	a	b	c	e	d	1
0	0	0	b	0	0	b	b
a	0	b	b	a	a	b	b
b	b	b	b	b	b	b	b
c	0	a	b	c	c	1	1
e	0	a	b	c	e	d	1
d	b	b	b	d	d	1	1
1	b	b	b	1	1	1	1

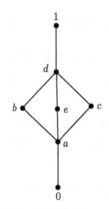

图 4.1　M_7 的 Hasse 图

命题 4.1.4　设 $U \in \mathcal{U}(e)$. 定义 $[0, e]$ 上的二元运算 T_U 和 $[e, 1]$ 上的二元运算 S_U 如下:

$$T_U(x, y) = U(x, y), \quad \forall x, y \in [0, e],$$

$$S_U(x, y) = U(x, y), \quad \forall x, y \in [e, 1].$$

则 T_U 是 L 的子格 $[0, e]$ 上的三角模, S_U 是 L 的子格 $[e, 1]$ 上的三角余模.

这里, T_U 和 S_U 分别称为 U 的基础三角模和基础三角余模.

证明　由表 4.1 知, $0 \leqslant U(x, y) \leqslant x \wedge y \leqslant e, \forall x, y \in [0, e]$, 于是 T_U 是 $[0, e]$ 上的二元运算. 由于 U 满足 (U1)—(U4), 因此 T_U 满足 (T1)—(T3), 并且

$$T_U(e, x) = U(e, x) = x, \quad \forall x \in [0, e].$$

所以, T_U 是 L 的子格 $[0, e]$ 上的三角模.

同理可证, S_U 是 L 的子格 $[e, 1]$ 上的三角余模.　$\square$

这里顺便指出, 由命题 4.1.4 可知, 当 $(x, y) \in [0, e[\times [0, e] \cup [0, e] \times [0, e[$ 时,

$$U(x, y) = T_U(x, y) \leqslant x \wedge y < e;$$

当 $(x, y) \in]e, 1] \times [e, 1] \cup [e, 1] \times]e, 1]$ 时,

$$U(x, y) = S_U(x, y) \geqslant x \vee y > e.$$

例 4.1.2[118]　设 T_U 是 $[0, e]$ 上的三角模, S_U 是 $[e, 1]$ 上的三角余模. 定义 L 上的二元运算 U_1^* 和 U_2^* 如下:

$$U_1^*(x,y) = \begin{cases} T_U(x,y), & \text{若 } (x,y) \in [0,e]^2, \\ y, & \text{若 } x \in [0,e] \text{ 且 } y \in I_e, \\ x, & \text{若 } x \in I_e \text{ 且 } y \in [0,e], \\ x \vee y, & \text{否则}, \end{cases}$$

$$U_2^*(x,y) = \begin{cases} S_U(x,y), & \text{若 } (x,y) \in [e,1]^2, \\ y, & \text{若 } x \in [e,1] \text{ 且 } y \in I_e, \\ x, & \text{若 } x \in I_e \text{ 且 } y \in [e,1], \\ x \wedge y, & \text{否则}, \end{cases}$$

容易验证, $U_1^*, U_2^* \in \mathcal{U}(e)$, 其中 U_1^* 是析取一致模, U_2^* 是合取一致模.

现在讨论一致模的左、右伴随性质.

定义 4.1.3 设 U 是 L 上的一致模. 若 U, 作为 L 上的一个二元运算, 具有左 (右) 伴随性质 (即对于任意 $a \in L$, $\varphi_{a,U}$ 具有右 (左) 伴随性质, 参看定义 2.1.5), 则称 U 为 L 上具有右 (左) 伴随性质的一致模.

注 4.1.1 设 U 是 L 上的一致模. 由注 2.1.1 知: U 具有左伴随性质, 当且仅当 $\varphi_{a,U}$ 有右伴随 $\varphi_{a,U}^+$, 当且仅当关联条件

$$\varphi_{a,U}(x) \leqslant y \Leftrightarrow x \leqslant \varphi_{a,U}^+(y), \quad \forall x, y \in L \tag{4.1.1}$$

成立, 此时 $\varphi_{a,U}^+(y) = \max\{s \in L | U(a,s) \leqslant y\}, \forall y \in L$; U 具有右伴随性质, 当且仅当 $\varphi_{a,U}$ 有左伴随 $\varphi_{a,U}^-$, 当且仅当关联条件

$$\varphi_{a,U}^-(x) \leqslant y \Leftrightarrow x \leqslant \varphi_{a,U}(y), \quad \forall x, y \in L \tag{4.1.2}$$

成立, 此时 $\varphi_{a,U}^-(x) = \min\{t \in L | x \leqslant U(a,t)\}, \forall x \in L$.

由此可见, 当 U 具有左伴随性质时, $U(1,0) = 0$, U 是合取一致模; 当 U 具有右伴随性质时, $U(1,0) = 1$, U 是析取一致模. 这样, 既非合取又非析取的一致模不可能具有左伴随性质或者右伴随性质. 因为一个一致模不可能既是合取的又是析取的, 所以不存在既具有左伴随性质又具有右伴随性质的一致模.

命题 4.1.5 设 N 是 L 上的强否定, U 是 L 上的一致模. 若 U 具有左伴随性质, 则 U_N (U 的 N 对偶, 参看定义 2.2.2) 是具有右伴随性质的一致模; 若 U 具有右伴随性质, 则 U_N 是具有左伴随性质的一致模.

证明 由定义 2.2.2 知

$$U_N(x,y) = N^{-1}(U(N(x),N(y))) = N(U(N(x),N(y))), \quad \forall x, y \in L.$$

若 U 具有左伴随性质, 则 U 满足 (U1)—(U3) 并且 U 有幺元 e. 容易看出 U_N 满足 (U2) 并且有幺元 $N(e)$. 由注 2.2.1 知, U_N 满足 (U3). 由于 U 满足结合律,

我们有

$$U_N(U_N(x,y),z) = N(U(N(U_N(x,y)),N(z)))$$

$$= N(U(N(N(U(N(x),N(y)))),N(z))) = N(U(U(N(x),N(y)),N(z)))$$

$$= N(U(N(x),U(N(y),N(z)))) = U_N(x,U_N(y,z)), \quad \forall x,y,z \in L,$$

即 U_N 满足 (U1). 所以 U_N 是一致模.

其次, 由于 U 具有左伴随性质, 我们有

$$\varphi_{a,U}(x) \leqslant y \Leftrightarrow x \leqslant \varphi_{a,U}^+(y), \quad \forall x,y \in L,$$

因此

$$x \leqslant \varphi_{a,U_N}(y) \Leftrightarrow x \leqslant N(U(N(a),N(y))) \Leftrightarrow U(N(a),N(y)) \leqslant N(x)$$

$$\Leftrightarrow N(y) \leqslant \varphi_{N(a),U}^+(N(x)) \Leftrightarrow N(\varphi_{N(a),U}^+(N(x))) \leqslant y, \quad \forall x,y \in L.$$

令 $\varphi^*(x) = N(\varphi_{N(a),U}^+(N(x))), \forall x \in L$, 则 φ_{a,U_N} 有左伴随 φ^*. 所以 U_N 具有右伴随性质.

同理可证, 当 U 具有右伴随性质时, U_N 具有左伴随性质. □

注 4.1.2　由命题 4.1.5 的证明还可以看出, 当 U 是合取一致模时, U_N 是析取一致模; 当 U 是析取一致模时, U_N 是合取一致模.

下面讨论一致模的直积和直积分解问题.

命题 4.1.6　若 $U_1 \in \mathcal{U}(L,e_1)$, $U_2 \in \mathcal{U}(M,e_2)$, 则 $U_1 \times U_2 \in \mathcal{U}(L \times M,(e_1,e_2))$. 当 U_1 和 U_2 都具有左伴随性质时, $U_1 \times U_2$ 是 $L \times M$ 上具有左伴随性质的一致模; 当 U_1 和 U_2 都具有右伴随性质时, $U_1 \times U_2$ 是 $L \times M$ 上具有右伴随性质的一致模.

证明　容易验证, $U_1 \times U_2$ 满足 (U1)—(U3). 由于

$$(U_1 \times U_2)((e_1,e_2),(x,y)) = (U_1(e_1,x),U_2(e_2,y)) = (x,y), \quad \forall (x,y) \in L \times M,$$

即 (e_1,e_2) 是 $U_1 \times U_2$ 的幺元, 因此 $U_1 \times U_2 \in \mathcal{U}(L \times M,(e_1,e_2))$.

当 U_1 和 U_2 都具有左伴随性质时, 对于任意的 (a,b), (x_1,y_1), $(x_2,y_2) \in L \times M$, 有

$$\varphi_{a,U_1}(x_1) \leqslant x_2 \Leftrightarrow x_1 \leqslant \varphi_{a,U_1}^+(x_2),$$

$$\varphi_{b,U_2}(y_1) \leqslant y_2 \Leftrightarrow y_1 \leqslant \varphi_{b,U_2}^+(y_2).$$

这样一来, 由定理 2.1.6 的证明知, $\varphi_{(a,b),U_1 \times U_2}$ 有右伴随 $\varphi_{a,U_1}^+ \times \varphi_{b,U_2}^+$, 即 $U_1 \times U_2$ 是 $L \times M$ 上具有左伴随性质的一致模并且

$$(\varphi_{(a,b),U_1 \times U_2})^+ = \varphi_{a,U_1}^+ \times \varphi_{b,U_2}^+.$$

当 U_1 和 U_2 都具有右伴随性质时, 对于任意的 (a,b), (x_1,y_1), $(x_2,y_2) \in L \times M$, 有

$$\varphi_{a,U_1}^-(x_1) \leqslant x_2 \Leftrightarrow x_1 \leqslant \varphi_{a,U_1}(x_2),$$

$$\varphi_{b,U_2}^-(y_1) \leqslant y_2 \Leftrightarrow y_1 \leqslant \varphi_{b,U_2}(y_2).$$

这样一来, 我们有

$$(x_1,y_1) \leqslant \varphi_{(a,b),U_1 \times U_2}(x_2,y_2) \Leftrightarrow (x_1,y_1) \leqslant (\varphi_{a,U_1}(x_2), \varphi_{b,U_2}(y_2))$$

$$\Leftrightarrow x_1 \leqslant \varphi_{a,U_1}(x_2), y_1 \leqslant \varphi_{b,U_2}(y_2) \Leftrightarrow \varphi_{a,U_1}^-(x_1) \leqslant x_2, \varphi_{b,U_2}^-(y_1) \leqslant y_2$$

$$\Leftrightarrow (\varphi_{a,U_1}^-(x_1), \varphi_{b,U_2}^-(y_1)) = (\varphi_{a,U_1}^- \times \varphi_{b,U_2}^-)(x_1,y_1) \leqslant (x_2,y_2),$$

即 $\varphi_{(a,b),U_1 \times U_2}$ 有左伴随 $\varphi_{a,U_1}^- \times \varphi_{b,U_2}^-$. 因此 $U_1 \times U_2$ 是 $L \times M$ 上具有右伴随性质的一致模并且

$$(\varphi_{(a,b),U_1 \times U_2})^- = \varphi_{a,U_1}^- \times \varphi_{b,U_2}^-. \qquad \square$$

例 4.1.3[120] 当 U_1 和 U_2 分别是 L 和 M 上的合取一致模时,

$$(U_1 \times U_2)((0,0),(1,1)) = (U_1(0,1), U_2(0,1)) = (0,0),$$

即 $U_1 \times U_2$ 是 $L \times M$ 上的合取一致模; 当 U_1 和 U_2 分别是 L 和 M 上的析取一致模时,

$$(U_1 \times U_2)((0,0),(1,1)) = (U_1(0,1), U_2(0,1)) = (1,1),$$

此时, $U_1 \times U_2$ 是 $L \times M$ 上的析取一致模; 当 U_1 是 L 上的合取一致模, U_2 是 M 上的析取一致模时,

$$(U_1 \times U_2)((0,0),(1,1)) = (U_1(0,1), U_2(0,1)) = (0,1),$$

即 $U_1 \times U_2$ 既不是合取一致模, 也不是析取一致模; 当 U_1 是 L 上的析取一致模, U_2 是 M 上的合取一致模时,

$$(U_1 \times U_2)((0,0),(1,1)) = (U_1(0,1), U_2(0,1)) = (1,0),$$

从而, $U_1 \times U_2$ 既不是合取一致模, 也不是析取一致模.

命题 4.1.7 设 $U \in \mathcal{U}(L \times M, (e_1, e_2))$. 则 U 是 L 上的一致模与 M 上的一致模的直积, 当且仅当 U 满足下面两个条件:

(1) $\Pi_1(U((x_1, y_1), (x_2, y_2))) = \Pi_1(U((x_1, e_2), (x_2, e_2))), \forall (x_1, y_1), (x_2, y_2) \in L \times M$;

(2) $\Pi_2(U((x_1, y_1), (x_2, y_2))) = \Pi_2(U((e_1, y_1), (e_1, y_2))), \forall (x_1, y_1), (x_2, y_2) \in L \times M$.

证明 当 U 是 L 上的一致模与 M 上的一致模的直积时, 由命题 2.1.4 知, U 满足条件 (1) 和 (2).

现在设 $U \in \mathcal{U}(L \times M, (e_1, e_2))$ 满足条件 (1) 和 (2). 令

$$U_1(x_1, x_2) = \Pi_1(U((x_1, e_2), (x_2, e_2))), \quad \forall x_1, x_2 \in L,$$

$$U_2(y_1, y_2) = \Pi_2(U((e_1, y_1), (e_1, y_2))), \quad \forall y_1, y_2 \in M,$$

则由定理 2.1.7 的证明知, U_1 和 U_2 都满足 (U1)—(U3). 因为

$$U_1(e_1, x_2) = \Pi_1(U((e_1, e_2), (x_2, e_2))) = \Pi_1(x_2, e_2) = x_2, \quad \forall x_2 \in L,$$

$$U_2(e_2, y_2) = \Pi_2(U((e_1, e_2), (e_1, y_2))) = \Pi_2(e_1, y_2) = y_2, \quad \forall y_2 \in M,$$

即 e_1 和 e_2 分别是半群 (L, U_1) 和 (M, U_2) 的幺元, 所以, $U_1 \in \mathcal{U}(L, e_1)$, $U_2 \in \mathcal{U}(M, e_2)$, 并且由命题 2.1.4 的证明知, $U = U_1 \times U_2$. □

注 4.1.3 命题 4.1.7 的证明与定理 2.1.7 的证明非常相似. 实际上, 类似于定理 2.1.7, 命题 4.1.7 中条件 (1) 和 (2) 可以分别替换为

(3) $\Pi_1(U((x_1, y_1), (x_2, y_2))) = \Pi_1(U((x_1, 0), (x_2, 0))), \forall (x_1, y_1), (x_2, y_2) \in L \times M$;

(4) $\Pi_2(U((x_1, y_1), (x_2, y_2))) = \Pi_2(U((0, y_1), (0, y_2))), \forall (x_1, y_1), (x_2, y_2) \in L \times M$.

或者分别替换为

(5) $\Pi_1(U((x_1, y_1), (x_2, y_2))) = \Pi_1(U((x_1, 1), (x_2, 1))), \forall (x_1, y_1), (x_2, y_2) \in L \times M$;

(6) $\Pi_2(U((x_1, y_1), (x_2, y_2))) = \Pi_2(U((1, y_1), (1, y_2))), \forall (x_1, y_1), (x_2, y_2) \in L \times M$.

命题 4.1.8 设 $U \in \mathcal{U}(L \times M, (e_1, e_2))$. 则 U 是 L 上的一致模与 M 上的一致模的直积, 当且仅当 U 满足 (2.1.4) 式并且对于任意的 $(x_1, y_1), (x_2, y_2) \in L \times M$, 都有

$$U((x_1, y_1), (x_2, y_2)) = U((x_1, 1), (x_2, 1)) \wedge U((1, y_1), (1, y_2)). \tag{4.1.3}$$

证明 当 U 是 L 上的一致模 U_1 与 M 上的一致模 U_2 的直积时, 由定理 2.1.8 的证明知, U 满足 (2.1.4) 式并且对于任意的 $(x_1, y_1), (x_2, y_2) \in L \times M$, 都有

$$U((x_1, 1), (x_2, 1)) \wedge U((1, y_1), (1, y_2))$$

$$= (U_1(x_1, x_2), U_2(1, 1)) \wedge (U_1(1, 1), U_2(y_1, y_2))$$

$$= (U_1(x_1, x_2), 1) \wedge (1, U_2(y_1, y_2)) = (U_1(x_1, x_2), U_2(y_1, y_2))$$

$$= U((x_1, y_1), (x_2, y_2)),$$

即 U 满足 (4.1.3) 式.

当 U 满足 (2.1.4) 式时, 我们有

$$(1, 1) = U((e_1, e_2), (1, 1)) = U((e_1, 0), (1, 0)) \vee U((0, e_2), (0, 1)).$$

根据 U 的单调性, 我们有

$$U((e_1, 0), (1, 0)) \leqslant U((e_1, e_2), (1, 0)) = (1, 0),$$

$$U((0, e_2), (0, 1)) \leqslant U((e_1, e_2), (0, 1)) = (0, 1).$$

因此

$$U((e_1, 0), (1, 0)) = (1, 0), \quad U((0, e_2), (0, 1)) = (0, 1).$$

这样一来, 对于任意的 $(x_1, y_1), (x_2, y_2) \in L \times M$, 都有

$$U((x_1, 1), (x_2, 1)) \geqslant U((0, 1), (0, 1)) \geqslant U((0, e_2), (0, 1)) = (0, 1),$$

$$U((1, y_1), (1, y_2)) \geqslant U((1, 0), (1, 0)) \geqslant U((e_1, 0), (1, 0)) = (1, 0).$$

当 U 满足 (4.1.3) 式时, 我们有

$$\Pi_1(U((x_1, y_1), (x_2, y_2))) = \Pi_1(U((x_1, 1), (x_2, 1)) \wedge U((1, y_1), (1, y_2)))$$

$$= \Pi_1(U((x_1, 1), (x_2, 1))) \wedge \Pi_1(U((1, y_1), (1, y_2))) = \Pi_1(U((x_1, 1), (x_2, 1))),$$

$$\Pi_2(U((x_1, y_1), (x_2, y_2))) = \Pi_2(U((x_1, 1), (x_2, 1)) \wedge U((1, y_1), (1, y_2)))$$

$$= \Pi_2(U((x_1, 1), (x_2, 1))) \wedge \Pi_2(U((1, y_1), (1, y_2))) = \Pi_2(U((1, y_1), (1, y_2))).$$

这样, 由注 4.1.3 知, U 是 L 上的一个一致模与 M 上的一个一致模的直积. $\quad\square$

当 $(e_1, e_2) = (0, 0)$ 时, U 是 $L \times M$ 上的三角余模. 由定理 2.1.8 的证明知, U 是 L 上的三角余模与 M 上的三角余模的直积, 当且仅当 U 满足 (4.1.3) 式. 当

$(e_1, e_2) = (1, 1)$ 时, U 是 $L \times M$ 上的三角模. 由定理 2.1.8 知, U 是 L 上的三角模与 M 上的三角模的直积, 当且仅当 U 满足 (2.1.4) 式.

注 4.1.4　当 $U \in \mathcal{U}(L \times M, (e_1, e_2))$ 并且满足 (4.1.3) 式时, 我们有

$$U((e_1, 1), (0, 1)) = U((e_1, 1), (0, 1)) \wedge (1, 1)$$

$$= U((e_1, 1), (0, 1)) \wedge U((1, e_2), (1, 1)) = U((e_1, e_2), (0, 1)) = (0, 1),$$

$$U((1, e_2), (1, 0)) = (1, 1) \wedge U((1, e_2), (1, 0))$$

$$= U((e_1, 1), (1, 1)) \wedge U((1, e_2), (1, 0)) = U((e_1, e_2), (1, 0)) = (1, 0).$$

因此, 当 U 满足 (2.1.4) 式和 (4.1.3) 式时,

$$(1, 0) = U((e_1, 0), (1, 0)) \leqslant U((1, 0), (1, 0)) \leqslant U((1, e_2), (1, 0)) = (1, 0),$$

$$(0, 1) = U((0, e_2), (0, 1)) \leqslant U((0, 1), (0, 1)) \leqslant U((e_1, 1), U(0, 1)) = (0, 1).$$

由此可见

$$U((0, 1), (0, 1)) = (0, 1), \quad U((1, 0), (1, 0)) = (1, 0). \tag{4.1.4}$$

命题 4.1.9　设 $U \in \mathcal{U}(L \times M, (e_1, e_2))$. 则 U 是 L 上的一个一致模与 M 上的一个一致模的直积, 当且仅当 U 满足 (4.1.3) 式和 (4.1.4) 式.

证明　当 U 是 L 上的一致模 U_1 与 M 上的一致模 U_2 的直积时, 由命题 4.1.8 的证明可知, U 满足 (4.1.3) 式, 并且

$$U((1, 0), (1, 0)) = (U_1(1, 1), U_2(0, 0)) = (1, 0),$$

$$U((0, 1), (0, 1)) = (U_1(0, 0), U_2(1, 1)) = (0, 1).$$

当 U 满足 (4.1.3) 式和 (4.1.4) 式时, 我们有

$$U((x_1, 1), (x_2, 1)) \geqslant U((0, 1), (0, 1)) = (0, 1), \quad \forall x_1, x_2 \in L,$$

$$U((1, y_1), (1, y_2)) \geqslant U((1, 0), (1, 0)) = (1, 0), \quad \forall y_1, y_2 \in M.$$

于是对于任意的 $(x_1, y_1), (x_2, y_2) \in L \times M$, 由命题 4.1.8 的证明得

$$\Pi_1(U((x_1, y_1), (x_2, y_2))) = \Pi_1(U((x_1, 1), (x_2, 1))),$$

$$\Pi_2(U((x_1, y_1), (x_2, y_2))) = \Pi_2(U((1, y_1), (1, y_2))).$$

这样, 根据注 4.1.3, U 是 L 上的一个一致模与 M 上的一个一致模的直积.　　□

同理可证, 当 $U \in \mathcal{U}(L \times M, (e_1, e_2))$ 时, U 是 L 的上一致模与 M 上的一致模的直积, 当且仅当 U 满足 (2.1.4) 式和 (4.1.4) 式. 这样, 由命题 4.1.8 和命题 4.1.9 知, U 满足 (2.1.4) 式和 (4.1.3) 式, 当且仅当 U 满足 (2.1.4) 式和 (4.1.4) 式, 当且仅当 U 满足 (4.1.3) 式和 (4.1.4) 式.

4.1.2 一致模的结构

定义 4.1.4 设 H 是 $L \times L$ 到 L 的映射. 若 H 具有单调性, 即

$$(x_1, y_1) \leqslant (x_2, y_2) \Rightarrow H(x_1, y_1) \leqslant H(x_2, y_2), \quad \forall (x_1, y_1), (x_2, y_2) \in L \times L,$$

并且

$$H(0, 0) = 0, \quad H(1, 1) = 1,$$

则称 H 为 L 上的二元聚合函数.

由命题 4.1.4 知, 一致模 U 在区域 $[0, e]^2$ 和 $[e, 1]^2$ 上的限制分别是 $[0, e]$ 上的三角模和 $[e, 1]$ 上的三角余模. 实际上, 利用二元聚合函数可以描述一致模在其他区域上取值情况.

定理 4.1.1[121] 设 $U \in \mathcal{U}(e)$. 则存在 L 上的三角模 T_U, 使得

$$T_U(x, y) = U(x, y), \quad \forall x, y \in [0, e].$$

证明 定义 L 上的二元运算 T_U 如下: 对于任意的 $x, y \in L$,

$$T_U(x, y) = \begin{cases} U(x, y), & \text{若 } (x, y) \in [0, e]^2, \\ U(x \wedge e, y \wedge e), & \text{若 } (x, y) \in I_e^2, \\ U(x, y \wedge e), & \text{若 } (x, y) \in [0, e] \times I_e, \\ U(x \wedge e, y), & \text{若 } (x, y) \in I_e \times [0, e], \\ y \wedge e, & \text{若 } (x, y) \in]e, 1[\times I_e, \\ x \wedge e, & \text{若 } (x, y) \in I_e \times]e, 1[, \\ x \wedge y, & \text{否则}. \end{cases}$$

现在只需证明 T_U 是 L 上的三角模.

事实上, 首先, 根据 T_U 的定义立即可知, T_U 满足 (T2) 和 (T4).

其次, 我们来阐明 T_U 满足 (T3). 为此, 任意给定 $x, y, z \in L$, 并且假定 $x \leqslant y$, 我们分四种情形来证明 $T_U(x, z) \leqslant T_U(y, z)$.

情形 1: $x \leqslant e$.

若 $y \leqslant e$, 则

$$z \leqslant e \Rightarrow T_U(x, z) = U(x, z) \leqslant U(y, z) = T_U(y, z),$$

$$e < z < 1 \text{ 或者 } z = 1 \Rightarrow T_U(x, z) = x \leqslant y = T_U(y, z),$$

$$z \in I_e \Rightarrow T_U(x, z) = U(x, z \wedge e) \leqslant U(y, z \wedge e) = T_U(y, z);$$

若 $e < y < 1$, 则

$$z \leqslant e \Rightarrow T_U(x, z) = U(x, z) \leqslant z = y \wedge z = T_U(y, z),$$

$$e < z < 1 \Rightarrow T_U(x, z) = x \wedge z \leqslant y \wedge z = T_U(y, z),$$

$$z = 1 \Rightarrow T_U(x, z) = x \leqslant y = T_U(x, z),$$

$$z \in I_e \Rightarrow T_U(x, z) = U(x, z \wedge e) \leqslant z \wedge e = T_U(y, z);$$

若 $y \in I_e$, 则

$$z \leqslant e \Rightarrow T_U(x, z) = U(x, z) \leqslant U(y \wedge e, z) = T_U(y, z),$$

$$e < z < 1 \Rightarrow T_U(x, z) = x \wedge z \leqslant x \leqslant y \wedge e = T_U(y, z),$$

$$z = 1 \Rightarrow T_U(x, z) = x \leqslant y = T_U(y, z),$$

$$z \in I_e \Rightarrow T_U(x, z) = U(x, z \wedge e) \leqslant U(y \wedge e, z \wedge e) = T_U(y, z);$$

若 $y = 1$, 则

$$z \leqslant e \Rightarrow T_U(x, z) = U(x, z) \leqslant z = T_U(y, z),$$

$$e < z < 1 \Rightarrow T_U(x, z) = x \wedge z \leqslant z = T_U(y, z),$$

$$z = 1 \Rightarrow T_U(x, z) = x \leqslant 1 = T_U(y, z),$$

$$z \in I_e \Rightarrow T_U(x, z) = U(x, z \wedge e) \leqslant z = T_U(y, z).$$

情形 2: $e < x < 1$.

这时 $e < y < 1$ 或者 $y = 1$. 若 $e < y < 1$, 则

$$z \leqslant e \Rightarrow T_U(x, z) = x \wedge z = z = y \wedge z = T_U(y, z),$$

$$e < z < 1 \Rightarrow T_U(x, z) = x \wedge z \leqslant y \wedge z = T_U(y, z),$$

$$z = 1 \Rightarrow T_U(x, z) = x \leqslant y = T_U(y, z),$$

$$z \in I_e \Rightarrow T_U(x, z) = z \wedge e = T_U(y, z);$$

若 $y = 1$, 则

$$z \leqslant e \Rightarrow T_U(x, z) = x \wedge z = z = T_U(y, z),$$

$$e < z < 1 \Rightarrow T_U(x,z) = x \wedge z \leqslant z = T_U(y,z),$$

$$z = 1 \Rightarrow T_U(x,z) = x \leqslant 1 = T_U(y,z),$$

$$z \in I_e \Rightarrow T_U(x,z) = z \wedge e \leqslant z = T_U(y,z).$$

情形 3: $x \in I_e$.

这时, $e < y < 1$, $y = 1$ 或 $y \in I_e$. 若 $e < y < 1$, 则

$$z \leqslant e \Rightarrow T_U(x,z) = U(x \wedge e, z) \leqslant z = y \wedge z = T_U(y,z),$$

$$e < z < 1 \Rightarrow T_U(x,z) = x \wedge e \leqslant y \wedge z = T_U(y,z),$$

$$z = 1 \Rightarrow T_U(x,z) = x \leqslant y = T_U(y,z),$$

$$z \in I_e \Rightarrow T_U(x,z) = U(x \wedge e, z \wedge e) \leqslant z \wedge e = T_U(y,z);$$

若 $y \in I_e$, 则

$$z \leqslant e \Rightarrow T_U(x,z) = U(x \wedge e, z) \leqslant U(y \wedge e, z) = T_U(y,z),$$

$$e < z < 1 \Rightarrow T_U(x,z) = x \wedge e \leqslant y \wedge e = T_U(y,z),$$

$$z = 1 \Rightarrow T_U(x,z) = x \leqslant y = T_U(y,z),$$

$$z \in I_e \Rightarrow T_U(x,z) = U(x \wedge e, z \wedge e) \leqslant U(y \wedge e, z \wedge e) = T_U(y,z);$$

若 $y = 1$, 则

$$z \leqslant e \Rightarrow T_U(x,z) = U(x \wedge e, z) \leqslant z = T_U(y,z),$$

$$e < z < 1 \Rightarrow T_U(x,z) = x \wedge e \leqslant z = T_U(y,z),$$

$$z = 1 \Rightarrow T_U(x,z) = x \leqslant 1 = T_U(y,z),$$

$$z \in I_e \Rightarrow T_U(x,z) = U(x \wedge e, z \wedge e) \leqslant z = T_U(y,z).$$

情形 4: $x = 1$.

这时 $y = 1$, $T_U(x,z) = T_U(y,z) = z$.

综上所述, T_U 满足 (T3).

至此, 为了完成我们的证明, 只需再阐明 T_U 满足 (T1).

任意给定 $x, y, z \in L$. 当 x, y, z 中至少有一个为 1 时, 显然有

$$T_U(T_U(x,y),z) = T_U(x, T_U(y,z)).$$

现在假定 $x, y, z \in L \setminus \{1\}$, 分三种情形来讨论.

情形 1: $x \leqslant e$.

若 $y \leqslant e$, 则

$$z \leqslant e \Rightarrow T_U(T_U(x, y), z) = U(U(x, y), z) = U(x, U(y, z)) = T_U(x, T_U(y, z)),$$

$$e < z < 1 \Rightarrow T_U(T_U(x, y), z) = T_U(U(x, y), z) = U(x, y) = T_U(x, y)$$
$$= T_U(x, y \wedge z) = T_U(x, T_U(y, z)),$$

$$z \in I_e \Rightarrow T_U(T_U(x, y), z) = U(U(x, y), z \wedge e) = U(x, U(y, z \wedge e))$$
$$= T_U(x, U(y, z \wedge e)) = T_U(x, T_U(y, z));$$

若 $e < y < 1$, 则

$$z \leqslant e \Rightarrow T_U(T_U(x, y), z) = U(x, z) = T_U(x, y \wedge z) = T_U(x, T_U(y, z)),$$

$$e < z < 1 \Rightarrow T_U(T_U(x, y), z) = T_U(x, z) = x = T_U(x, y \wedge z) = T_U(x, T_U(y, z)),$$

$$z \in I_e \Rightarrow T_U(T_U(x, y), z) = T_U(x, z) = U(x, z \wedge e) = T_U(x, z \wedge e)$$
$$= T_U(x, T_U(y, z));$$

若 $y \in I_e$, 则

$$z \leqslant e \Rightarrow T_U(T_U(x, y), z) = T_U(U(x, y \wedge e), z) = U(U(x, y \wedge e), z)$$
$$= T_U(x, U((y \wedge e), z)) = T_U(x, T_U(y, z)),$$

$$e < z < 1 \Rightarrow T_U(T_U(x, y), z) = T_U(U(x, y \wedge e), z) = U(x, y \wedge e)$$
$$= T_U(x, y \wedge e) = T_U(x, T_U(y, z)),$$

$$z \in I_e \Rightarrow T_U(T_U(x, y), z) = T_U(U(x, y \wedge e), z) = U(U(x, y \wedge e), z \wedge e)$$
$$= U(x, U(y \wedge e, z \wedge e)) = T_U(x, U(y \wedge e, z \wedge e))$$
$$= T_U(x, T_U(y, z)).$$

情形 2: $e < x < 1$.

若 $y \leqslant e$, 则

$$z \leqslant e \Rightarrow T_U(T_U(x, y), z) = T_U(y, z) = U(y, z) = T_U(x, U(y, z))$$
$$= T_U(x, T_U(y, z)),$$

$$e < z < 1 \Rightarrow T_U(T_U(x, y), z) = T_U(y, z) = y = T_U(x, y) = T_U(x, T_U(y, z)),$$

$$z \in I_e \Rightarrow T_U(T_U(x, y), z) = T_U(y, z) = U(y, z \wedge e) = T_U(x, U(y, z \wedge e))$$
$$= T_U(x, T_U(y, z));$$

若 $e < y < 1$, 则

$$z \leqslant e \Rightarrow T_U(T_U(x, y), z) = T_U(x \wedge y, z) = z = T_U(x, z) = T_U(x, T_U(y, z)),$$

$$e < z < 1 \Rightarrow T_U(T_U(x, y), z) = T_U(x \wedge y, z) = x \wedge y \wedge z = T_U(x, y \wedge z)$$
$$= T_U(x, T_U(y, z)),$$

$$z \in I_e \Rightarrow T_U(T_U(x, y), z) = T_U(x \wedge y, z) = z \wedge e = T_U(x, z \wedge e) = T_U(x, T_U(y, z));$$

若 $y \in I_e$, 则

$$z \leqslant e \Rightarrow T_U(T_U(x, y), z) = T_U(y \wedge e, z) = U(y \wedge e, z) = T_U(x, U(y \wedge e, z))$$
$$= T_U(x, T_U(y, z)),$$

$$e < z < 1 \Rightarrow T_U(T_U(x, y), z) = T_U(y \wedge e, z) = y \wedge e = T_U(x, y \wedge e)$$
$$= T_U(x, T_U(y, z)),$$

$$z \in I_e \Rightarrow T_U(T_U(x, y), z) = T_U(y \wedge e, z) = U(y \wedge e, z \wedge e)$$
$$= T_U(x, U(y \wedge e, z \wedge e)) = T_U(x, T_U(y, z)).$$

情形 3: $x \in I_e$.
若 $y \leqslant e$, 则

$$z \leqslant e \Rightarrow T_U(T_U(x, y), z) = T_U(U(x \wedge e, y), z) = U(U(x \wedge e, y), z)$$
$$= U(x \wedge e, U(y, z)) = T_U(x, U(y, z)) = T_U(x, T_U(y, z)),$$

$$e < z < 1 \Rightarrow T_U(T_U(x, y), z) = T_U(U(x \wedge e, y), z) = U(x \wedge e, y)$$
$$= T_U(x, y) = T_U(x, T_U(y, z)),$$

$$z \in I_e \Rightarrow T_U(T_U(x, y), z) = U(U(x \wedge e, y), z \wedge e) = U(x \wedge e, U(y, z \wedge e))$$
$$= T_U(x, U(y, z \wedge e)) = T_U(x, T_U(y, z)),$$

若 $e < y < 1$, 则

$$z \leqslant e \Rightarrow T_U(T_U(x,y),z) = T_U(x \wedge e, z) = U(x \wedge e, z) = T_U(x,z)$$
$$= T_U(x, T_U(y,z)),$$

$$e < z < 1 \Rightarrow T_U(T_U(x,y),z) = T_U(x \wedge e, z) = x \wedge e = T_U(x, y \wedge z)$$
$$= T_U(x, T_U(y,z)),$$

$$z \in I_e \Rightarrow T_U(T_U(x,y),z) = T_U(x \wedge e, z) = U(x \wedge e, z \wedge e) = T_U(x, z \wedge e)$$
$$= T_U(x, T_U(y,z));$$

若 $y \in I_e$, 则

$$z \leqslant e \Rightarrow T_U(T_U(x,y),z) = T_U(U(x \wedge e, y \wedge e), z) = U(U(x \wedge e, y \wedge e), z)$$
$$= U(x \wedge e, U(y \wedge e, z)) = T_U(x, U(y \wedge e, z))$$
$$= T_U(x, T_U(y,z)),$$

$$e < z < 1 \Rightarrow T_U(T_U(x,y),z) = T_U(U(x \wedge e, y \wedge e), z) = U(x \wedge e, y \wedge e)$$
$$= T_U(x, y \wedge e) = T_U(x, T_U(y,z)),$$

$$z \in I_e \Rightarrow T_U(T_U(x,y),z) = T_U(U(x \wedge e, y \wedge e), z) = U(U(x \wedge e, y \wedge e), z \wedge e)$$
$$= U(x \wedge e, U(y \wedge e, z \wedge e)) = T_U(x, U(y \wedge e, z \wedge e))$$
$$= T_U(x, T_U(y,z)).$$

所以 T_U 满足 (T1). □

定理 4.1.2　设 $U \in \mathcal{U}(e)$. 则存在 L 上的三角余模 S_U, 使得

$$S_U(x,y) = U(x,y), \quad \forall x, y \in [e,1].$$

证明　定义 L 上的二元运算 S_U 如下: 对于任意的 $x, y \in L$,

$$S_U(x,y) = \begin{cases} U(x,y), & \text{若 } (x,y) \in [e,1]^2, \\ U(x \vee e, y \vee e), & \text{若 } (x,y) \in I_e^2, \\ U(x, y \vee e), & \text{若 } (x,y) \in [e,1] \times I_e, \\ U(x \vee e, y), & \text{若 } (x,y) \in I_e \times [e,1], \\ y \vee e, & \text{若 } (x,y) \in]0,e[\times I_e, \\ x \vee e, & \text{若 } (x,y) \in I_e \times]0,e[, \\ x \vee y, & \text{否则}. \end{cases}$$

通过演算可以阐明, S_U 正是我们所需要的三角余摸. $\quad\square$

定理 4.1.3 设 $U \in \mathcal{U}(e)$. 则存在 L 上的对称的二元聚合函数 H_j, $j = 1, 2, 3, 4$, 使得

$$U(x, y) = H_1(x, y), \quad \forall (x, y) \in [0, e[\times]e, 1] \cup]e, 1] \times [0, e[,$$

$$U(x, y) = H_2(x, y), \quad \forall (x, y) \in [0, e[\times I_e \cup I_e \times [0, e[,$$

$$U(x, y) = H_3(x, y), \quad \forall (x, y) \in I_e \times]e, 1] \cup]e, 1] \times I_e,$$

$$U(x, y) = H_4(x, y), \quad \forall (x, y) \in I_e \times I_e \cup \{e\} \times L \cup L \times \{e\}.$$

证明 定义 L 上的二元运算 H_j, $j = 1, 2, 3, 4$, 如下:

$$H_1(x, y) = \begin{cases} U(x, y), & \text{若 } (x, y) \in [0, e[\times]e, 1] \cup]e, 1] \times [0, e[, \\ x \wedge y, & \text{若 } (x, y) \in [0, e]^2 \cup [0, e[\times I_e \cup I_e \times [0, e[, \\ x \vee y, & \text{若 } (x, y) \in [e, 1]^2 \cup]e, 1] \times I_e \cup I_e \times]e, 1], \\ e, & \text{否则}, \end{cases}$$

$$H_2(x, y) = \begin{cases} U(x, y), & \text{若 } (x, y) \in [0, e[\times I_e \cup I_e \times [0, e[, \\ 0, & \text{若 } (x, y) \in [0, e]^2, \\ 1, & \text{若 } (x, y) \in]e, 1]^2, \\ x \vee y, & \text{否则}, \end{cases}$$

$$H_3(x, y) = \begin{cases} U(x, y), & \text{若 } (x, y) \in]e, 1] \times I_e \cup I_e \times]e, 1], \\ 0, & \text{若 } (x, y) \in [0, e]^2, \\ 1, & \text{若 } (x, y) \in]e, 1]^2, \\ x \wedge y, & \text{否则}, \end{cases}$$

$$H_4(x, y) = \begin{cases} x \wedge y, & \text{若 } (x, y) \in [0, e[\times]e, 1] \cup]e, 1] \times [0, e[, \\ 0, & \text{若 } (x, y) \in [0, e]^2 \cup [0, e[\times I_e \cup I_e \times [0, e[, \\ 1, & \text{若 } (x, y) \in]e, 1]^2 \cup]e, 1] \times I_e \cup I_e \times]e, 1], \\ U(x, y), & \text{否则}. \end{cases}$$

不难验证, 这样定义的 H_j, $j = 1, 2, 3, 4$, 正好符合要求. $\quad\square$

例 4.1.4[116] 假设 T_e 是 $[0, e]$ 上的三角模, S_e 是 $[e, 1]$ 上的三角余摸. 定义 L 上的二元运算 U_1 和 U_2 如下:

$$U_1(x,y) = \begin{cases} T_e(x,y), & \text{若 } (x,y) \in [0,e]^2, \\ x \vee y, & \text{若 } (x,y) \in [0,e] \times]e,1] \cup]e,1] \times [0,e], \\ y, & \text{若 } x \in [0,e] \text{ 且 } y \in I_e, \\ x, & \text{若 } x \in I_e \text{ 且 } y \in [0,e], \\ 1, & \text{否则}, \end{cases}$$

$$U_2(x,y) = \begin{cases} S_e(x,y), & \text{若 } (x,y) \in [e,1]^2, \\ x \wedge y, & \text{若 } (x,y) \in [0,e[\times [e,1] \cup [e,1] \times [0,e[, \\ y, & \text{若 } x \in [e,1] \text{ 且 } y \in I_e, \\ x, & \text{若 } x \in I_e \text{ 且 } y \in [e,1], \\ 0, & \text{否则}, \end{cases}$$

可以证明, U_1 和 U_2 分别是 L 上的析取一致模和合取一致模.

根据定理 4.1.2 和定理 4.1.3 以及 U_1 的定义, U_1 在 $[0,e]$ 上的限制就是三角模 T_e, 另外 5 个二元聚合函数分别为

$$S = S_M, \quad H_1(x,y) = x \vee y,$$

$$H_2(x,y) = \begin{cases} y, & \text{若 } x \in [0,e] \text{ 且 } y \in I_e, \\ x, & \text{若 } x \in I_e \text{ 且 } y \in [0,e], \\ 0, & \text{若 } (x,y) \in [0,e]^2, \\ 1, & \text{否则}, \end{cases}$$

$$H_3(x,y) = H_4(x,y) = \begin{cases} 0, & \text{若 } x = y = 0, \\ 1, & \text{否则}, \end{cases}$$

其中 $x,y \in L$. 容易看出, U_1 在区域 $L^2 \backslash [0,e]^2$ 上的取值都达到表 4.1 中一致模取值的上限. 因此当 T_e 是 $[0,e]$ 上的最大三角模时, U_1 在 L^2 上处处取值都达到表 4.1 中一致模取值的上限, 此时 U_1 是 L 上的最大一致模, 我们将 U_1 记作 U_M.

同样, U_2 在 $[e,1]$ 上的限制就是三角余模 S_e, 另外 5 个二元聚合函数分别为

$$T = T_W, \quad H_1(x,y) = x \wedge y,$$

$$H_3(x,y) = \begin{cases} y, & \text{若 } x \in [e,1] \text{ 且 } y \in I_e, \\ x, & \text{若 } x \in I_e \text{ 且 } y \in [e,1], \\ 1, & \text{若 } (x,y) \in [e,1]^2, \\ 0, & \text{否则}, \end{cases}$$

$$H_2(x,y) = H_4(x,y) = \begin{cases} 1, & \text{若 } x = y = 1, \\ 0, & \text{否则}, \end{cases}$$

其中 $x, y \in L$. 易见, U_2 在区域 $L^2 \backslash [e, 1]^2$ 上的取值都达到表 4.1 中一致模取值的下限. 因此当 S 是 $[e, 1]$ 上的最小三角余模时, U_2 在 L^2 上处处取值都达到表 4.1 中一致模取值的下限, 此时 U_2 是 L 上的最小一致模, 我们将 U_2 记作 U_W. 于是, 我们有

命题 4.1.10 设 $e \in L \backslash \{0, 1\}$, 则 $\mathcal{U}(e)$ 的最小元和最大元分别为 U_W 和 U_M, 其中

$$U_W(x, y) = \begin{cases} x \vee y, & \text{若 } (x, y) \in [e, 1]^2, \\ x \wedge y, & \text{若 } (x, y) \in [0, e[\times [e, 1] \cup [e, 1] \times [0, e[, \\ y, & \text{若 } x \in [e, 1] \text{ 且 } y \in I_e, \\ x, & \text{若 } x \in I_e \text{ 且 } y \in [e, 1], \\ 0, & \text{否则}, \end{cases}$$

$$U_M(x, y) = \begin{cases} x \wedge y, & \text{若 } (x, y) \in [0, e]^2, \\ x \vee y, & \text{若 } (x, y) \in [0, e] \times]e, 1] \cup]e, 1] \times [0, e], \\ y, & \text{若 } x \in [0, e] \text{ 且 } y \in I_e, \\ x, & \text{若 } x \in I_e \text{ 且 } y \in [0, e], \\ 1, & \text{否则}. \end{cases} \qquad \square$$

例 4.1.5[122] 假设 T_e 是 $[0, e]$ 上的三角模并且对于任意的 $a, b > 0$, $T_e(a, b) > 0$, S_e 是 $[e, 1]$ 上的三角余模并且对于任意的 $a, b < 1$, $S_e(a, b) < 1$.

(1) 设对于任意的 $x \in I_e$ 和任意的 $y \in [e, 1[$, x 与 y 都是不可比的. 定义 L 上的二元运算 U_1 如下:

$$U_1(x, y) = \begin{cases} T_e(x, y), & \text{若 } (x, y) \in [0, e]^2, \\ S_e(x, y), & \text{若 } (x, y) \in [e, 1]^2, \\ x, & \text{若 } (x, y) \in I_e \times [e, 1[\cup I_e \times]0, e[, \\ y, & \text{若 } (x, y) \in [e, 1[\times I_e \cup]0, e] \times I_e, \\ x \vee y, & \text{若 } (x, y) \in I_e^2 \cup I_e \times \{1\} \cup \{1\} \times I_e \\ & \qquad \cup]0, e[\times \{1\} \cup \{1\} \times]0, e[, \\ x \wedge y, & \text{否则}, \end{cases}$$

则 U_1 是 L 上的合取一致模并且 U_1 在 $[0, e]$ 和 $[e, 1]$ 上的限制分别是 $[0, e]$ 上的三角模 T_e 和 $[e, 1]$ 上的三角余模 S_e. 根据定理 4.1.3 以及 U_1 的定义, 另外 4 个二元聚合函数分别为

$$H_1(x,y) = \begin{cases} x \wedge y, & 若\ (x,y) \in [0,e]^2 \cup [0,e[\times I_e \cup I_e \times [0,e[\cup [0,e[\times]e,1[\\ & \qquad \cup]e,1[\times[0,e[\cup\{0\} \times \{1\} \cup \{1\} \times \{0\}, \\ x \vee y, & 若\ (x,y) \in \{1\}\times]0,e[\cup]0,e[\times\{1\} \cup [e,1]^2 \\ & \qquad \cup]e,1]\times I_e \cup I_e\times]e,1], \\ e, & 否则, \end{cases}$$

$$H_2(x,y) = \begin{cases} 0, & 若\ (x,y) \in [0,e]^2 \cup \{0\} \times I_e \cup I_e \times \{0\}, \\ x, & 若\ (x,y) \in I_e\times]0,e[, \\ y, & 若\ (x,y) \in]0,e[\times I_e, \\ 1, & 若\ (x,y) \in]e,1]^2, \\ x \vee y, & 否则, \end{cases}$$

$$H_3(x,y) = \begin{cases} 1, & 若\ (x,y) \in]e,1]^2 \cup \{1\} \times I_e \cup I_e \times \{1\}, \\ x, & 若\ (x,y) \in I_e\times]e,1[, \\ y, & 若\ (x,y) \in]e,1[\times I_e, \\ 0, & 若\ (x,y) \in [0,e]^2, \\ x \wedge y, & 否则, \end{cases}$$

$$H_4(x,y) = \begin{cases} x \wedge y, & 若\ (x,y) \in [0,e[\times]e,1]\cup]e,1] \times [0,e[, \\ 1, & 若\ (x,y) \in]e,1]^2\cup]e,1] \times I_e \cup I_e\times]e,1], \\ 0, & 若\ (x,y) \in [0,e]^2 \cup [0,e[\times I_e \cup I_e \times [0,e[, \\ x, & 若(x,y) \in I_e \times \{e\}, \\ y, & 若\ (x,y) \in \{e\} \times I_e, \\ x \vee y, & 否则. \end{cases}$$

(2) 设对于任意的 $x \in I_e$ 和任意的 $y \in]0,e]$, x 与 y 都是不可比的. 定义 L 上的二元运算 U_2 如下:

$$U_2(x,y) = \begin{cases} T_e(x,y), & 若\ (x,y) \in [0,e]^2, \\ S_e(x,y), & 若\ (x,y) \in [e,1]^2, \\ x, & 若\ (x,y) \in I_e\times]e,1[\cup I_e\times]0,e], \\ y, & 若\ (x,y) \in]e,1[\times I_e\cup]0,e] \times I_e, \\ x \wedge y, & 若\ (x,y) \in I_e^2 \cup I_e \times \{0\} \cup \{0\} \times I_e\cup]e,1[\times\{0\} \\ & \qquad \cup\{0\}\times]e,1[, \\ x \vee y, & 否则, \end{cases}$$

则 U_2 是 L 上的析取的一致模并且 U_2 在 $[0,e]$ 和 $[e,1]$ 上的限制分别是 $[0,e]$ 上的三角模 T_e 和 $[e,1]$ 上的三角余模 S_e. 根据定理 4.1.3 以及 U_2 的定义, 另外 4 个

二元聚合函数分别为

$$
H_1(x,y) = \begin{cases} x \vee y, & \text{若 } (x,y) \in [e,1]^2 \cup]e,1] \times I_e \cup I_e \times]e,1] \cup]0,e[\times]e,1] \\ & \qquad \cup]e,1] \times]0,e[\cup \{0\} \times \{1\} \cup \{1\} \times \{0\}, \\ x \wedge y, & \text{若 } (x,y) \in \{0\} \times]e,1] \cup]e,1[\times \{0\} \cup [0,e]^2 \\ & \qquad \cup [0,e] \times I_e \cup I_e \times [0,e[, \\ e, & \text{否则}, \end{cases}
$$

$$
H_2(x,y) = \begin{cases} 0, & \text{若 } (x,y) \in [0,e]^2 \cup \{0\} \times I_e \cup I_e \times \{0\}, \\ x, & \text{若 } (x,y) \in I_e \times]0,e[, \\ y, & \text{若 } (x,y) \in]0,e[\times I_e, \\ 1, & \text{若 } (x,y) \in]e,1]^2, \\ x \vee y, & \text{否则}, \end{cases}
$$

$$
H_3(x,y) = \begin{cases} 1, & \text{若 } (x,y) \in]e,1]^2 \cup \{1\} \times I_e \cup I_e \times \{1\}, \\ x, & \text{若 } (x,y) \in I_e \times]e,1[, \\ y, & \text{若 } (x,y) \in]e,1[\times I_e, \\ 0, & \text{若 } (x,y) \in [0,e]^2, \\ x \wedge y, & \text{否则}, \end{cases}
$$

$$
H_4(x,y) = \begin{cases} 1, & \text{若 } (x,y) \in]e,1]^2 \cup]e,1] \times I_e \cup I_e \times]e,1], \\ 0, & \text{若 } (x,y) \in [0,e]^2 \cup [0,e[\times I_e \cup I_e \times [0,e[, \\ x, & \text{若 } (x,y) \in [e,1] \times \{e\} \cup I_e \times \{e\}, \\ y, & \text{若 } (x,y) \in \{e\} \times [e,1] \cup \{e\} \times I_e, \\ x \wedge y, & \text{否则}. \end{cases}
$$

给定 L 上的一致模 U, 根据定理 4.1.1—定理 4.1.3 我们得到 L 上的三角模 T_U, 三角余模 S_U, 4 个对称的二元聚合函数 H_1, H_2, H_3 和 H_4. 反过来, 利用定理 4.1.1—定理 4.1.3, 适当选取 L 上的三角模 T_U, 三角余模 S_U, 二元聚合函数 H_1, H_2, H_3 和 H_4 可以构造出 L 上的一致模. 这时需要详细验证构造出的一致模满足结合律并且具有单调性.

4.2 一致模的构造及表示

4.2.1 $\mathcal{U}_{\min}(e)$ 和 $\mathcal{U}_{\max}(e)$ 中一致模的表示

令

$$
\mathcal{U}_{\min}(L,e) = \{U \in \mathcal{U}(L,e) | U(x,y) = y, \forall (x,y) \in]e,1] \times (L \backslash [e,1])\},
$$

$$\mathcal{U}_{\max}(L, e) = \{U \in \mathcal{U}(L, e) | U(x, y) = y, \forall (x, y) \in [0, e[\times (L \setminus [0, e])\}.$$

$\mathcal{U}_{\min}(L, e)$ 和 $\mathcal{U}_{\max}(L, e)$ 分别简记为 $\mathcal{U}_{\min}(e)$ 和 $\mathcal{U}_{\max}(e)$.

当 $L = [0, 1]$ 时, $\mathcal{U}_{\min}(e)$ 和 $\mathcal{U}_{\max}(e)$ 分别是 $\mathcal{U}_{\min}$ 和 $\mathcal{U}_{\max}$. 当 $e \neq 0$ 时, $\mathcal{U}_{\min}(e)$ 中的一致模都是合取的; 当 $e \neq 1$ 时, $\mathcal{U}_{\max}(e)$ 中的一致模都是析取的.

为了进一步阐明 $\mathcal{U}_{\min}(e)$ 和 $\mathcal{U}_{\max}(e)$ 这两类一致模的构造, 我们要用到准三角模和准三角余模概念.

定义 4.2.1 若 F 是交半格 $(L, \wedge)$ 上的二元运算, 并且满足定义 2.1.1 中 (T1)—(T3) 以及条件

$$F(x, y) \leqslant x \wedge y, \quad \forall x, y \in L,$$

则称 F 为交半格 L 上的准三角模 (或者次三角模).

若 G 是并半格 $(L, \vee)$ 上的二元运算, 并且满足定义 2.1.1 中 (T1)—(T3) 以及条件

$$x \vee y \leqslant G(x, y), \quad \forall x, y \in L,$$

则称 G 为并半格 L 上的准三角余模 (或者超三角余模).

这里顺便指出: 由于格既是交半格, 又是并半格, 因此我们既可以谈论格上的准三角模, 又可以谈论格上的准三角余模.

命题 4.2.1 假设 $e \in L \setminus \{0, 1\}$. 则下列断言成立.

(1) $L \setminus [e, 1]$ 是交半格 $(L, \wedge)$ 的子半格, $L \setminus [0, e]$ 是并半格 $(L, \vee)$ 的子半格.

(2) 若 F 是 L 上的准三角模, 令 F_1 是 F 在 $L \setminus [e, 1]$ 上的限制, 则 F_1 是交半格 $L \setminus [e, 1]$ 上的准三角模.

(3) 若 G 是 L 上的准三角余模, 令 G_1 是 G 在 $L \setminus [0, e]$ 上的限制, 则 G_1 是并半格 $L \setminus [0, e]$ 上的准三角余模.

证明 断言 (1) 显然成立. 断言 (2) 与断言 (3) 的证明过程类似. 因此这里仅证明断言 (2) 成立.

若存在 $x, y \in L \setminus [e, 1]$ 使得

$$e \leqslant F_1(x, y) = F(x, y) \leqslant x \wedge y,$$

即 $e \leqslant x \wedge y$, 则 $e \leqslant x$ 并且 $e \leqslant y$. 这是一个矛盾. 因此, F_1 是 $L \setminus [e, 1]$ 上的二元运算. 由于 F 满足 (T1)—(T3), 因此 F_1 自然也满足 (T1)—(T3), 并且

$$F_1(x, y) = F(x, y) \leqslant x \wedge y, \quad \forall x, y \in L \setminus [e, 1],$$

所以 F_1 是交半格 $L \setminus [e, 1]$ 上的准三角模. $\square$

命题 4.2.2 设 $e \in L \setminus \{0, 1\}$. 则下面断言成立.

(1) 若 F 是 $[0, e]$ 上的准三角模, 令

$$F_2(x, y) = F(x \wedge e, y \wedge e), \quad \forall x, y \in L \backslash [e, 1],$$

则 F_2 是 $L \backslash [e, 1]$ 上的准三角模.

(2) 若 G 是 $[e, 1]$ 上的准三角余模, 令

$$G_2(x, y) = G(x \vee e, y \vee e), \quad \forall x, y \in L \backslash [0, e],$$

则 G_2 是 $L \backslash [0, e]$ 上的准三角余模.

证明 仅证明断言 (1) 成立.

显然, F_2 满足 (T2) 和 (T3), 并且

$$F_2(x, y) = F(x \wedge e, y \wedge e) \leqslant (x \wedge e) \wedge (y \wedge e) \leqslant x \wedge y, \quad \forall x, y \in L \backslash [e, 1].$$

对于任意的 $x, y, z \in L \backslash [e, 1]$,

$$F_2(F_2(x, y), z) = F(F(x \wedge e, y \wedge e) \wedge e, z \wedge e)$$

$$= F(F(x \wedge e, y \wedge e), z \wedge e) = F(x \wedge e, F(y \wedge e, z \wedge e))$$

$$= F_2(x, F_2(y, z)).$$

这就是说, F_2 满足 (T1). 因此 F_2 是 $L \backslash [e, 1]$ 上的准三角模. □

命题 4.2.3 设 F 和 G 分别是 L 上的准三角模和准三角余模. 令

$$T(x, y) = \begin{cases} x \wedge y, & \text{若 } x = 1 \text{ 或 } y = 1, \\ F(x, y), & \text{否则}, \end{cases}$$

$$S(x, y) = \begin{cases} x \vee y, & \text{若 } x = 0 \text{ 或 } y = 0, \\ G(x, y), & \text{否则}, \end{cases}$$

则 T 和 S 分别是 L 上的三角模和三角余模.

证明 由于 F 是 L 上的准三角模, 于是 F 满足 (T1)—(T3), 因此 T 也满足 (T1)—(T3). 因为

$$T(x, 1) = x \wedge 1 = x, \quad \forall x \in L,$$

即 T 满足边界条件, 所以 T 是 L 上的三角模.

同理可证, S 是 L 上的三角余模. □

定理 4.2.1[123-124]   设 $e \neq 0$ 并且 U 是 L 上的二元运算. 则 $U \in \mathcal{U}_{\min}(e)$, 当且仅当存在 $[e,1]$ 上的三角余模 S 和 $L\backslash[e,1]$ 上的准三角模 F, 使得

$$
U(x,y) = \begin{cases}
S(x,y), & \text{若 } (x,y) \in [e,1]^2, \\
y, & \text{若 } (x,y) \in [e,1] \times (L\backslash[e,1]), \\
x, & \text{若 } (x,y) \in (L\backslash[e,1]) \times [e,1], \\
F(x,y), & \text{若 } (x,y) \in (L\backslash[e,1])^2.
\end{cases}
\tag{4.2.1}
$$

证明   当 $U \in \mathcal{U}_{\min}(e)$ 时, 令 S 和 F 分别是 U 在 $[e,1]$ 和 $L\backslash[e,1]$ 上的限制, 则 U 可以由 (4.2.1) 式表示, 并且 S 是 $[e,1]$ 上的三角余模. 由于 U 满足 (U1)—(U3), 因而 F 自然满足 (T1)—(T3). 对于任意的 $(x,y) \in (L\backslash[e,1])^2$,

$$
F(x,y) = U(x,y) \leqslant U(x,1) \wedge U(1,y) = x \wedge y,
$$

因此 F 是 $L\backslash[e,1]$ 上的准三角模.

设 S 是 $[e,1]$ 上的三角余模, F 是 $L\backslash[e,1]$ 上的准三角模, U 由 (4.2.1) 式给出, 则 e 是 U 的幺元. 令 $X_1 = (L\backslash[e,1], F)$, $X_2 = ([e,1], S)$, 则 X_1 和 X_2 都是交换半群, 并且 (L, U) 是 X_1 和 X_2 的序数和. 于是由命题 2.1.6 知, (L, U) 是交换半群, 因此 U 满足 (U1) 和 (U2). 下面证明 U 具有单调性.

设 $x, y, z \in L$ 并且 $x \leqslant y$. 当 $z \in [e,1]$ 时,

$$
x, y \in [e,1] \Rightarrow U(x,z) = S(x,z) \leqslant S(y,z) = U(y,z),
$$

$$
x, y \in L\backslash[e,1] \Rightarrow U(x,z) = U(z,x) = x \leqslant y = U(z,y) = U(y,z),
$$

$$
x \in L\backslash[e,1], y \in [e,1] \Rightarrow U(x,z) = U(z,x) = x \leqslant y \leqslant S(y,z) = U(y,z);
$$

当 $z \in L\backslash[e,1]$ 时,

$$
x, y \in [e,1] \Rightarrow U(x,z) = z = U(y,z),
$$

$$
x, y \in L\backslash[e,1] \Rightarrow U(x,z) = F(x,z) \leqslant F(y,z) = U(y,z),
$$

$$
x \in L\backslash[e,1], y \in [e,1] \Rightarrow U(x,z) = F(x,z) \leqslant z = U(y,z),
$$

即单调性成立.

因此 U 是 L 上的一致模. 由 (4.2.1) 式知, $U \in \mathcal{U}_{\min}(e)$.   □

定理 4.2.1 的对偶定理如下:

定理 4.2.2   设 $e \neq 1$ 并且 U 是 L 上的二元运算. 则 $U \in \mathcal{U}_{\max}(e)$, 当且仅

当存在 $[0,e]$ 上的三角模 T 和 $L\backslash[0,e]$ 上的准三角余模 G, 使得

$$U(x,y) = \begin{cases} T(x,y), & 若 (x,y) \in [0,e]^2, \\ y, & 若 (x,y) \in [0,e] \times (L\backslash[0,e]), \\ x, & 若 (x,y) \in (L\backslash[0,e]) \times [0,e], \\ G(x,y), & 若 (x,y) \in (L\backslash[0,e])^2. \end{cases} \tag{4.2.2}$$

$\square$

利用定理 4.2.1 和定理 4.2.2 可以构造出很多一致模 (参见文献 [116, 118—119, 125—134]). 例如, 在 (4.2.1) 式中, 取 $F = \wedge$ 时得到例 4.1.2 中的 U_2^*, 取 $S = S_e$, $F(x,y) = 0$ 时得到例 4.1.4 中的 U_2, 说明例 4.1.2 中 U_2^* 和例 4.1.4 中 U_2 都属于 $\mathcal{U}_{\min}(e)$. 在 (4.2.2) 式中, 取 $G = \vee$ 时得到例 4.1.2 中的 U_1^*, 取 $G(x,y) = 1$ 时得到例 4.1.4 中的 U_1, 说明例 4.1.2 中 U_1^* 和例 4.1.4 中 U_1 都属于 $\mathcal{U}_{\max}(e)$.

例 4.2.1 假设对于任意的 $x \in I_e$ 和任意的 $y \in]0,e]$, x 与 y 都不可比, T 是 $[0,e]$ 上的三角模. 在 (4.2.1) 式中, 取 $S(x,y) = x \vee y$ (即 $S = S_W$), 并取

$$F(x,y) = \begin{cases} T(x,y), & 若 (x,y) \in [0,e]^2, \\ 0, & 若 (x,y) \in [0,e[\times I_e \cup I_e \times [0,e[, \\ x \wedge y, & 若 (x,y) \in I_e \times I_e \end{cases}$$

时得

$$U(x,y) = \begin{cases} T(x,y), & 若 (x,y) \in [0,e]^2, \\ y, & 若 (x,y) \in [e,1] \times I_e, \\ x, & 若 (x,y) \in I_e \times [e,1], \\ 0, & 若 (x,y) \in [0,e[\times I_e \cup I_e \times [0,e[, \\ x \wedge y, & 若 (x,y) \in [0,e[\times [e,1] \cup [e,1] \times [0,e[\cup I_e^2, \\ x \vee y, & 否则, \end{cases}$$

并且 $U \in \mathcal{U}_{\min}(e)$. 条件 "对于任意的 $x \in I_e$ 和任意的 $y \in]0,e]$, x 与 y 都不可比" 可以保证 F 是 $L\backslash[e,1]$ 上的准三角模. 例如, 当 $x \in I_e$, $y \in]0,e]$, x 与 y 可比时,

$$x \geqslant y, \quad F(x,y) = 0 \geqslant F(y,y) = T(y,y)$$

可能不成立, 即 F 可能不具有单调性.

例 4.2.2 假设对于任意的 $x \in I_e$ 和任意的 $y \in]e,1]$, x 与 y 都不可比, S 是 $[e,1]$ 上的三角余模. 在 (4.2.2) 式中, 取 $T(x,y) = x \wedge y$ (即 $T = T_M$), 并取

$$G(x,y) = \begin{cases} S(x,y), & 若 (x,y) \in [e,1]^2, \\ 1, & 若 (x,y) \in]e,1] \times I_e \cup I_e \times]e,1], \\ x \vee y, & 若 (x,y) \in I_e \times I_e \end{cases}$$

时得

$$U(x,y) = \begin{cases} S(x,y), & \text{若 } (x,y) \in [e,1]^2, \\ y, & \text{若 } (x,y) \in [0,e] \times I_e, \\ x, & \text{若 } (x,y) \in I_e \times [0,e], \\ 1, & \text{若 } (x,y) \in]e,1] \times I_e \cup I_e \times]e,1], \\ x \vee y, & \text{若 } (x,y) \in [0,e] \times]e,1] \cup]e,1] \times [0,e] \cup I_e^2, \\ x \wedge y, & \text{否则}, \end{cases}$$

并且 $U \in \mathcal{U}_{\max}(e)$. 条件 "对于任意的 $x \in I_e$ 和任意的 $y \in]e,1]$, x 与 y 都不可比" 可以保证 G 是 $L\backslash[0,e]$ 上的准三角余模.

例 4.2.3[119]　设 T 是 $[0,e]$ 上的三角模, S 是 $[e,1]$ 上的三角余模. 在定理 4.2.1 中取

$$F(x,y) = \begin{cases} x \wedge y \wedge e, & \text{若 } x,y \in I_e, \\ 0, & \text{若 } (x,y) \in (L\backslash[e,1])^2 \backslash I_e^2, \end{cases}$$

可得

$$U_1(x,y) = \begin{cases} S(x,y), & \text{若 } (x,y) \in [e,1]^2, \\ x \wedge y, & \text{若 } (x,y) \in [0,e] \times [e,1] \cup [e,1] \times [0,e], \\ y, & \text{若 } (x,y) \in [e,1] \times I_e, \\ x, & \text{若 } (x,y) \in I_e \times [e,1], \\ x \wedge y \wedge e, & \text{若 } (x,y) \in I_e \times I_e, \\ 0, & \text{否则}. \end{cases}$$

并且 $U_1 \in \mathcal{U}_{\min}(e)$. 在定理 4.2.2 中取

$$G(x,y) = \begin{cases} x \vee y \vee e, & \text{若 } x,y \in I_e, \\ 1, & \text{若 } (x,y) \in (L\backslash[0,e])^2 \backslash I_e^2, \end{cases}$$

可得

$$U_2(x,y) = \begin{cases} T(x,y), & \text{若 } (x,y) \in [0,e]^2, \\ x \vee y, & \text{若 } (x,y) \in [0,e] \times [e,1] \cup [e,1] \times [0,e], \\ y, & \text{若 } (x,y) \in [0,e] \times I_e, \\ x, & \text{若 } (x,y) \in I_e \times [0,e], \\ x \vee y \vee e, & \text{若 } (x,y) \in I_e \times I_e, \\ 1, & \text{否则}. \end{cases}$$

并且 $U_2 \in \mathcal{U}_{\max}(e)$.

例 4.2.4[122]　设 T 是 $[0, e]$ 上的三角模, S 是 $[e, 1]$ 上的三角余模. 若在定理 4.2.1 中取

$$F(x, y) = \begin{cases} T(x \wedge e, y \wedge e), & \text{若 } x, y \in I_e, \\ 0, & \text{若 } (x, y) \in (L \backslash [e, 1])^2 \backslash I_e^2, \end{cases}$$

可得

$$U_1(x, y) = \begin{cases} S(x, y), & \text{若 } (x, y) \in [e, 1]^2, \\ x \wedge y, & \text{若 } (x, y) \in [0, e] \times [e, 1] \cup [e, 1] \times [0, e], \\ y, & \text{若 } (x, y) \in [e, 1] \times I_e, \\ x, & \text{若 } (x, y) \in I_e \times [e, 1], \\ T(x \wedge e, y \wedge e), & \text{若 } (x, y) \in I_e \times I_e, \\ 0, & \text{否则}, \end{cases}$$

并且 $U_1 \in \mathcal{U}_{\min}(e)$. 若在定理 4.2.1 中取

$$F(x, y) = \begin{cases} T(x, y), & \text{若 } (x, y) \in [0, e]^2, \\ 0, & \text{若 } (x, y) \in [0, e[\times I_e \cup I_e \times [0, e[, \\ x \wedge y, & \text{若 } (x, y) \in I_e \times I_e, \end{cases}$$

可得

$$U_2(x, y) = \begin{cases} T(x, y), & \text{若 } (x, y) \in [0, e]^2, \\ S(x, y), & \text{若 } (x, y) \in [e, 1]^2, \\ y, & \text{若 } (x, y) \in [e, 1] \times I_e, \\ x, & \text{若 } (x, y) \in I_e \times [e, 1], \\ x \wedge y, & \text{若 } (x, y) \in [0, e[\times [e, 1] \cup [e, 1] \times [0, e[\cup I_e^2, \\ 0, & \text{若 } (x, y) \in [0, e[\times I_e \cup I_e \times [0, e[. \end{cases}$$

若对于任意的 $x \in I_e$ 和任意的 $y \in]0, e]$, x 与 y 都不可比, 则 $U_2 \in \mathcal{U}_{\min}(e)$.

若在定理 4.2.2 中取

$$G(x, y) = \begin{cases} S(x \vee e, y \vee e), & \text{若 } x, y \in I_e, \\ 1, & \text{若 } (x, y) \in (L \backslash [0, e])^2 \backslash I_e^2, \end{cases}$$

可得

$$
U_3(x,y) = \begin{cases}
T(x,y), & \text{若 } (x,y) \in [0,e]^2, \\
x \vee y, & \text{若 } (x,y) \in [0,e] \times [e,1] \cup [e,1] \times [0,e], \\
y, & \text{若 } (x,y) \in [0,e] \times I_e, \\
x, & \text{若 } (x,y) \in I_e \times [0,e], \\
S(x \vee e, y \vee e), & \text{若 } (x,y) \in I_e \times I_e, \\
1, & \text{否则,}
\end{cases}
$$

并且 $U_3 \in \mathcal{U}_{\max}(e)$. 若在定理 4.2.2 中取

$$
G(x,y) = \begin{cases}
S(x,y), & \text{若 } (x,y) \in [e,1]^2, \\
1, & \text{若 } (x,y) \in\,]e,1] \times I_e \cup I_e \times\,]e,1], \\
x \vee y, & \text{若 } (x,y) \in I_e \times I_e
\end{cases}
$$

可得

$$
U_4(x,y) = \begin{cases}
T(x,y), & \text{若 } (x,y) \in [0,e]^2, \\
S(x,y), & \text{若 } (x,y) \in [e,1]^2, \\
y, & \text{若 } (x,y) \in [0,e] \times I_e, \\
x, & \text{若 } (x,y) \in I_e \times [0,e], \\
x \vee y, & \text{若 } (x,y) \in [0,e] \times\,]e,1] \cup\,]e,1] \times [0,e] \cup I_e^2, \\
1, & \text{若 } (x,y) \in\,]e,1] \times I_e \cup I_e \times\,]e,1].
\end{cases}
$$

若对于任意的 $x \in I_e$ 和任意的 $y \in\,]e,1]$, x 与 y 都不可比, 则 $U_4 \in \mathcal{U}_{\max}(e)$.

当 $U_1 \in \mathcal{U}_{\min}(L, e_1)$, $U_2 \in \mathcal{U}_{\min}(M, e_2)$ 时, 由命题 4.1.6 知

$$
U_1 \times U_2 \in \mathcal{U}(L \times M, (e_1, e_2)).
$$

由定理 4.2.1 知, 分别存在 $[e_1,1]$ 上的三角余模 S_1 和 $[e_2,1]$ 上的三角余模 S_2 以及 $L\backslash[e_1,1]$ 上的准三角模 F_1 和 $M\backslash[e_2,1]$ 上的准三角模 F_2, 使得

$$
U_1(x,y) = \begin{cases}
S_1(x,y), & \text{若 } (x,y) \in [e_1,1]^2, \\
y, & \text{若 } (x,y) \in [e_1,1] \times (L\backslash[e_1,1]), \\
x, & \text{若 } (x,y) \in (L\backslash[e_1,1]) \times [e_1,1], \\
F_1(x,y), & \text{若 } (x,y) \in (L\backslash[e_1,1])^2,
\end{cases}
$$

$$
U_2(x,y) = \begin{cases}
S_2(x,y), & \text{若 } (x,y) \in [e_2,1]^2, \\
y, & \text{若 } (x,y) \in [e_2,1] \times (M\backslash[e_2,1]), \\
x, & \text{若 } (x,y) \in (M\backslash[e_2,1]) \times [e_2,1], \\
F_2(x,y), & \text{若 } (x,y) \in (M\backslash[e_2,1])^2.
\end{cases}
$$

若 $(x_1, y_1) \in [(e_1, e_2), (1,1)]$, 则 $x_1 \in [e_1, 1]$ 并且 $y_1 \in [e_2, 1]$; 若 $(x_2, y_2) \notin [(e_1, e_2), (1,1)]$, 则 $x_2 \notin [e_1, 1]$ 或者 $y_2 \notin [e_2, 1]$. 当 $(x_1, y_1) \in [(e_1, e_2), (1,1)]$, $(x_2, y_2) \notin [(e_1, e_2), (1,1)]$ 时,

$$(U_1 \times U_2)((x_1, y_1), (x_2, y_2)) = (U_1(x_1, x_2), U_2(y_1, y_2))$$

$$= \begin{cases} (x_2, S_2(y_1, y_2)), & \text{若 } x_2 \notin [e_1, 1] \text{ 且 } y_2 \in [e_2, 1], \\ (S_1(x_1, x_2), y_2), & \text{若 } x_2 \in [e_1, 1] \text{ 且 } y_2 \notin [e_2, 1], \\ (x_2, y_2), & \text{若 } x_2 \notin [e_1, 1] \text{ 且 } y_2 \notin [e_2, 1]. \end{cases}$$

由此可见 $\mathcal{U}_{\min}(L, e_1)$ 与 $\mathcal{U}_{\min}(M, e_2)$ 中一致模的直积未必是 $\mathcal{U}_{\min}(L \times M, (e_1, e_2))$ 中一致模.

例如, 当 $e_2 \neq 1$, $x_2 \notin [e_1, 1]$, $y_1, y_2 \in [e_2, 1]$ 并且 $y_1 > y_2$ 时,

$$(x_2, S_2(y_1, y_2)) \geqslant (x_2, y_1 \vee y_2) > (x_2, y_2),$$

当 $e_1 \neq 1$, $x_1, x_2 \in [e_1, 1]$, $y_2 \notin [e_2, 1]$ 并且 $x_1 > x_2$ 时,

$$(S_1(x_1, x_2), y_2) \geqslant (x_1 \vee x_2, y_2) > (x_2, y_2).$$

这就是说, 当 $(x_1, y_1) \in [(e_1, e_2), (1,1)]$, $(x_2, y_2) \notin [(e_1, e_2), (1,1)]$, 并且 $(e_1, e_2) \neq (1,1)$ 时,

$$(U_1 \times U_2)((x_1, y_1), (x_2, y_2)) \neq (x_2, y_2).$$

因此 $U_1 \times U_2$ 不是 $\mathcal{U}_{\min}(L \times M, (e_1, e_2))$ 中一致模.

命题 4.2.4 设 $U \in \mathcal{U}_{\min}(L \times M, (e_1, e_2))$, 并且 $(e_1, e_2) \in (L \times M) \backslash \{(1,1)\}$, 则 U 不能分解成 L 上的一致模与 M 上的一致模的直积.

证明 设 $U \in \mathcal{U}_{\min}(L \times M, (e_1, e_2))$, 并且 $(e_1, e_2) \neq (1,1)$. 由于 U 是合取一致模, 因此 U 的幺元 $(e_1, e_2) \neq (0,0)$. 下面分三种情形证明结论成立.

情形 1: $e_1 \neq 0$, $e_2 \neq 0$.

若 U 是 L 上的一致模 U_1 与 M 上的一致模 U_2 的直积, 则

$$U_1(0, 0) = U_2(0, 0) = 0.$$

由定理 2.1.8 的证明知, U 满足 (2.1.4) 式, 即对于任意的 $(x_1, y_1), (x_2, y_2) \in L \times M$, 都有

$$U((x_1, y_1), (x_2, y_2)) = U((x_1, 0), (x_2, 0)) \vee U((0, y_1), (0, y_2)).$$

由定理 4.2.1 知, 存在 $[(e_1, e_2), (1,1)]$ 上的三角余模 S 和 $(L \times M) \backslash [(e_1, e_2), (1,1)]$ 上的准三角模 F, 使得

$$U((x_1, y_1), (x_2, y_2))$$

$$
=\begin{cases}
S((x_1,y_1),(x_2,y_2)), & \text{若 } (x_1,y_1),(x_2,y_2) \in [(e_1,e_2),(1,1)], \\
(x_2,y_2), & \text{若 } (x_1,y_1) \in [(e_1,e_2),(1,1)] \\
 & \text{且 } (x_2,y_2) \in (L \times M)\backslash[(e_1,e_2),(1,1)], \\
(x_1,y_1), & \text{若 } (x_1,y_1) \in (L \times M)\backslash[(e_1,e_2),(1,1)] \\
 & \text{且 } (x_2,y_2) \in [(e_1,e_2),(1,1)], \\
F((x_1,y_1),(x_2,y_2)), & \text{若 } (x_1,y_1),(x_2,y_2) \in (L \times M)\backslash[(e_1,e_2),(1,1)].
\end{cases}
$$

于是当 $(x_1,y_1),(x_2,y_2) \in [(e_1,e_2),(1,1)]$ 时, 有

$$U((x_1,y_1),(x_2,y_2)) = S((x_1,y_1),(x_2,y_2))$$

$$\geqslant (x_1,y_1) \vee (x_2,y_2) = (x_1 \vee x_2, y_1 \vee y_2).$$

由于 $e_1 \neq 0$, $e_2 \neq 0$, 因此对于任意的 $(x_1,y_1),(x_2,y_2) \in L \times M$, 都有

$$(x_1,0),(x_2,0),(0,y_1),(0,y_2) \notin [(e_1,e_2),(1,1)].$$

由此可见

$$U((x_1,0),(x_2,0)) = F((x_1,0),(x_2,0)) \leqslant (x_1,0) \wedge (x_2,0) = (x_1 \wedge x_2, 0),$$

$$U((0,y_1),(0,y_2)) = F((0,y_1),(0,y_2)) \leqslant (0,y_1) \wedge (0,y_2) = (0, y_1 \wedge y_2).$$

这样一来, 我们有

$$U((x_1,y_1),(x_2,y_2)) = U((x_1,0),(x_2,0)) \vee U((0,y_1),(0,y_2))$$

$$\leqslant (x_1 \wedge x_2, 0) \vee (0, y_1 \wedge y_2) = (x_1 \wedge x_2, y_1 \wedge y_2).$$

由于 $(e_1,e_2) \neq (1,1)$, 因此当 $(x_1,y_1),(x_2,y_2) \in [(e_1,e_2),(1,1)]$, 并且 $(x_1,y_1) \neq (x_2,y_2)$ 时,

$$(x_1 \vee x_2, y_1 \vee y_2) \leqslant (x_1 \wedge x_2, y_1 \wedge y_2).$$

这是一个矛盾. 所以 U 不能分解成 L 上的一致模与 M 上的一致模的直积.

情形 2: $e_1 = 0$, $e_2 \neq 0$.

若 U 是 L 上的一致模 U_1 与 M 上的一致模 U_2 的直积, 则

$$U((0,e_2),(x,y)) = (U_1(0,x), U_2(e_2,y)) = (x,y), \quad \forall (x,y) \in L \times M.$$

于是, U_1 是 L 上的三角余模, 记为 S_1, 并且 U_2 是 M 上的带幺元 e_2 的一致模. 由于当 $y_1 \in [e_2,1]$, $y_2 \notin [e_2,1]$ 时,

$$(x_1,y_1) \in [(0,e_2),(1,1)], (x_2,y_2) \notin [(0,e_2),(1,1)], \quad \forall x_1,x_2 \in L,$$

因此

$$U((x_1, y_1), (x_2, y_2)) = (S_1(x_1, x_2), U_2(y_1, y_2)) = (x_2, y_2)$$

$$\Rightarrow S_1(x_1, x_2) = x_2, \quad \forall x_1, x_2 \in L.$$

这也是一个矛盾. 所以 U 不能分解成 L 上的一致模与 M 上的一致模的直积.

情形 3: $e_1 \neq 0, e_2 = 0$.

类似于情形 2, 可以证明 U 也不能分解成 L 上的一致模与 M 上的一致模的直积. □

当 $(e_1, e_2) = (1, 1)$ 时, U 是 $L \times M$ 上的三角模. 根据定理 2.1.8, 三角模 U 可以分解为 L 上的三角模与 M 上的三角模的直积, 当且仅当 U 满足 (2.1.4) 式.

注 4.2.1 当 U 满足 (2.1.4) 式时,

$$U((1, 1), (1, 1)) = U((1, 0), (1, 0)) \vee U((0, 1), (0, 1)) = (1, 1).$$

另一方面, 由于 $U \in \mathcal{U}_{\min}(L \times M, (e_1, e_2))$, 因此, 当 $e_1 \neq 0$ 并且 $e_2 \neq 0$ 时, 从命题 4.2.4 的证明中可以看到

$$U((1, 0), (1, 0)) = F((1, 0), (1, 0)) \leqslant (1, 0) \wedge (1, 0) = (1, 0),$$

$$U((0, 1), (0, 1)) = F((0, 1), (0, 1)) \leqslant (0, 1) \wedge (0, 1) = (0, 1).$$

所以

$$U((1, 0), (1, 0)) = (1, 0), U((0, 1), (0, 1)) = (0, 1).$$

这就是说, 当 $e_1 \neq 0$, $e_2 \neq 0$ 并且 $U \in \mathcal{U}_{\min}(L \times M, (e_1, e_2))$ 时, 若 U 满足 (2.1.4) 式, 则 U 一定满足 (4.1.4) 式.

当 $e_1 \neq 0$, $e_2 \neq 0$ 并且 $F = \wedge$ 时, 由 (4.2.1) 式确定的 $\mathcal{U}_{\min}(L \times M, (e_1, e_2))$ 中一致模 U 满足 (4.1.4) 式. 根据命题 4.2.4 和命题 4.1.9, U 不满足 (2.1.4) 式.

对偶地, 我们有下面结论.

命题 4.2.5 设 $U \in \mathcal{U}_{\max}(L \times M, (e_1, e_2))$, 并且 $(e_1, e_2) \in (L \times M) \backslash \{(0, 0)\}$, 则 U 不能分解成 L 上的一致模与 M 上的一致模的直积. □

当 $(e_1, e_2) = (0, 0)$ 时, U 是 $L \times M$ 上的三角余模. 于是, 三角余模 U 可以分解为 L 上的三角余模与 M 上的三角余模的直积, 当且仅当 U 满足 (4.1.3) 式.

4.2.2 构造 $\mathcal{U}_{\min}^1(e)$ 和 $\mathcal{U}_{\max}^0(e)$ 中一致模

设 $e \in L \backslash \{0, 1\}$. 令

$$\mathcal{U}_{\min}^1(L, e)$$

$$= \{U \in \mathcal{U}(e)|U(x,y) = y, \forall(x,y) \in]e,1[\times(L\backslash[e,1]), U(1,y) = 1, \forall y \in L\backslash[e,1]\},$$

$$\mathcal{U}_{\max}^0(L,e)$$

$$= \{U \in \mathcal{U}(e)|U(x,y) = y, \forall(x,y) \in]0,e[\times(L\backslash[0,e]), U(0,y) = 0, \forall y \in L\backslash[0,e]\}.$$

同样, $\mathcal{U}_{\min}^1(L,e)$ 和 $\mathcal{U}_{\max}^0(L,e)$ 分别简记为 $\mathcal{U}_{\min}^1(e)$ 和 $\mathcal{U}_{\max}^0(e)$.

由 $\mathcal{U}_{\min}^1(e)$ 和 $\mathcal{U}_{\max}^0(e)$ 的定义可知,

(1) $\mathcal{U}_{\min}(e) \cap \mathcal{U}_{\min}^1(e) = \varnothing$; $\mathcal{U}_{\max}(e) \cap \mathcal{U}_{\max}^0(e) = \varnothing$.

(2) $\mathcal{U}_{\min}^1(e)$ 中一致模都是析取的; $\mathcal{U}_{\max}^0(e)$ 中一致模都是合取的.

下面利用三角余模和准三角模来构造 $\mathcal{U}_{\min}^1(e)$ 中一致模.

定理 4.2.3[123]　设 $e \in L\backslash\{0,1\}$, S 是 $[e,1]$ 上的三角余模, F 是 $L\backslash[e,1]$ 上的准三角模. 定义 L 上的二元运算 U 如下:

$$U(x,y) = \begin{cases} S(x,y), & 若 (x,y) \in [e,1]^2, \\ y, & 若 (x,y) \in [e,1[\times(L\backslash[e,1]), \\ x, & 若 (x,y) \in (L\backslash[e,1]) \times [e,1[, \\ 1, & 若 (x,y) \in \{1\} \times (L\backslash[e,1]) \cup (L\backslash[e,1]) \times \{1\}, \\ F(x,y), & 若 (x,y) \in (L\backslash[e,1])^2, \end{cases} \quad (4.2.3)$$

则 $U \in \mathcal{U}_{\min}^1(e)$ 当且仅当对于任意的 $x,y \in]e,1[$, $S(x,y) < 1$.

证明　当 $U \in \mathcal{U}_{\min}^1(e)$ 时, 我们看出, 对于任意的 $x,y \in]e,1[$, $S(x,y) < 1$.

设 $U_{\min}$ 是由 (4.2.1) 式确定的二元运算. 若对于任意的 $x,y \in]e,1[$, $S(x,y) < 1$, 则由 (4.2.3) 式知, 当 $x = 1$ 或 $y = 1$ 时, $U(x,y) = 1$; 当 $x \neq 1$ 并且 $y \neq 1$ 时,

$$U(x,y) = U_{\min}(x,y) < 1.$$

令 $X_1 = (\{1\}, S)$, $X_2 = (L\backslash[e,1], F)$, $X_3 = ([e,1], S)$, 则 X_1, X_2 和 X_3 都是交换半群, 并且 (L,U) 是 X_1, X_2 和 X_3 的序数和. 于是, 由命题 2.1.6 知, (L,U) 也是交换半群, 因此 U 满足 (U1) 和 (U2).

若 $x,y,z \in L$ 并且 $x \leqslant y$, 则当 $1 \in \{x,y,z\}$ 时,

$$U(x,z) \leqslant 1 = U(y,z),$$

当 $1 \notin \{x,y,z\}$ 时,

$$U(x,z) = U_{\min}(x,z) \leqslant U_{\min}(y,z) = U(y,z).$$

因此 U 具有单调性.

显然 e 是 U 的幺元. 所以 $U \in \mathcal{U}_{\min}^1(e)$. $\square$

若 $U \in \mathcal{U}_{\min}^1(e)$, 并且存在 $x, y \in]e, 1[$ 使得 $U(x, y) = 1$, 则

$$U(U(x, y), 0) = 1 \neq 0 = U(x, U(y, 0)),$$

于是对于任意的 $x, y \in]e, 1[$, $U(x, y) < 1$. 因此 $x \vee y \leqslant U(x, y) < 1$. 这样, 根据定理 4.2.1 和定理 4.2.3 可以得到两类一致模 $\mathcal{U}_{\min}(e)$ 和 $\mathcal{U}_{\min}^1(e)$ 之间有如下关系.

定理 4.2.4 设 $e \in L \backslash \{0, 1\}$.

(1) 若 $U \in \mathcal{U}_{\min}(e)$,

$$U_1(x, y) = \begin{cases} 1, & \text{若 } (x, y) \in \{1\} \times (L \backslash [e, 1]) \cup (L \backslash [e, 1]) \times \{1\}, \\ U(x, y), & \text{否则}, \end{cases}$$

则 $U_1 \in \mathcal{U}_{\min}^1(e)$ 当且仅当对于任意的 $x, y \in]e, 1[$, $U(x, y) < 1$.

(2) 若 $U \in \mathcal{U}_{\min}^1(e)$,

$$U_2(x, y) = \begin{cases} x \wedge y, & \text{若 } (x, y) \in \{1\} \times (L \backslash [e, 1]) \cup (L \backslash [e, 1]) \times \{1\}, \\ U(x, y), & \text{否则}, \end{cases}$$

则 $U_2 \in \mathcal{U}_{\min}(e)$ 当且仅当 U_2 是由 (4.2.3) 式确定的二元运算. $\square$

同样, 可以用三角模和准三角余模来构造 $\mathcal{U}_{\max}^0(e)$ 中一致模.

定理 4.2.5 设 $e \in L \backslash \{0, 1\}$, T 是 $[0, e]$ 上的三角模, G 是 $L \backslash [0, e]$ 上的准三角余模. 定义 L 上的二元运算 U 如下:

$$U(x, y) = \begin{cases} T(x, y), & \text{若 } (x, y) \in [0, e]^2, \\ y, & \text{若 } (x, y) \in]0, e] \times (L \backslash [0, e]), \\ x, & \text{若 } (x, y) \in (L \backslash [0, e]) \times]0, e], \\ 0, & \text{若 } (x, y) \in \{0\} \times (L \backslash [0, e]) \cup (L \backslash [0, e]) \times \{0\}, \\ G(x, y), & \text{若 } (x, y) \in (L \backslash [0, e])^2, \end{cases} \tag{4.2.4}$$

则 $U \in \mathcal{U}_{\max}^0(e)$ 当且仅当对于任意的 $x, y \in]0, e[$, $0 < T(x, y)$. $\square$

例 4.2.5[134] 设 T 是 $[0, e]$ 上的三角模, S 是 $[e, 1]$ 上的三角余模. 在定理 4.2.3 和定理 4.2.5 中, 分别取 $F = \wedge$ 和 $G = \vee$ 时得到

$$U_1(x, y) = \begin{cases} S(x, y), & \text{若 } (x, y) \in [e, 1]^2, \\ y, & \text{若 } (x, y) \in [e, 1[\times I_e, \\ x, & \text{若 } (x, y) \in I_e \times [e, 1[, \\ x \vee y, & \text{若 } (x, y) \in [0, e[\times \{1\} \cup \{1\} \times [0, e[\cup I_e \times \{1\} \cup \{1\} \times I_e, \\ x \wedge y, & \text{否则}, \end{cases}$$

$$U_2(x,y) = \begin{cases} T(x,y), & \text{若 } (x,y) \in [0,e]^2, \\ y, & \text{若 } (x,y) \in]0,e] \times I_e, \\ x, & \text{若 } (x,y) \in I_e \times]0,e], \\ x \wedge y, & \text{若 } (x,y) \in [e,1] \times \{0\} \cup \{0\} \times [e,1] \cup I_e \times \{0\} \cup \{0\} \times I_e, \\ x \vee y, & \text{否则}, \end{cases}$$

并且 $U_1 \in \mathcal{U}_{\min}^1(e)$ 当且仅当对于任意的 $x,y \in]e,1[$, $S(x,y) < 1$; $U_2 \in \mathcal{U}_{\max}^0(e)$ 当且仅当对于任意的 $x,y \in]0,e[$, $0 < T(x,y)$.

4.2.3 构造 $\mathcal{U}_{\min}^r(e)$ 和 $\mathcal{U}_{\max}^r(e)$ 中一致模

这里讨论另外两类一致模, 它们是

$$\mathcal{U}_{\min}^r(e) = \{U \in \mathcal{U}(e) | U(x,y) = x, \forall (x,y) \in]e,1] \times (L\backslash [e,1])\},$$

$$\mathcal{U}_{\max}^r(e) = \{U \in \mathcal{U}(e) | U(x,y) = x, \forall (x,y) \in [0,e[\times (L\backslash [0,e])\}.$$

显然, 当 $e \neq 0$ 时, $\mathcal{U}_{\min}^r(e)$ 中一致模都是析取的; 当 $e \neq 1$ 时, $\mathcal{U}_{\max}^r(e)$ 中一致模都是合取的.

现在我们利用三角余模和准三角模来构造 $\mathcal{U}_{\min}^r(e)$ 中一致模.

定理 4.2.6[123] 设 $e \in L\backslash \{0,1\}$, S 是 $[e,1]$ 上的三角模, F 是 $L\backslash [e,1]$ 上准的三角余模. 定义 L 上的二元运算 U 如下:

$$U(x,y) = \begin{cases} S(x,y), & \text{若 } (x,y) \in [e,1]^2, \\ x, & \text{若 } (x,y) \in]e,1] \times (L\backslash [e,1]), \\ y, & \text{若 } (x,y) \in (L\backslash [e,1]) \times]e,1], \\ y, & \text{若 } (x,y) \in \{e\} \times (L\backslash [e,1]), \\ x, & \text{若 } (x,y) \in (L\backslash [e,1]) \times \{e\}, \\ F(x,y), & \text{若 } (x,y) \in (L\backslash [e,1])^2, \end{cases} \tag{4.2.5}$$

则 $U \in \mathcal{U}_{\min}^r(e)$ 当且仅当对于任意的 $(x,y) \in I_e \times]e,1[$, $x < y$.

证明 当 $U \in \mathcal{U}_{\min}^r(e)$ 时, 对于任意的 $(x,y) \in I_e \times]e,1[$, 由 U 的单调性知

$$x = U(x,e) \leqslant U(x,y) = y.$$

由于 $(x,y) \in I_e \times]e,1[$, 因此 $x \neq y$. 所以 $x < y$.

设对于任意的 $(x,y) \in I_e \times]e,1[$, $x < y$. 令

$$X_1 = (]e,1], S), \quad X_2 = (L\backslash [e,1], F), \quad X_3 = (\{e\}, S),$$

则 X_1, X_2 和 X_3 都是交换半群, 并且 (L, U) 是 X_1, X_2 和 X_3 的序数和. 于是由命题 2.1.6 知, (L, U) 也是交换半群, 因此 U 满足 (U1) 和 (U2).

设 $x, y, z \in L$ 并且 $x \leqslant y$. 下面分两种情形证明: $U(x, z) \leqslant U(y, z)$.

情形 1: $e \in \{x, y, z\}$.

当 $x = e$ 时, $y \in [e, 1]$,

$$z \in [e, 1] \Rightarrow U(x, z) = z \leqslant y \vee z \leqslant S(y, z) = U(y, z),$$

$$z \notin [e, 1] \Rightarrow U(x, z) = z \leqslant y = U(y, z);$$

当 $y = e$ 时, $x \in [0, e]$, 这时仅考虑 $x \in [0, e)$,

$$z \in \,]e, 1] \Rightarrow U(x, z) = z = U(y, z),$$

$$z = e \Rightarrow U(x, z) = x \leqslant y = U(y, z),$$

$$z \notin [e, 1] \Rightarrow U(x, z) = F(x, z) \leqslant x \wedge z \leqslant z = U(y, z);$$

当 $z = e$ 时, $U(x, z) = x \leqslant y = U(y, z)$.

情形 2: $e \notin \{x, y, z\}$.

当 $z \in \,]e, 1]$ 时,

$$(x, y) \in \,]e, 1]^2 \Rightarrow U(x, z) = S(x, z) \leqslant S(y, z) = U(y, z),$$

$$(x, y) \in (L \backslash [e, 1])^2 \Rightarrow U(x, z) = z = U(y, z),$$

$$(x, y) \in (L \backslash [e, 1]) \times \,]e, 1] \Rightarrow U(x, z) = z \leqslant S(y, z) = U(y, z);$$

当 $z \in L \backslash [e, 1]$ 时,

$$(x, y) \in \,]e, 1]^2 \Rightarrow U(x, z) = x \leqslant y = U(y, z),$$

$$(x, y) \in (L \backslash [e, 1])^2 \Rightarrow U(x, z) = F(x, z) \leqslant F(y, z) = U(y, z),$$

$$(x, y) \in (L \backslash [e, 1]) \times \,]e, 1] \Rightarrow xUz = xFz \leqslant x \leqslant y = yUz,$$

因此 U 具有单调性.

显然 e 是 U 的幺元.

所以 U 是 L 上的一致模, 并且由 (4.2.5) 式知, $U \in \mathcal{U}_{\min}^r(e)$. $\quad\square$

由定理 4.2.6 的证明可以看出, 当 $\mathcal{U}_{\min}^r(e) \neq \varnothing$ 时, 对于任意的 $(x, y) \in I_e \times \,]e, 1[$, $x < y$. 因此, 根据定理 4.2.1, 定理 4.2.3 和定理 4.2.6 可以得到三类一致模 $\mathcal{U}_{\min}(e)$, $\mathcal{U}_{\min}^1(e)$ 和 $\mathcal{U}_{\min}^r(e)$ 之间的联系.

定理 4.2.7　设 $e \in L \setminus \{0, 1\}$.

(1) 若 $U \in \mathcal{U}_{\min}(e)$,

$$U_1(x, y) = \begin{cases} x, & \text{若 } (x, y) \in \,]e, 1] \times (L \setminus [e, 1]), \\ y, & \text{若 } (x, y) \in (L \setminus [e, 1]) \times \,]e, 1], \\ U(x, y), & \text{否则}, \end{cases}$$

则 $U_1 \in \mathcal{U}^r_{\min}(e)$ 当且仅当对于任意的 $(x, y) \in I_e \times \,]e, 1]$, $x < y$.

(2) 若 $U \in \mathcal{U}^r_{\min}(e)$,

$$U_2(x, y) = \begin{cases} y, & \text{若 } (x, y) \in \,]e, 1] \times (L \setminus [e, 1]), \\ x, & \text{若 } (x, y) \in (L \setminus [e, 1]) \times \,]e, 1], \\ U(x, y), & \text{否则}, \end{cases}$$

则 $U_2 \in \mathcal{U}_{\min}(e)$ 当且仅当 U_2 是由 (4.2.5) 式确定的二元运算.

(3) 设 $U \in \mathcal{U}^1_{\min}(e)$, U 是由 (4.2.3) 式确定的二元运算并且对于任意的 $(x, y) \in I_e \times \,]e, 1]$, $x < y$. 令

$$U_3(x, y) = \begin{cases} x, & \text{若 } (x, y) \in \,]e, 1] \times (L \setminus [e, 1]), \\ y, & \text{若 } (x, y) \in (L \setminus [e, 1]) \times \,]e, 1], \\ U(x, y), & \text{否则}, \end{cases}$$

则 $U_3 \in \mathcal{U}^r_{\min}(e)$.

(4) 设 $U \in \mathcal{U}^r_{\min}(e)$, U 是由 (4.2.5) 式确定的二元运算并且对于任意的 $x, y \in \,]e, 1[$, $U(x, y) < 1$. 令

$$U_4(x, y) = \begin{cases} y, & \text{若 } (x, y) \in \,]e, 1] \times (L \setminus [e, 1]), \\ x, & \text{若 } (x, y) \in (L \setminus [e, 1]) \times \,]e, 1], \\ U(x, y), & \text{否则}, \end{cases}$$

则 $U_4 \in \mathcal{U}^1_{\min}$.　$\square$

对偶地, 可以利用三角模和准三角余模来构造 $\mathcal{U}^r_{\max}(e)$ 中一致模.

定理 4.2.8　设 $e \in L \setminus \{0, 1\}$, T 是 $[0, e]$ 上的三角模, G 是 $L \setminus [0, e]$ 上的准三角余模. 定义 L 上的二元运算 U 如下:

$$U(x,y) = \begin{cases} T(x,y), & \text{若 } (x,y) \in [0,e]^2, \\ x, & \text{若 } (x,y) \in [0,e[\times (L\backslash[0,e]), \\ y, & \text{若 } (x,y) \in (L\backslash[0,e]) \times [0,e[, \\ y, & \text{若 } (x,y) \in \{e\} \times (L\backslash[0,e]), \\ x, & \text{若 } (x,y) \in (L\backslash[0,e]) \times \{e\}, \\ G(x,y), & \text{若 } (x,y) \in (L\backslash[0,e])^2, \end{cases} \tag{4.2.6}$$

则 $U \in \mathcal{U}_{\max}^r(e)$ 当且仅当对于任意 $(x,y) \in I_e \times]0,e[,\ y < x.$ □

例 4.2.6[135] 设 T 是 $[0,e]$ 上的三角模, S 是 $[e,1]$ 上的三角余模. 令

$$F_1(x,y) = x \wedge y, \quad F_2(x,y) = T(x \wedge e, y \wedge e),$$

$$F_3(x,y) = \begin{cases} T(x,y), & \text{若 } x,y \in [0,e], \\ x \wedge y, & \text{若 } (x,y) \in (L\backslash[e,1])^2\backslash[0,e]^2, \end{cases}$$

$$G_1(x,y) = x \vee y, \quad G_2(x,y) = S(x \vee e, y \vee e),$$

$$G_3(x,y) = \begin{cases} S(x,y), & \text{若 } x,y \in [e,1], \\ x \vee y, & \text{若 } (x,y) \in (L\backslash[0,e])^2\backslash[e,1]^2. \end{cases}$$

在定理 4.2.6 和定理 4.2.8 中, 分别取 $F = F_1$ 和 $G = G_1$ 时得到

$$U_1(x,y) = \begin{cases} S(x,y), & \text{若 } (x,y) \in [e,1]^2, \\ y, & \text{若 } (x,y) \in \{e\} \times I_e, \\ x, & \text{若 } (x,y) \in I_e \times \{e\}, \\ x \vee y, & \text{若 } (x,y) \in I_e \times]e,1] \cup]e,1] \times I_e \cup [0,e] \times]e,1] \\ & \qquad\qquad \cup]e,1] \times [0,e], \\ x \wedge y, & \text{否则}, \end{cases}$$

$$U_2(x,y) = \begin{cases} T(x,y), & \text{若 } (x,y) \in [0,e]^2, \\ y, & \text{若 } (x,y) \in \{e\} \times I_e, \\ x, & \text{若 } (x,y) \in I_e \times \{e\}, \\ x \wedge y, & \text{若 } (x,y) \in I_e \times [0,e[\cup [0,e[\times I_e \cup [0,e[\times [e,1] \\ & \qquad\qquad \cup [e,1] \times [0,e[, \\ x \vee y, & \text{否则}, \end{cases}$$

分别取 $F = F_2$ 和 $G = G_2$ 时得到

$$U_3(x,y) = \begin{cases} S(x,y), & \text{若 } (x,y) \in [e,1]^2, \\ y, & \text{若 } (x,y) \in \{e\} \times I_e, \\ x, & \text{若 } (x,y) \in I_e \times \{e\}, \\ x \vee y, & \text{若 } (x,y) \in I_e \times\,]e,1] \cup\,]e,1] \times I_e \\ & \qquad \cup [0,e] \times\,]e,1] \cup\,]e,1] \times [0,e], \\ T(x \wedge e, y \wedge e), & \text{否则}, \end{cases}$$

$$U_4(x,y) = \begin{cases} T(x,y), & \text{若 } (x,y) \in [0,e]^2, \\ y, & \text{若 } (x,y) \in \{e\} \times I_e, \\ x, & \text{若 } (x,y) \in I_e \times \{e\}, \\ x \wedge y, & \text{若 } (x,y) \in I_e \times [0,e[\,\cup [0,e[\,\times I_e \\ & \qquad \cup [0,e[\,\times [e,1] \cup [e,1] \times [0,e[, \\ S(x \vee e, y \vee e), & \text{否则}, \end{cases}$$

分别取 $F = F_3$ 和 $G = G_3$ 时得到

$$U_5(x,y) = \begin{cases} T(x,y), & \text{若 } (x,y) \in [0,e]^2, \\ S(x,y), & \text{若 } (x,y) \in [e,1]^2, \\ x \vee y, & \text{若 } (x,y) \in I_e \times\,]e,1] \cup\,]e,1] \times I_e \\ & \qquad \cup [0,e] \times\,]e,1] \cup\,]e,1] \times [0,e], \\ y, & \text{若 } (x,y) \in \{e\} \times I_e, \\ x, & \text{若 } (x,y) \in I_e \times \{e\}, \\ x \wedge y, & \text{否则}, \end{cases}$$

$$U_6(x,y) = \begin{cases} T(x,y), & \text{若 } (x,y) \in [0,e]^2, \\ S(x,y), & \text{若 } (x,y) \in [e,1]^2, \\ x \wedge y, & \text{若 } (x,y) \in I_e \times [0,e[\,\cup [0,e[\,\times I_e \\ & \qquad \cup [0,e[\,\times [e,1] \cup [e,1] \times [0,e[\\ y, & \text{若 } (x,y) \in \{e\} \times I_e, \\ x, & \text{若 } (x,y) \in I_e \times \{e\}, \\ x \vee y, & \text{否则}. \end{cases}$$

可以验证: U_1, $U_3 \in \mathcal{U}_{\min}^r(e)$ 当且仅当对于任意的 $(x,y) \in I_e \times\,]e,1[$, $x < y$; U_2, $U_4 \in \mathcal{U}_{\max}^r(e)$ 当且仅当对于任意的 $(x,y) \in I_e \times\,]0,e[$, $y < x$.

若对于任意的 $s \in I_e$ 和任意的 $t \in [0,e[$, $s > t$, 并且对于任意的 $p,q \in I_e$, $p \wedge q \in I_e$, 则 $U_5 \in \mathcal{U}_{\min}^r(e)$ 当且仅当对于任意的 $(x,y) \in I_e \times\,]e,1[$, $x < y$. 若对于

任意的 $s \in I_e$ 和任意的 $t \in]e, 1]$, $s < t$, 并且对于任意的 $p, q \in I_e$, $p \vee q \in I_e$, 则 $U_6 \in \mathcal{U}_{\max}^r(e)$ 当且仅当对于任意的 $(x, y) \in I_e \times]0, e[$, $y < x$.

容易看出, 当 $e \in L \backslash \{0, 1\}$ 时, 例 4.1.5 中合取一致模 U_1 并非 $\mathcal{U}_{\min}(e)$, $\mathcal{U}_{\max}^0(e)$ 和 $\mathcal{U}_{\max}^r(e)$ 中元素, 析取一致模 U_2 也不是 $\mathcal{U}_{\max}(e)$, $\mathcal{U}_{\min}^1(e)$ 和 $\mathcal{U}_{\min}^r(e)$ 中元素, 说明 $\mathcal{U}_{\min}(e)$, $\mathcal{U}_{\max}^0(e)$ 和 $\mathcal{U}_{\max}^r(e)$ 都是合取一致模组成集合的真子集, $\mathcal{U}_{\max}(e)$, $\mathcal{U}_{\min}^1(e)$ 和 $\mathcal{U}_{\min}^r(e)$ 都是析取一致模组成集合的真子集.

4.3 一致模诱导的模糊蕴涵和模糊余蕴涵

4.3.1 (U, N) 蕴涵和 (U, N) 余蕴涵

定义 4.3.1 设 A 是 L 上的二元运算, N 是 L 上的否定. 定义 L 上的二元运算 $B_{A,N}$ 如下:

$$B_{A,N}(x, y) = A(N(x), y), \quad \forall x, y \in L. \tag{4.3.1}$$

我们将 $B_{A,N}$ 称为 A 和 N 诱导的二元运算.

当 A 是 L 上的一致模 U 时, 容易看出, $B_{U,N}$ 是混合单调的并且

$$B_{U,N}(1, 0) = U(N(1), 0) = U(0, 0) = 0,$$

$$B_{U,N}(0, 1) = U(N(0), 1) = U(1, 1) = 1.$$

由于 U 满足交换律和结合律, 因此

$$B_{U,N}(x, B_{U,N}(y, z)) = U(N(x), U(N(y), z))$$

$$= U(N(y), U(N(x), z)) = B_{U,N}(y, B_{U,N}(x, z)), \quad \forall x, y, z \in L.$$

这就是说, $B_{U,N}$ 满足交换原则. 特别地, 当 N 是 L 上的强否定时,

$$B_{U,N}(N(y), N(x)) = U(N(N(y)), N(x)) = U(y, N(x))$$

$$= U(N(x), y) = B_{U,N}(x, y), \quad \forall x, y \in L,$$

即 $B_{U,N}$ 具有反位对称性.

命题 4.3.1 设 $U \in \mathcal{U}(e)$, N 是 L 上的否定. 则如下断言成立.

(1) $B_{U,N} \in \mathcal{I}(L)$ 当且仅当 U 是 L 上的析取一致模.

(2) $B_{U,N} \in \mathcal{C}(L)$ 当且仅当 U 是 L 上的合取一致模.

证明 事实上, 当 $B_{U,N} \in \mathcal{I}(L)$ 时,

$$U(1, 0) = U(N(0), 0) = B_{U,N}(0, 0) = 1,$$

即 U 是析取一致模; 当 U 是析取一致模时,

$$B_{U,N}(0,x) = U(N(0),x) = U(1,x) \geqslant U(1,0) = 1,$$

$$B_{U,N}(x,1) = U(N(x),1) \geqslant U(0,1) = 1, \quad \forall x \in L,$$

于是 $B_{U,N}(0,x) = B_{U,N}(x,1) = 1, \forall x \in L$, 因此 $B_{U,N} \in \mathcal{I}(L)$.

当 $B_{U,N} \in \mathcal{C}(L)$ 时,

$$U(1,0) = U(N(0),0) = B_{U,N}(0,0) = 0,$$

即 U 是合取一致模; 当 U 是合取一致模时,

$$B_{U,N}(x,0) = U(N(x),0) \leqslant U(1,0) = 0,$$

$$B_{U,N}(1,x) = U(N(1),x) = U(0,x) \leqslant U(0,1) = 0, \quad \forall x \in L.$$

于是 $B_{U,N}(x,0) = B_{U,N}(1,x) = 0, \forall x \in L$, 因此 $B_{U,N} \in \mathcal{C}(L)$. □

根据命题 4.3.1, 我们定义 (U,N) 蕴涵和 (U,N) 余蕴涵.

定义 4.3.2[136-137]　设 U 是 L 上的一致模, N 是 L 上的否定. 若 U 是 L 上的析取一致模, 则称 $B_{U,N}$ 为 U 和 N 诱导的模糊蕴涵, 并将 $B_{U,N}$ 改记为 $I_{U,N}$. 若 U 是 L 上的合取一致模, 则称 $B_{U,N}$ 为 U 和 N 诱导的模糊余蕴涵, 并将 $B_{U,N}$ 改记为 $C_{U,N}$.

凡是由一个一致模和一个否定诱导的模糊蕴涵都称为 (U,N) 蕴涵; 凡是由一个一致模和一个否定诱导的模糊余蕴涵都称为 (U,N) 余蕴涵.

命题 4.3.2　设 U 是 L 上的一致模, N 是 L 上的否定. 则 U 具有右伴随性质, 当且仅当 $I_{U,N} \in \mathcal{I}_{\wedge}(L)$.

证明　假设 U 具有右伴随性质. 由注 4.1.1 知, U 是析取一致模, 于是, 由命题 4.3.1 知, $I_{U,N} \in \mathcal{I}(L)$. 其次, 由注 4.1.1 知, 对于任意的 $a \in L$, $\varphi_{a,U}$ 有左伴随 $\varphi_{a,U}^{-}$, 即

$$\varphi_{a,U}^{-}(x) \leqslant y \Leftrightarrow x \leqslant \varphi_{a,U}(y), \quad \forall x, y \in L.$$

由于

$$x \leqslant \varphi_{a,I_{U,N}}(y) = U(N(a),y) = \varphi_{N(a),U}(y) \Leftrightarrow \varphi_{N(a),U}^{-}(x) \leqslant y, \quad \forall x, y \in L,$$

因此

$$\varphi_{N(a),U}^{-}(x) \leqslant y \Leftrightarrow x \leqslant U(N(a),y) = \varphi_{a,I_{U,N}}(y), \quad \forall x, y \in L,$$

即 $\varphi_{N(a),U}^{-}$ 是 $\varphi_{a,I_{U,N}}$ 的左伴随. 这就是说, $I_{U,N} \in \mathcal{I}_{\wedge}(L)$.

反之, 当 $I_{U,N} \in \mathcal{I}_\wedge(L)$ 时, 将上述论证过程逐句倒叙回去, 可以阐明 U 是具有右伴随性质的一致模.　□

命题 4.3.2 的对偶命题如下:

命题 4.3.3 设 U 是 L 上的一致模, N 是 L 上的否定. 则 U 具有右伴随性质, 当且仅当 $C_{U,N} \in \mathcal{C}_\vee(L)$.　□

设 $I \in \mathcal{I}(L)$ 并且存在 $e \in L$ 使得 $I(1,e) = 0$. 令

$$N_I^e(x) = I(x,e), \quad \forall x \in L,$$

则 N_I^e 是 L 上的否定, 称为 I 关于 e 的自然否定. I 的自然否定 N_I 实际上就是 I 关于 0 的自然否定.

当 I 是 L 上的模糊蕴涵并且 N 是 L 上的否定时, 由定义 4.3.1 知, $B_{I,N}$ 满足 (U3) 并且

$$B_{I,N}(x,1) = B_{I,N}(1,x) = 1, \quad \forall x \in L.$$

特别地, $B_{I,N}(0,1) = B_{I,N}(1,0) = 1$. $B_{I,N}$ 满足交换律, 当且仅当

$$I(N(x),y) = I(N(y),x), \quad \forall x,y \in L.$$

当 N 是 L 上的强否定时, $B_{I,N}$ 满足交换律, 当且仅当 I 满足反位对称性, 即满足 (I12).

命题 4.3.4 设 N 是 L 上的强否定, $I \in \mathcal{I}(L)$, 并且满足 (I12). 则下面断言成立.

(1) $B_{I,N}$ 满足结合律当且仅当 I 满足 (EP).

(2) e 是 $B_{I,N}$ 的幺元当且仅当 $N_I^e = N$.

证明 (1) 当 I 满足 (EP) 时,

$$B_{I,N}(x, B_{I,N}(y,z)) = I(N(x), I(N(y),z))$$

$$= I(N(x), I(N(z),y)) = I(N(z), I(N(x),y))$$

$$= B_{I,N}(z, B_{I,N}(x,y)) = B_{I,N}(B_{I,N}(x,y), z), \quad \forall x,y,z \in L,$$

即 $B_{I,N}$ 满足结合律. 当 $B_{I,N}$ 满足结合律时,

$$I(x, I(y,z)) = B_{I,N}(N(x), B_{I,N}(N(y),z))$$

$$= B_{I,N}(B_{I,N}(N(x),N(y)), z) = B_{I,N}(B_{I,N}(N(y),N(x)), z)$$

$$= B_{I,N}(N(y), B_{I,N}(N(x),z)) = I(y, I(x,z)), \quad \forall x,y,z \in L,$$

即 I 满足 (EP).

(2) 当 e 是 $B_{I,N}$ 的幺元时,

$$x = B_{I,N}(x,e) = I(N(x),e) = N_I^e(N(x)) = (N_I^e \circ N)(x), \quad \forall x \in L.$$

于是, $N_I^e \circ N = 1_L$, $N_I^e = N^{-1} = N$. 当 $N_I^e = N$ 时,

$$B_{I,N}(e,x) = B_{I,N}(x,e) = I(N(x),e) = N_I^e(N(x)) = N(N(x)) = x, \quad \forall x \in L.$$

因此, e 是 $B_{I,N}$ 的幺元.　□

下面的定理 4.3.1 和定理 4.3.2 分别刻画了 (U,N) 蕴涵和 (U,N) 余蕴涵的本质属性.

定理 4.3.1　设 N 是 L 上的强否定, I 是 L 上的二元运算. 则如下两个断言等价:

(1) 存在析取一致模 $U \in \mathcal{U}(e)$ 使得 $I = I_{U,N}$.

(2) I 满足 (I1), (I3) 和 (EP), 并且 $N_I^e = N$.

证明　假设断言 (1) 成立. 则由命题 4.3.1 知, $I \in \mathcal{I}(L)$. 于是, I 自然满足 (I1) 和 (I3), 并且

$$B_{I,N}(x,y) = I_{U,N}(N(x),y) = U(N(N(x)),y) = U(x,y), \quad \forall x,y \in L,$$

即 $B_{I,N} = U$. 由于 U 满足 (U2), 因此 I 满足 (I12). 因为 U 满足 (U1), 并且 e 是 U 的幺元, 所以由命题 4.3.4 知, I 满足 (EP), 并且 $N_I^e = N$.

假设断言 (2) 成立. 于是, 我们有

$$I(x,N(y)) = I(x,N_I^e(y)) = I(x,I(y,e)) = I(y,I(x,e))$$

$$= I(y,N_I^e(x)) = I(y,N(x)), \quad \forall x,y \in L.$$

由此可见 I 满足 (I2),(I4) 和 (I12). 再由 (I2) 得

$$I(1,0) \leqslant I(1,e) = N_I^e(1) = N(1) = 0,$$

即 I 满足 (I5). 这就是说, $I \in \mathcal{I}(L)$ 并且满足 (I12). 令

$$U(x,y) = B_{I,N}(x,y) = I(N(x),y), \quad \forall x,y \in L.$$

由于 I 满足 (I12), 因此 U 满足 (U2). 再由命题 4.3.4 知, U 满足 (U1) 并且 e 是 U 的幺元. 显然 $U(1,0) = 1$ 并且 U 满足 (U3), 因此 $U \in \mathcal{U}(e)$ 是析取的, 并且

$$I(x,y) = U(N(x),y), \quad \forall x,y \in L,$$

即 $I = I_{U,N}$. 所以断言 (1) 成立. □

由定理 4.3.1 的证明可知, 将定理 4.3.1 中 (I1) 和 (I3) 分别替换为 (I2) 和 (I4) 时, 定理 4.3.1 仍然成立. 定理 4.3.1 中出现的析取一致模 U 和强否定 N 可以分别用 I 表示如下:

$$N(x) = N_I^e(x) = I(x, e), \quad \forall x \in L,$$

$$U(x, y) = I(N_I^e(x), y) = I(I(x, e), y), \quad \forall x, y \in L.$$

由定理 2.2.3 知, 凡是 S 蕴涵都满足 (I6). 但是, 对于 (U, N) 蕴涵 $I_{U,N}$, 我们有

$$I_{U,N}(1, x) = U(N(1), x) = U(0, x) = 0, \quad \forall x \in [0, e].$$

因此, 当 $e > 0$ 时, $I_{U,N}$ 不满足 (I6).

设 $C \in \mathcal{C}(L)$ 并且存在 $e \in L$ 使得 $C(0, e) = 1$. 令

$$N_C^e(x) = C(x, e), \quad \forall x \in L,$$

则 N_C^e 是 L 上的否定, 称为 C 关于 e 的自然否定.

定理 4.3.1 的对偶定理如下:

定理 4.3.2 设 N 是 L 上的强否定, C 是 L 上的二元运算. 则如下两个断言等价:

(1) 存在合取一致模 $U \in \mathcal{U}(e)$ 使得 $C = C_{U,N}$.

(2) C 满足 (C1), (C3) 和 (EP)(即 $C(x, C(y, z)) = C(y, C(x, z)), \forall x, y, z \in L$), 并且 $N_C^e = N$. □

同样将定理 4.3.2 中 (C1) 和 (C3) 分别替换为 (C2) 和 (C4) 时, 定理 4.3.2 仍然成立. 定理 4.3.2 中出现的合取一致模 U 和强否定 N 都可以用 C 表示出来, 即

$$N(x) = N_C^e(x) = C(x, e), \quad \forall x \in L,$$

$$U(x, y) = C(N_C^e(x), y) = C(C(x, e), y), \quad \forall x, y \in L.$$

4.3.2 *RU* 蕴涵和 *RU* 余蕴涵

在这一小节中, 我们假定 L 是完备格.

定义 4.3.3[138-139] 设 U 是 L 上的二元运算并且满足交换律. 定义 L 上的二元运算 I_U 如下:

$$I_U(x, y) = \vee\{s \in L | U(x, s) \leqslant y\}, \quad \forall x, y \in L. \tag{4.3.2}$$

I_U 称为 U 诱导的剩余蕴涵运算. 特别地, 当 $I_U \in \mathcal{I}(L)$ 时, I_U 称为 U 诱导的剩余蕴涵. 凡是一致模诱导的剩余蕴涵都称为 RU 蕴涵.

当 U 是 L 上的一致模时, 由 I_U 的定义可知, I_U 是混合单调的并且

$$I_U(1,0) = 0, \quad I_U(x,1) = 1, \quad \forall x \in L.$$

因此 $I_U \in \mathcal{I}(L)$, 当且仅当 I_U 满足 (I3), 当且仅当 $I_U(0,0) = 1$. 这样, 我们有

命题 4.3.5　设 $U \in \mathcal{U}(e)$. 则 I_U 是 RU 蕴涵, 当且仅当

$$\vee\{t \in L | U(0,t) = 0\} = 1. \qquad \square$$

注意, 由命题 4.3.5 知, 当 U 是合取一致模时, I_U 是 RU 蕴涵.

注 4.3.1　当 U 是 L 上具有左伴随性质的一致模时, 由注 4.1.1 知, U 是合取的并且 0 是 U 的零元. 于是, $(L, \wedge, \vee, U, e, I_U)$ 是交换 FL_0 代数, 并且对于任意的 $a \in L$, $\varphi_{a,U}$ 和 φ_{a,I_U} 构成一个剩余对, 即 $\varphi_{a,U}$ 是 φ_{a,I_U} 的左伴随. 因此 I_U 具有右伴随性质并且对于任意的 $a \in L$, φ_{a,I_U} 是保任意交的映射.

命题 4.3.6　设 U 是 L 上具有左伴随性质的一致模. 则 I_U 满足 (EP) 并且

$$U(x, I_U(x,y)) \leqslant y, \quad \forall x,y \in L,$$

即 U 和 I_U 满足 MP 规则.

证明　当 U 是 L 上具有左伴随性质的一致模时, 对于任意的 $x,y,z \in L$, 都有

$$I_U(x, I_U(y,z)) = \max\{s \in L | U(x,s) \leqslant I_U(y,z)\}$$

$$= \max\{s \in L | U(y, U(x,s)) \leqslant z\} = \max\{s \in L | U(x, U(y,s)) \leqslant z\}$$

$$= \max\{s \in L | U(y,s) \leqslant I_U(x,z)\} = I_U(y, I_U(x,z)).$$

这就是说 I_U 满足 (EP). 由于 U 具有左伴随性质, 对于任意的 $x \in L$, $\varphi_{x,U}$ 是保任意并的映射, 因此

$$U(x, I_U(x,y)) = U(x, \vee\{s \in L | U(x,s) \leqslant y\})$$

$$= \vee\{U(x,s) | U(x,s) \leqslant y\} \leqslant y,$$

即 U 和 I_U 满足 MP 规则.　$\square$

由于

$$I_U(e,y) = \vee\{s \in L | s = U(e,s) \leqslant y\} = y, \quad \forall y \in L,$$

因此 I_U 满足条件

$$I_U(e, y) = y, \quad \forall y \in L. \tag{INP_e}$$

命题 4.3.7 设 $U \in \mathcal{U}(e)$ 是具有左伴随性质的一致模. 则 I_U 满足条件

$$x \leqslant y \Leftrightarrow I_U(x, y) \geqslant e, \quad \forall x, y \in L. \tag{IOP_e}$$

证明 当 $x \leqslant y$ 时, $U(x, e) = x \leqslant y$, 于是 $I_U(x, y) \geqslant e$. 若 $I_U(x, y) \geqslant e$, 则由命题 4.3.6 知, $x = U(x, e) \leqslant U(x, I_U(x, y)) \leqslant y$. $\quad\square$

定义 4.3.4[139-140] 设 U 是 L 上的二元运算并且满足交换律. 定义 L 上的二元运算 C_U 如下:

$$C_U(x, y) = \wedge\{t \in L | y \leqslant U(x, t)\}, \quad \forall x, y \in L. \tag{4.3.3}$$

C_U 称为 U 诱导的剩余余蕴涵运算. 特别地, 当 $C_U \in \mathcal{C}(L)$ 时, C_U 称为 U 诱导的剩余余蕴涵. 凡是一致模诱导的剩余余蕴涵都称为 RU 余蕴涵.

设 U 是 L 上的一致模. 由定义 4.3.4 容易看出, C_U 也是混合单调的并且

$$C_U(0, 1) = 1, \quad C_U(x, 0) = 0, \quad \forall x \in L.$$

因此 $C_U \in \mathcal{C}(L)$, 当且仅当 C_U 满足 (C3), 当且仅当 $C_U(1, 1) = 0$. 于是, 我们有

命题 4.3.8 设 $U \in \mathcal{U}(e)$, 则 C_U 是 RU 余蕴涵, 当且仅当

$$\wedge\{t \in L | U(1, t) = 1\} = 0. \quad\square$$

注意, 当 U 是析取一致模时, $U(1, 0) = 1$ 并且 C_U 是 RU 余蕴涵.

同样, 由于

$$C_U(e, y) = \wedge\{t \in L | y \leqslant U(e, t) = t\} = y,$$

因此 C_U 满足条件

$$C_U(e, y) = y, \quad \forall y \in L. \tag{CNP_e}$$

命题 4.3.9 设 $U \in \mathcal{U}(e)$ 是具有右伴随性质的一致模. 则下列断言成立.

(1) C_U 具有左伴随性质并且对于任意的 $a \in L$, φ_{a, C_U} 是保任意并的映射.

(2) C_U 满足 (EP).

(3) $x \geqslant y \Leftrightarrow C_U(x, y) \leqslant e, \forall x, y \in L.$ $\tag{COP_e}$

(4) U 和 C_U 满足对偶 MP 规则, 即

$$y \leqslant U(x, C_U(x, y)), \quad \forall x, y \in L. \quad\square$$

下面研究 RU 蕴涵和 RU 余蕴涵的特征.

定理 4.3.3　设 I 是 L 上的二元运算. 则如下两个断言等价:

(1) 存在具有左伴随性质的一致模 $U \in \mathcal{U}(e)$, 使得 I 是 U 诱导的剩余蕴涵.

(2) I 满足 (IOP_e) 和 (EP), 并且 I 具有右伴随性质.

证明　假设断言 (1) 成立. 由注 4.3.1, 命题 4.3.6 和命题 4.3.7 知, I 满足 (IOP_e) 和 (EP) 并且 I 具有右伴随性质. 这就是说, 断言 (2) 成立.

假设断言 (2) 成立. 于是, 对于任意的 $a \in L$, $\varphi_{a,I}$ 有左伴随 $\varphi_{a,I}^-$, 其中

$$\varphi_{a,I}^-(x) = \min\{t \in L \mid x \leqslant I(a,t)\}, \quad \forall x \in L.$$

令

$$C_I^R(x,y) = \wedge\{t \in L \mid y \leqslant I(x,t)\}, \quad \forall x,y \in L, \tag{4.3.4}$$

则 C_I^R 关于第二个变量是单调递增的, C_I^R 具有左伴随性质, 并且

$$C_I^R(x,y) \leqslant z \Leftrightarrow y \leqslant I(x,z), \quad \forall x,y,z \in L.$$

现在证明 $C_I^R \in \mathcal{U}(e)$.

(1) 对于任意的 $x \in L$, 由 (IOP_e) 知

$$C_I^R(x,e) = \wedge\{t \in L \mid e \leqslant I(x,t)\} = \wedge\{t \in L \mid x \leqslant t\} = x.$$

(2) 对于任意的 $x,y,t \in L$, 由 (IOP_e) 和 (EP) 得

$$y \leqslant I(x,t) \Leftrightarrow I(y, I(x,t)) \geqslant e \Leftrightarrow I(x, I(y,t)) \geqslant e \Leftrightarrow x \leqslant I(y,t).$$

因此, 对于任意的 $x,y \in L$,

$$C_I^R(x,y) = \wedge\{t \in L \mid y \leqslant I(x,t)\} = \wedge\{t \in L \mid x \leqslant I(y,t)\} = C_I^R(y,x),$$

即 C_I^R 满足 (U2).

(3) 由于 C_I^R 关于第二个变量是单调递增的并且满足 (U2), 因此 C_I^R 满足 (U3), 并且对于任意的 $x \in L$, $C_I^R(e,x) = x$.

(4) 由定理 2.2.4 的充分性证明知, C_I^R 满足 (U1).

因此 C_I^R 是带幺元 e 的具有左伴随性质的一致模.

由于 I 具有右伴随性质, 因此, 对于任意的 $x,y \in L$,

$$I_{C_I^R}(x,y) = \vee\{s \in L \mid C_I^R(x,s) \leqslant y\} = \vee\{s \in L \mid s \leqslant I(x,y)\} = I(x,y),$$

即 $I = I_{C_I^R}$. 这就是说 I 是带幺元 e 的一致模 C_I^R 诱导的剩余蕴涵.

所以断言 (1) 成立.　$\square$

定理 4.3.3 中的三个条件是相互独立的. 例如, 下面例子中二元函数满足 (IOP$_e$) 和 (EP), 但不具有右伴随性质.

例 4.3.1 考虑 $[0,1]$ 上的二元函数

$$F(x,y) = \begin{cases} 1, & \text{若 } x = 0, \\ y, & \text{若 } 0 < x \leqslant y \text{ 且 } e < y \leqslant 1, \\ e, & \text{若 } 0 < x \leqslant y \leqslant e, \\ e - x + y, & \text{若 } 0 < y < x \leqslant e, \\ 0, & \text{否则}, \end{cases}$$

其中 $e \in]0,1[$. 可以验证, F 满足 (IOP$_e$) 和 (EP). 取 $x \in]0,e[$ 和单调递减收敛于 0 的数列 $\{z_n\}$ 时,

$$F(x, \wedge_{n \in \mathbb{N}} z_n) = F(x, 0) = 0 \neq e - x = \wedge_{n \in \mathbb{N}}(e - x + z_n) = \wedge_{n \in \mathbb{N}} F(x, z_n),$$

即 $F(x,y)$ 不具有右伴随性质.

注 4.3.2 当 I 具有右伴随性质时, 对于任意的 $a \in L$, $\varphi_{a,I}$ 都是保任意交的映射, 自然是保序映射. 所以 I 满足 (I2). 在定理 4.3.3 的证明中, 由 (IOP$_e$) 和 (EP) 得到

$$y \leqslant I(x,z) \Leftrightarrow x \leqslant I(y,z), \quad \forall x, y, z \in L. \tag{4.3.5}$$

(4.3.5) 式也称为弱交换原则或 (WE). 由 (WE) 可以推得 C_I^R 满足 (U2). 反过来, 当 C_I^R 满足 (U2) 时,

$$x \leqslant I(y,z) \Leftrightarrow C_I^R(y,x) \leqslant z \Leftrightarrow C_I^R(x,y) \leqslant z \Leftrightarrow y \leqslant I(x,z), \quad \forall x, y, z \in L,$$

即 (WE) 成立. 当 I 满足 (INP$_e$) 时,

$$C_I^R(e,x) = \wedge\{t \in L | x \leqslant I(e,t) = t\} = x, \quad \forall x \in L.$$

因此, 在定理 4.3.3 中, 用 (WE) 和 (INP$_e$) 替换 (IOP$_e$) 后, C_I^R 仍然是带幺元 e 的具有左伴随性质的一致模.

定理 4.3.4 设 I 是 L 上的二元运算. 则如下两个断言等价:

(1) 存在具有左伴随性质的一致模 $U \in \mathcal{U}(e)$, 使得 I 是 U 诱导的剩余蕴涵.

(2) I 满足 (INP$_e$), (WE) 和 (EP), 并且 I 右连续.

证明 假设断言 (1) 成立. 于是, I 满足 (INP$_e$) 并且

$$x \leqslant I(y,z) \Leftrightarrow U(y,x) \leqslant z \Leftrightarrow U(x,y) \leqslant z \Leftrightarrow y \leqslant I(x,z), \quad \forall x, y, z \in L,$$

即 I 满足 (WE), 于是, 由注 4.3.2 和定理 4.3.3 的证明知, I 满足 (EP) 并且 I 具有右伴随性质. 这就是说, 断言 (2) 成立.

假设断言 (2) 成立. 由注 4.3.2 和定理 4.3.3 的证明可知, 断言 (1) 成立. □

例 4.3.2　设 $U_1 \in \mathcal{U}_{\min}(e)$. 这时, 由 (4.2.1) 式和 (4.3.2) 式, 通过计算可得

$$I_{U_1}(x, y)$$

$$= \begin{cases} I_S(x, y) \vee (\vee\{t \in I_e | t \leqslant y\}), & \text{若 } (x, y) \in [e, 1]^2, \\ y, & \text{若 } (x, y) \in [e, 1] \times (L \backslash [e, 1]), \\ 1, & \text{若 } (x, y) \in (L \backslash [e, 1]) \times [e, 1] \\ & \qquad \cup (L \backslash [e, 1])^2 \text{ 且 } x \leqslant y, \\ e \vee (\vee\{t \in I_e | F(x, t) \leqslant y\}), & \text{若 } (x, y) \in (L \backslash [e, 1]) \times [e, 1] \text{ 且 } x \nleqslant y, \\ I_F(x, y), & \text{若 } (x, y) \in (L \backslash [e, 1])^2 \text{ 且 } x \nleqslant y, \end{cases}$$

其中

$$I_S(x, y) = \vee\{t \in [e, 1] | S(x, t) \leqslant y\}$$

是 $[e, 1]$ 上的三角余模 S 的剩余蕴涵运算,

$$I_F(x, y) = \vee\{t \in L \backslash [e, 1] | F(x, t) \leqslant y\}$$

是 $L \backslash [e, 1]$ 上的准三角模 F 的剩余蕴涵运算. RU 蕴涵 I_{U_1} 满足 (INP$_e$), 但是 I_{U_1} 不满足 (IOP$_e$). 于是由定理 3.3.4 知, I_{U_1} 并不是具有左伴随性质的一致模的 RU 蕴涵, 因此 U_1 不具有左伴随性质.

设 $U_2 \in \mathcal{U}_{\max}^0(e)$ 并且对于任意的 $x, y \in]0, e[, 0 < T_1(x, y)$. 这时, 由 (4.2.4) 式和 (4.3.2) 式, 通过计算可得

$$I_{U_2}(x, y)$$

$$= \begin{cases} 1, & \text{若 } x = 0, \\ I_{T_1}(x, y), & \text{若 } (x, y) \in]0, e[\times [0, e], \\ y, & \text{若 } (x, y) \in]0, e[\times [e, 1], \\ I_{T_1}(x, y) \vee y, & \text{若 } (x, y) \in]0, e[\times I_e, \\ 0, & \text{若 } (x, y) \in (L \backslash [0, e]) \times [0, e], \\ e \vee I_{G_1}(x, y), & \text{若 } (x, y) \in (L \backslash [0, e])^2 \text{ 且 } y \leqslant x, \\ I_{G_1}(x, y), & \text{若 } (x, y) \in (L \backslash [0, e])^2 \text{ 且 } y \nleqslant x, \end{cases}$$

其中

$$I_{T_1}(x, y) = \vee\{s \in [0, e] | T_1(x, s) \leqslant y\}$$

是 $[0,e]$ 上的三角模 T_1 的剩余蕴涵运算,

$$I_{G_1}(x,y) = \vee\{s \in L\backslash[0,e] | G_1(x,s) \leqslant y\}$$

是 $L\backslash[0,e]$ 上的准三角余模 G_1 的剩余蕴涵运算. RU 蕴涵 I_{U_2} 满足 (INP$_e$), 但是 I_{U_2} 不满足 (IOP$_e$). 因此 U_2 也不具有左伴随性质.

设 $U_3 \in \mathcal{U}_{\max}^r(e)$, 则 $y < x, \forall (x,y) \in I_e \times]0,e[$. 于是当 $(x,y) \in (L\backslash[0,e]) \times [0,e]$ 时, $y < x$. 由 (4.2.6) 式和 (4.3.2) 式, 通过计算得到

$I_{U_3}(x,y)$

$$= \begin{cases} 1, & \text{若 } (x,y) \in [0,e[\times L \text{ 且 } x \leqslant y, \\ \vee([0,e[), & \text{若 } (x,y) \in (L\backslash[0,e]) \times \{e\}, \\ y, & \text{若 } x = e \text{ 或 } (x,y) \in (L\backslash[0,e]) \times [0,e[, \\ I_{T_2}(x,y), & \text{若 } (x,y) \in [0,e[\times [0,e] \text{ 且 } x \not\leqslant y, \\ e \vee I_{G_2}(x,y), & \text{若 } (x,y) \in (L\backslash[0,e])^2 \text{ 且 } x \leqslant y, \\ \vee([0,e[) \vee I_{G_2}(x,y), & \text{若 } (x,y) \in (L\backslash[0,e])^2 \text{ 且 } x \not\leqslant y, \end{cases}$$

其中

$$I_{T_2}(x,y) = \vee\{s \in [0,e] | T_2(x,s) \leqslant y\}$$

是 $[0,e]$ 上的三角模 T_2 的剩余蕴涵运算,

$$I_{G_2}(x,y) = \vee\{s \in L\backslash[0,e] | G_2(x,s) \leqslant y\}$$

是 $L\backslash[0,e]$ 上的准三角余模 G_2 的剩余蕴涵运算. RU 蕴涵 I_{U_3} 满足 (INP$_e$) 和 (IOP$_e$). 当 $\vee([0,e[) = e < 1$ 时, $e \leqslant I_{U_3}(1,e)$, 但是 $I_{U_3}(e,e) = e < 1$, 即 I_{U_3} 不满足 (WE). 因此 U_3 也不是具有左伴随性质的一致模.

定理 4.3.5 设 C 是 L 上的二元运算. 则如下两个断言等价:

(1) 存在具有右伴随性质的一致模 $U \in \mathcal{U}(e)$, 使得 C 是 U 诱导的剩余余蕴涵.

(2) C 满足 (COP$_e$) 和 (EP), 并且 C 具有左伴随性质.

证明 假设断言 (1) 成立. 由命题 4.3.9 知, C 满足 (COP$_e$) 和 (EP), 并且 C 具有左伴随性质. 这就是说, 断言 (2) 成立.

假设断言 (2) 成立. 于是, 对于任意的 $a \in L$, $\varphi_{a,C}$ 有右伴随 $\varphi_{a,C}^+$, 其中

$$\varphi_{a,C}^+(x) = \max\{s \in L | C(a,s) \leqslant x\}, \quad \forall x \in L.$$

令

$$I_C^R(x,y) = \vee\{s \in L | C(x,s) \leqslant y\}, \quad \forall x,y \in L, \tag{4.3.6}$$

则 I_C^R 关于第二个变量是单调递增的, I_C^R 具有右伴随性质并且

$$y \leqslant I_C^R(x, z) \Leftrightarrow C(x, y) \leqslant z, \quad \forall x, y, z \in L.$$

现在证明 $I_C^R \in \mathcal{U}(e)$.

(1) 对于任意的 $x \in L$, 由 (COP_e) 知

$$I_C^R(x, e) = \vee\{s \in L | C(x, s) \leqslant e\} = \vee\{s \in L | x \geqslant s\} = x.$$

(2) 对于任意的 $x, y, s \in L$, 由 (COP_e) 和 (EP) 得

$$y \geqslant C(x, s) \Leftrightarrow C(y, C(x, s)) \leqslant e \Leftrightarrow C(x, C(y, s)) \leqslant e \Leftrightarrow x \geqslant C(y, s).$$

因此

$$I_C^R(x, y) = \vee\{s \in L | C(x, s) \leqslant y\} = \vee\{s \in L | C(y, s) \leqslant x\} = I_C^R(y, x).$$

这就是说 I_C^R 满足 (U2).

(3) 由于 I_C^R 关于第二个变量是单调递增的并且满足 (U2), 因此 I_C^R 满足 (U3).

(4) 由于 C 具有左伴随性质, 因此 C 关于第二个变量是保任意并的映射. 于是对于任意的 $x, y, z, s \in L$, 当 $I_C^R(x, y) \geqslant C(z, s)$ 时,

$$C(x, C(z, s)) \leqslant C(x, I_C^R(x, y)) = C(x, \vee\{u \in L | C(x, u) \leqslant y\})$$

$$= \vee\{C(x, u) | C(x, u) \leqslant y\} \leqslant y,$$

$$I_C^R(z, y) \geqslant I_C^R(z, C(x, C(z, s))) = I_C^R(z, C(z, C(x, s)))$$

$$= \vee\{w \in L | C(z, w) \leqslant C(z, C(x, s))\} \geqslant C(x, s).$$

同理, 当 $I_C^R(z, y) \geqslant C(x, s)$ 时, $I_C^R(x, y) \geqslant C(z, s)$. 因此,

$$I_C^R(z, I_C^R(x, y)) = \vee\{s \in L | C(z, s) \leqslant I_C^R(x, y)\}$$

$$= \vee\{s \in L | C(x, s) \leqslant I_C^R(z, y)\} = I_C^R(x, I_C^R(z, y)).$$

再由 I_C^R 的交换律得 $I_C^R(I_C^R(x, y), z) = I_C^R(x, I_C^R(y, z))$.

所以 I_C^R 是带幺元 e 的具有右伴随性质的一致模.

由于 C 具有左伴随性质, 因此

$$C_{I_C^R}(x, y) = \wedge\{s \in L | y \leqslant I_C^R(x, s)\} = \wedge\{s \in L | C(x, y) \leqslant s\}$$

$$= C(x, y), \quad \forall x, y \in L,$$

即 $C = C_{I_C^R}$, C 是具有右伴随性质的一致模 I_C^R 诱导的剩余余蕴涵.

所以断言 (1) 成立. □

注 4.3.3 在定理 4.3.5 的证明中, 由 (COP$_e$) 和 (EP) 得到

$$C(x,z) \leqslant y \Leftrightarrow C(y,z) \leqslant x, \quad \forall x,y,z \in L. \tag{4.3.7}$$

(4.3.7) 式也称为对偶的弱交换原则或 (CWE). 当 C 满足 (CNP$_e$) 时,

$$I_C^R(e,x) = \vee\{s \in L|s = C(e,s) \leqslant x\} = x, \quad \forall x \in L.$$

因此, 在定理 4.3.5 中, 用 (CWE) 和 (CNP$_e$) 替换 (COP$_e$) 后, I_C^R 仍然是带幺元 e 的具有右伴随性质的一致模.

定理 4.3.6 设 C 是 L 上的二元运算. 则如下两个断言等价:

(1) 存在具有右伴随性质的一致模 $U \in \mathcal{U}(e)$, 使得 C 是 U 诱导的剩余余蕴涵.

(2) C 满足 (CNP$_e$), (CWE) 和 (EP), 并且 C 具有左伴随性质.

证明 假设断言 (1) 成立. 于是, 我们有

$$C(x,z) \leqslant y \Leftrightarrow z \leqslant U(x,y) \Leftrightarrow z \leqslant U(y,x) \Leftrightarrow C(y,z) \leqslant x, \quad \forall x,y,z \in L,$$

即 C 满足 (CWE). 于是, 由注 4.3.3 和定理 4.3.5 的证明知, C 满足 (CNP$_e$) 和 (EP), 并且 C 具有左伴随性质. 这就是说, 断言 (2) 成立.

假设断言 (2) 成立. 这时, 由注 4.3.3 和定理 4.3.5 的证明可知, 断言 (1) 成立.
□

下面例子说明定理 4.3.5(2) 中三个条件是相互独立的.

例 4.3.3 在 $[0,1]$ 上, 取 $C_1(x,y) = \max\{1-x, \min(x,y)\}$,

$$C_2(x,y) = \begin{cases} 1, & \text{若 } x,y \in [0,1/2[\text{ 或者 } x,y \in [1/2,1], \\ 0, & \text{否则}, \end{cases}$$

$$C_3(x,y) = \begin{cases} 1/3, & \text{若 } x \geqslant y, \\ 3/4, & \text{若 } (x,y) = (1/4,1/2), \\ 1/2, & \text{若 } (x,y) = (1/2,3/4), \\ 1, & \text{否则}, \end{cases}$$

则 C_1 具有左伴随性质, 但 C_1 不满足 (EP) 和 (COP$_{1/3}$); C_2 满足 (EP), 但 C_2 不满足 (COP$_{1/3}$) 并且 C_2 不具有左伴随性质; C_3 满足 (COP$_{1/3}$), 但 C_3 不满足 (EP) 并且 C_3 不具有左伴随性质.

经典 Boole 二值逻辑中的重言式

$$((p \wedge q) \to r) \equiv (p \to (q \to r))$$

在模糊逻辑中转换为等式 (LI)(law of importation)(参见文献 [141—145])

$$I(T(x,y),z) = I(x,I(y,z)), \quad \forall x,y,z \in L,$$

其中 T 是 L 上的三角模或者合取的一致模, I 是 L 上的模糊蕴涵. 这里 "LI" 是英文词组 "law of importation" 的缩写, 目前还没有标准的中译. 我们暂且译为 "输入律". 除了输入律外, 还有所谓弱输入律 (weak law of importation, WLI) 和广义输入律 (generalized law of importation, GLI), 其定义如下:

定义 4.3.5　设 O 和 F 都是 L 上的二元运算, 并且 F 具有单调性, 即

$$x \leqslant y \Rightarrow F(x,z) \leqslant F(y,z), F(z,x) \leqslant F(z,y), \quad \forall x,y,z \in L.$$

(1) 若 F 满足交换律, $F(1,0) = 0$, 并且

$$O(F(x,y),z) = O(x,O(y,z)), \quad \forall x,y,z \in L,$$

则称 O 关于 F 满足 (WLI) 或者弱输入律.

(2) 若 O 和 F 满足等式

$$O(F(y,x),z) = O(x,O(y,z)), \quad \forall x,y,z \in L,$$

并称 O 关于 F 满足 (GLI) 或者广义输入律 [146].

显然, 若 O 关于 F 满足 (WLI), 则 O 满足 (EP). 但是反过来结论不成立.

例 4.3.4　设 S 是 $[0,1]$ 上的幂零三角余模, N_S 是 S 的自然否定. 令

$$I(x,y) = \begin{cases} 0, & \text{若 } y = 0, x \neq 0, \\ S(N_S(x),y), & \text{否则}, \end{cases}$$

容易验证, $I \in \mathcal{I}([0,1])$ 并且满足 (EP).

若 I 关于 $[0,1]$ 上的二元函数 F 满足 (WLI), 则当 $x,y,z \in [0,1]$ 并且 $z \neq 0$ 时,

$$S(N_S(F(x,y)),z) = S(N_S(x),S(N_S(y),z)) = S(S(N_S(x),N_S(y)),z).$$

求解此方程得

$$F(x,y) = (N_S)^{-1}(S(N_S(x),N_S(y))), \quad \forall x,y \in [0,1],$$

即 F 是 S 的 N_S 对偶. 因此 F 是 $[0,1]$ 上的三角模. 取 $x,y \in]0,1]$ 满足

$$S(N_S(x), N_S(y)) = 1,$$

则当 $z = 0$ 时, $F(x,y) = 0$ 并且

$$I(F(x,y),0) = I(0,0) = 1 \neq 0 = I(x,0) = I(x,I(y,0)).$$

这是一个矛盾. 因此不存在 F 使得 I 关于 F 满足 (WLI).

在证明 C_I^R 和 I_C^R 是一致模时, (EP) 和左、右伴随性质是非常重要的. 下面以 RU 余蕴涵为例, 讨论 (EP) 和伴随性质的替换条件.

命题 4.3.10 设 $U \in \mathcal{U}(e)$ 是具有右伴随性质的一致模, 则 C_U 关于 U 满足 (GLI).

证明 我们有

$$C_U(x,y) \leqslant z \Leftrightarrow y \leqslant U(x,z), \quad \forall x,y,z \in L.$$

于是

$$C_U(U(x,y),z) = \wedge\{t \in L | z \leqslant U(U(x,y),t)\}$$

$$= \wedge\{t \in L | z \leqslant U(x,U(y,t))\} = \wedge\{t \in L | C_U(x,z) \leqslant U(y,t)\}$$

$$= \wedge\{t \in L | C_U(y,C_U(x,z)) \leqslant t\} = C_U(y,C_U(x,z)).$$

因此 C_U 关于 U 满足 (GLI). $\quad\square$

命题 4.3.11 设 C 和 F 都是 L 上的二元运算, F 满足 (U2) 和 (U3), 并且 $F(1,0) = 0$. 若 C 满足 (COP$_e$), 并且关于 F 满足 (WLI), 则 C 满足 (EP) 和 (CWE), 并且 C 具有左伴随性质.

证明 设 C 关于 F 满足 (WLI), 则 C 满足 (EP). 由于 C 满足 (COP$_e$) 并且关于 F 满足 (WLI), 因此对于任意的 $x,y,z \in L$,

$$C(x,z) \leqslant y \Leftrightarrow C(y,C(x,z)) = C(F(y,x),z) \leqslant e$$

$$\Leftrightarrow C(x,C(y,z)) = C(F(x,y),z) \leqslant e \Leftrightarrow C(y,z) \leqslant x,$$

即 C 满足 (CWE). 对于任意的 $a \in L$,

$$\varphi_{a,C}(x) \leqslant y \Leftrightarrow C(a,x) \leqslant y \Leftrightarrow C(y,C(a,x)) = C(F(y,a),x) \leqslant e$$

$$\Leftrightarrow C(F(a,y),x) \leqslant e \Leftrightarrow x \leqslant F(a,y), \quad \forall x,y \in L.$$

令 $\varphi^*(x) = F(a, x), \forall x \in L$, 则 φ^* 是 $\varphi_{a,C}$ 的右伴随. 因此 C 具有左伴随性质. □

命题 4.3.12 设 C 是 L 上的满足 (CNP$_e$) 和 (CWE) 的二元运算, 并且 C 关于 I_C^R 满足 (GLI), 则 C 满足 (C1)—(C5) 和 (COP$_e$), 并且 C 具有左伴随性质.

证明 由 (CNP$_e$) 和 (CWE) 得

$$x \geqslant y \Leftrightarrow x \geqslant C(e, y) \Leftrightarrow e \geqslant C(x, y), \quad \forall x, y \in L,$$

即 C 满足 (COP$_e$).

当 C 满足 (CWE) 时, 由定理 4.3.5 的证明知, I_C^R 满足 (U2), 因而 I_C^R 满足 (U3). 设 $a, x, y \in L$. 若 $\varphi_{a,C}(x) \leqslant y$, 则

$$x \leqslant \vee\{s \in L | C(a, s) \leqslant y\} = I_C^R(a, y) = \varphi_{a,I_C^R}(y);$$

若 $x \leqslant I_C^R(a, y) = \varphi_{a,I_C^R}(y)$, 则

$$e \geqslant C(I_C^R(a, y), x) = C(y, C(a, x)),$$

于是 $\varphi_{a,C}(x) = C(a, x) \leqslant y$. 因此 φ_{a,I_C^R} 是 $\varphi_{a,C}$ 的右伴随. 所以 C 具有左伴随性质. 由定理 4.3.5 的证明知, I_C^R 具有右伴随性质.

设 $x, y, z \in L$ 并且 $x \leqslant y$, 则 $C(x, z) \geqslant C(x, z)$. 于是 $e \geqslant C(C(x, z), C(x, z))$, 因此

$$e \geqslant C(I_C^R(x, C(x, z)), z) \Rightarrow I_C^R(x, C(x, z)) \geqslant z \Rightarrow I_C^R(y, C(x, z)) \geqslant z$$

$$\Rightarrow e \geqslant C(I_C^R(y, C(x, z)), z) = C(C(x, z), C(y, z))$$

$$\Rightarrow C(x, z) \geqslant C(y, z),$$

即 C 满足 (C1). 同理可证 C 满足 (C2).

对于任意的 $x, z \in L$, $0 \leqslant I_C^R(x, z)$ 并且 $x \leqslant 1 = I_C^R(z, 1) = I_C^R(1, z)$, 于是, 由 I_C^R 的右伴随性质得

$$C(1, x) \leqslant z, \forall z \in L \Rightarrow C(1, x) = 0, \quad C(x, 0) \leqslant z, \forall z \in L \Rightarrow C(x, 0) = 0,$$

即 C 满足 (C3) 和 (C4). 因为 $C(0, 1) \geqslant C(e, 1) = 1$, 所以 $C(0, 1) = 1$, 即 C 满足 (C5). □

由注 4.3.3 知, 如果 C 满足 (CWE), 那么 (CNP$_e$) 和 (COP$_e$) 是等价的. 因此命题 4.3.12 中 (CNP$_e$) 可以替换为 (COP$_e$).

定理 4.3.7 设 $U \in \mathcal{U}(e)$ 是具有右伴随性质的一致模, C 是 L 上的二元运算. 则如下两个断言等价:

(1) C 是 U 诱导的剩余余蕴涵.

(2) C 满足 (CNP$_e$) 和 (CWE), 并且 C 关于 I_C^R 满足 (GLI).

证明 假设断言 (1) 成立. 这时, 由定理 4.3.6 和命题 4.3.12 知, C 满足 (CNP$_e$) 和 (CWE), 并且 C 关于 I_C^R 满足 (GLI). 这就是说, 断言 (2) 成立.

反之, 假设断言 (2) 成立. 于是, 由命题 4.3.12 知, $C \in \mathcal{C}(L)$, 并且 C 具有左伴随性质. 由注 4.3.3 知, I_C^R 满足 (U2) 并且 e 是 I_C^R 的幺元. 由于 I_C^R 关于第二个变量是单调递增的并且满足 (U2), 因此 I_C^R 满足 (U3). 因为 C 关于 I_C^R 满足 (GLI), 并且 C 具有左伴随性质, 所以由命题 4.3.12 的证明知, I_C^R 具有右伴随性质, 并且

$$t \leqslant I_C^R(x, I_C^R(y,z)) \Leftrightarrow C(I_C^R(y,z),t) \leqslant x \Leftrightarrow C(y, C(z,t)) \leqslant x$$

$$\Leftrightarrow C(z,t) \leqslant I_C^R(x,y) \Leftrightarrow t \leqslant I_C^R(I_C^R(x,y),z), \quad \forall x,y,z,t \in L,$$

即

$$I_C^R(I_C^R(x,y),z) = I_C^R(x, I_C^R(y,z)), \quad \forall x,y,z \in L.$$

这就是说 I_C^R 满足 (U1). 由此可见 I_C^R 是 L 上的带幺元 e 的具有右伴随性质的一致模. 同样, 由于 C 具有左伴随性质, 因此

$$C_{I_C^R}(x,y) = \wedge\{s \in L | y \leqslant I_C^R(x,s)\} = \wedge\{s \in L | C(x,y) \leqslant s\}$$

$$= C(x,y), \quad \forall x,y \in L,$$

即 $C = C_{I_C^R}$. 所以 C 是带幺元 e 的具有右伴随性质的一致模 I_C^R 诱导的 RU 余蕴涵. 这就是说, 断言 (1) 成立. $\square$

根据定理 4.3.5 和定理 4.3.7 可以断言: C 满足 (CNP$_e$) 和 (CWE) 并且 C 关于 I_C^R 满足 (GLI), 当且仅当 C 满足 (COP$_e$) 和 (EP), 并且 C 具有左伴随性质.

例 4.3.5 设 $U_1 \in \mathcal{U}_{\max}(e)$, 则由 (4.2.2) 式和 (4.3.3) 式通过计算得到

$$C_{U_1}(x,y)$$

$$= \begin{cases} C_T(x,y) \wedge (\wedge\{s \in I_e | y \leqslant s\}), & \text{若 } (x,y) \in [0,e]^2, \\ y, & \text{若 } (x,y) \in [0,e] \times (L\backslash[0,e]), \\ 0, & \text{若 } (x,y) \in (L\backslash[0,e]) \times [0,e] \\ & \qquad \cup (L\backslash[0,e])^2 \text{ 且 } y \leqslant x, \\ e \wedge (\wedge\{s \in I_e | y \leqslant G(x,s)\}), & \text{若 } (x,y) \in (L\backslash[0,e]) \times [0,e] \text{ 且 } y \not\leqslant x, \\ C_G(x,y), & \text{若 } (x,y) \in (L\backslash[0,e])^2 \text{ 且 } y \not\leqslant x, \end{cases}$$

其中

$$C_G(x,y) = \wedge\{s \in L\backslash[0,e] | y \leqslant G(x,s)\}$$

是 $L\backslash[0,e]$ 上的准三角余模 G 的剩余余蕴涵运算,

$$C_T(x,y) = \wedge\{s \in [0,e]|y \leqslant T(x,s)\}$$

是 $[0,e]$ 上的三角模 T 的剩余余蕴涵运算. RU 余蕴涵 C_{U_1} 满足 (CNP$_e$), 但是 C_{U_1} 不满足 (COP$_e$). 于是由定理 4.3.5 知, C_{U_1} 并不是具有右伴随性质的一致模诱导的 RU 余蕴涵, 因此 U_1 不具有右伴随性质.

设 $U_2 \in \mathcal{U}_{\min}^1(e)$ 并且对于任意的 $x,y \in]e,1[$, $S(x,y) < 1$. 则由 (4.2.3) 式和 (4.3.3) 式通过计算得到

$$C_{U_2}(x,y)$$

$$= \begin{cases} 0, & 若\ x = 1, \\ C_{S_1}(x,y), & 若\ (x,y) \in [e,1[\times[e,1], \\ y, & 若\ (x,y) \in [e,1[\times[0,e], \\ C_{S_1}(x,y) \wedge y, & 若\ (x,y) \in [e,1[\times I_e, \\ 1, & 若\ (x,y) \in (L\backslash[e,1]) \times [e,1], \\ e \wedge C_{F_1}(x,y), & 若\ (x,y) \in (L\backslash[e,1])^2\ 且\ y \leqslant x, \\ C_{F_1}(x,y), & 若\ (x,y) \in (L\backslash[e,1])^2\ 且\ y \nleqslant x, \end{cases}$$

其中

$$C_{F_1}(x,y) = \wedge\{t \in L\backslash[e,1]|y \leqslant F_1(x,t)\}$$

是 $L\backslash[e,1]$ 上的准三角模 F_1 的剩余余蕴涵运算,

$$C_{S_1}(x,y) = \wedge\{t \in [e,1]|y \leqslant S_1(x,t)\}$$

是 $[e,1]$ 上的三角余模 S_1 的剩余余蕴涵运算. RU 余蕴涵 C_{U_2} 满足 (CNP$_e$), 但是 C_{U_2} 不满足 (COP$_e$). 因此 U_2 也不具有右伴随性质.

设 $U_3 \in \mathcal{U}_{\min}^r(e)$, 则 $x < y, \forall(x,y) \in I_e \times]e,1[$. 于是当 $(x,y) \in (L\backslash[e,1]) \times [e,1]$ 时, $x < y$. 注意到 (4.2.5) 式和 (4.3.3) 式, 通过计算, 可得

$$C_{U_3}(x,y)$$

$$= \begin{cases} 0, & 若\ (x,y) \in]e,1] \times L\ 且\ y \leqslant x, \\ \wedge(]e,1]), & 若\ (x,y) \in (L\backslash[e,1]) \times \{e\}, \\ y, & 若\ x = e\ 或\ (x,y) \in (L\backslash[e,1]) \times]e,1], \\ C_{S_2}(x,y), & 若\ (x,y) \in]e,1] \times [e,1]\ 且\ y \nleqslant x, \\ e \wedge C_{F_2}(x,y), & 若\ (x,y) \in (L\backslash[e,1])^2\ 且\ y \leqslant x, \\ \wedge(]e,1]) \wedge C_{F_2}(x,y), & 若\ (x,y) \in (L\backslash[e,1])^2\ 且\ y \nleqslant x, \end{cases}$$

其中

$$C_{F_2}(x, y) = \wedge\{t \in L\backslash[e, 1] | y \leqslant F_2(x, t)\}$$

是 $L\backslash[e, 1]$ 上的准三角模 F 的剩余余蕴涵运算,

$$C_{S_2}(x, y) = \wedge\{t \in [e, 1] | y \leqslant S_2(x, t)\}$$

是 $[e, 1]$ 上的三角余模 S_2 的剩余余蕴涵运算. RU 余蕴涵 C_{U_3} 满足 (CNP$_e$) 和 (COP$_e$). 当 $\wedge(]e, 1]) = e > 0$ 时, $e \geqslant C_{U_3}(0, e)$. 但是 $C_{U_3}(e, e) = e > 0$, 即 C_{U_3} 不满足 (CWE). 因此 U_3 也不是具有右伴随性质的一致模.

下面例子说明定理 4.3.7(2) 中三个条件是相互独立的.

例 4.3.6 在 $[0, 1]$ 上取 $C_1(x, y) = x \cdot y$,

$$C_2(x, y) = \begin{cases} 1 - x, & \text{若 } y = 0, \\ (1-x)/(1+x), & \text{若 } y = 1/2, \\ 0, & \text{否则}, \end{cases}$$

$$C_3(x, y) = \begin{cases} y, & \text{若 } x = 1/3, \\ 2/3, & \text{若 } (x, y) = (1/2, 1/2), \\ 1/4, & \text{若 } (x, y) = (2/3, 2/3), \\ 1/2, & \text{否则}, \end{cases}$$

则 C_1 关于 $I_{C_1}^R$ 满足 (GLI), 但不满足 (CWE) 和 (CNP$_{1/3}$); C_2 满足 (CWE), 但不满足 (CNP$_{1/3}$) 并且关于 $I_{C_2}^R$ 不满足 (GLI); C_3 满足 (CNP$_{1/3}$), 但不满足 (CWE) 并且关于 $I_{C_3}^R$ 不满足 (GLI).

4.3.3 (U, N) 蕴涵、余蕴涵和 RU 蕴涵、余蕴涵的关系

在这一小节中也假定 L 是完备格.

命题 4.3.13 设 N 是 L 上的强否定, I 是 L 上的二元运算, 并且 I 具有右伴随性质. 则下面两个断言彼此等价:

(1) I 满足 (I12).

(2) 对于任意的 $x, y, z \in L$, $C_I^R(x, y) \leqslant z$ 当且仅当 $C_I^R(N(z), y) \leqslant N(x)$.

证明 若断言 (1) 成立. 则对于任意的 $x, y, z \in L$, 有

$$C_I^R(x, y) \leqslant z \Leftrightarrow y \leqslant I(x, z) \Leftrightarrow y \leqslant I(N(z), N(x)) \Leftrightarrow C_I^R(N(z), y) \leqslant N(x).$$

即断言 (2) 成立.

反之, 假设断言 (2) 成立, 则对于任意的 $x, y, t \in L$, 有

$$t \leqslant I(x, y) \Leftrightarrow C_I^R(x, t) \leqslant y \Leftrightarrow C_I^R(N(y), t) \leqslant N(x) \Leftrightarrow t \leqslant I(N(y), N(x)).$$

因此 $I(x,y) = I(N(y), N(x))$. 这就是说, 断言 (2) 成立. $\square$

命题 4.3.14 设 N 是 L 上的强否定, I 是 L 上的二元运算, I 满足 (WE), 并且 I 具有右伴随性质. 则下面两个断言彼此等价:

(1) I 满足 (I12).

(2) 对于任意的 $x, y \in L$, $I(x,y) = N(C_I^R(x, N(y)))$.

证明 若断言 (1) 成立. 则由命题 4.3.13 知

$$C_I^R(x,y) \leqslant z \Leftrightarrow C_I^R(N(z), y) \leqslant N(x), \quad \forall x, y, z \in L.$$

由于 I 满足 (WE), 因此 C_I^R 满足 (U2). 于是, 对于任意的 $x, y, t \in L$, 有

$$t \leqslant N(C_I^R(x, N(y))) \Leftrightarrow C_I^R(x, N(y)) \leqslant N(t) \Leftrightarrow C_I^R(N(y), x) \leqslant N(t)$$

$$\Leftrightarrow C_I^R(t, x) \leqslant y \Leftrightarrow C_I^R(x, t) \leqslant y \Leftrightarrow t \leqslant I(x, y).$$

因此 $I(x,y) = N(C_I^R(x, N(y)))$, 即断言 (2) 成立.

反之, 假设断言 (2) 成立, 则

$$I(N(y), N(x)) = N(C_I^R(N(y), N(N(x)))) = N(C_I^R(N(y), x))$$

$$= N(C_I^R(x, N(y))) = I(x, y),$$

即 I 满足 (I12). 这就是说, 断言 (2) 成立. $\square$

若 I 不满足 (WE), 则命题 4.3.14 中两个结论不等价.

例 4.3.7 在 $[0,1]$ 上, 取

$$N(x) = 1 - x, \quad I(x, y) = 1 - x + xy, \quad \forall x, y \in [0, 1],$$

则 N 和 I 分别是 $[0,1]$ 上的强否定和具有右伴随性质的模糊蕴涵并且

$$I(N(y), N(x)) = 1 - x + xy = I(x, y), \quad \forall x, y \in [0, 1],$$

即 I 满足 (I12). 由于

$$\frac{1}{2} \leqslant \frac{9}{16} = I\left(\frac{3}{4}, \frac{5}{12}\right), \quad \frac{3}{4} \not\leqslant \frac{17}{24} = I\left(\frac{1}{2}, \frac{5}{12}\right),$$

因此 I 不满足 (WE). 通过计算得到

$$C_I^R(x, y) = \begin{cases} 0, & \text{若 } x = 0, \\ \max\left\{0, \dfrac{x + y - 1}{x}\right\}, & \text{否则}, \end{cases}$$

$$N(C_I^R(x, N(y))) = \begin{cases} 1, & \text{若 } x = 0, \\ \min\left\{1, \dfrac{y}{x}\right\}, & \text{否则}. \end{cases}$$

由此可见 $I(x, y) \neq N(C_I^R(x, N(y)))$.

结合定理 4.3.3 和命题 4.3.14 得到下面结论.

定理 4.3.8[147] 设 N 是 L 上的强否定, $U \in \mathcal{U}(e)$ 是具有左伴随性质的一致模. 又设 U_1 也是 L 上的一致模. 则如下两个断言等价:

(1) $I_U = I_{U_1,N}$, 即 RU 蕴涵 I_U 就是 (U, N) 蕴涵 $I_{U_1,N}$.

(2) I_U 满足 (I12), 并且三元组 (U, U_1, N) 满足 De Morgan 律, 即

$$U_1(x, y) = N^{-1}(U(N(x), N(y))), \quad \forall x, y \in L.$$

证明 由定理 4.3.3 知, I_U 满足 (IOP_e) 和 (EP), 并且 I_U 具有右伴随性质, 于是, 由注 4.3.2 可知, I_U 满足 (WE).

假设断言 (1) 成立. 这时, 我们有

$$I_U(x, y) = I_{U_1,N}(x, y) = U_1(N(x), y), \quad \forall x, y \in L.$$

于是

$$I_U(N(y), N(x)) = U_1(N(N(y)), N(x)) = U_1(y, N(x))$$

$$= U_1(N(x), y) = I_U(x, y), \quad \forall x, y \in L.$$

这就是说 I_U 满足 (I12). 其次, 由定理 4.3.3 的证明得

$$C_{I_U}^R(x, y) = \wedge\{t \in L | y \leqslant I_U(x, t)\} = \wedge\{t \in L | U(x, y) \leqslant t\}$$

$$= U(x, y), \quad \forall x, y \in L,$$

即 $C_{I_U}^R = U$. 于是, 由命题 4.3.14 知, 对于任意的 $x, y \in L$, 总有

$$I_U(x, y) = N(C_{I_U}^R(x, N(y))) = N(U(x, N(y))).$$

因此

$$U_1(x, y) = I_U(N(x), y) = N(U(N(x), N(y))) = U_N(x, y), \quad \forall x, y \in L,$$

所以三元组 (U, U_1, N) 满足 De Morgan 律. 总而言之, 断言 (2) 成立.

假设断言 (2) 成立. 这时, 由 I_U 具有右伴随性质和命题 4.3.14 知

$$I_U(x, y) = N(C_{I_U}^R(x, N(y))) = N(U(x, N(y))) = N(U(N(N(x)), N(y)))$$

$$= U_N(N(x), y) = U_1(N(x), y), \quad \forall x, y \in L.$$

注意到命题 4.1.5, 这里我们可以断言, U_1 是带幺元 $N(e)$ 的具有右伴随性质的一致模. 因此

$$I_U(x, y) = U_N(N(x), y) = I_{U_1, N}(x, y), \quad \forall x, y \in L,$$

即 $I_U = I_{U_1, N}$ 或者 I_U 是 (U, N) 蕴涵. 这就是说, 断言 (1) 成立.　　□

在定理 4.3.8 中, 对于任意的 $x, y \in L$, 令

$$C(x, y) = C_{U, N}(x, y) = U(N(x), y),$$

则

$$I_U(x, y) = N(U(x, N(y))) = N(U(N(N(x)), N(y)))$$

$$= N(C(N(x), N(y))) = C_N(x, y), \quad \forall x, y \in L.$$

于是 $I_U = C_N$, 即 RU 蕴涵 I_U 也是 (U, N) 余蕴涵 $C_{U,N}$ 的 N 对偶. 因此

$$C = (C_N)_N = (I_U)_N,$$

并且

$$B_{C,N}(x, y) = C(N(x), y) = (I_U)_N(N(x), y) = N(I_U(N(N(x)), N(y)))$$

$$= N(I_U(x, N(y))) = N(N(U(x, N(N(y))))) = U(x, y), \quad \forall x, y \in L.$$

这就是说, $B_{C,N} = U$.

定理 4.3.9　设 N 是 L 上的强否定, U 是具有右伴随性质的一致模. 则如下两个断言等价;

(1) 存在带幺元 e 的具有左伴随性质的一致模 U_1 使得 $I_{U,N} = I_{U_1}$, 即 (U, N) 蕴涵 $I_{U,N}$ 就是 RU 蕴涵 I_{U_1}.

(2) $I_{U,N}$ 满足 (IOP_e).

证明　令 $I = I_{U,N}$. 由命题 4.3.2 知, I 具有右伴随性质. 由定理 4.3.1 知, I 满足 (EP).

假设断言 (1) 成立. 这时, 由定理 4.3.3 知, I 满足 (IOP_e), 即断言 (2) 成立.

假设断言 (2) 成立. 这时, I 满足 (IOP_e) 和 (EP), 并且 I 具有右伴随性质, 于是由定理 4.3.3 知, 存在带幺元 e 的具有左伴随性质的一致模 U_1, 使得 I 是 U_1 诱导的 RU 蕴涵. 这就是说, 断言 (1) 成立.　　□

在定理 4.3.9 中, 由于 I 满足 (IOP$_e$) 和 (EP), 因此 I 满足 (INP$_e$) 和 (WE). 因为

$$I(N(y), N(x)) = U(N(N(y)), N(x)) = U(y, N(x)) = U(N(x), y)$$

$$= I(x, y), \quad \forall x, y \in L,$$

即 I 满足 (I12), 所以 I 满足 (WE) 和 (I12). 于是由命题 4.3.14 知

$$I_{U_1}(x, y) = N(C_{I_{U_1}}^R(x, N(y))) = N(U_1(x, N(y))) = I_{U,N}(x, y)$$

$$= U(N(x), y), \quad \forall x, y \in L,$$

因此

$$U_1(x, y) = N^{-1}(U(N(x), N(y))), \quad \forall x, y \in L,$$

即三元组 (U, U_1, N) 满足 De Morgan 律或者 U_1 是 U 的 N 对偶. 于是, 由命题 4.1.5 知, $N(e)$ 是 U 的幺元. 令

$$C(x, y) = C_{U_1, N}(x, y) = U_1(N(x), y),$$

则

$$I_{U,N}(x, y) = N(U_1(x, N(y))) = N(C(N(x), N(y))) = C_N(x, y), \quad \forall x, y \in L.$$

于是 $I_{U,N} = C_N$, 因此 (U, N) 蕴涵 $I_{U,N}$ 也是 (U, N) 余蕴涵 $C_{U_1, N}$ 的 N 对偶.

对偶地, 关于 RU 余蕴涵和 (U, N) 余蕴涵, 相应的结论成立.

命题 4.3.15　设 N 是 L 上的强否定, C 是 L 上的二元运算, C 满足 (CWE), 并且 C 具有左伴随性质. 则下列三个断言两两等价:

(1) C 满足反位对称性 (简称为 CP), 即 $C(N(y), N(x)) = C(x, y), \forall x, y \in L$.

(2) 对于任意的 $x, y, z \in L$, $I_C^R(x, y) \geqslant z$ 当且仅当 $I_C^R(N(z), y) \geqslant N(x)$.

(3) $C(x, y) = N(I_C^R(x, N(y))), \forall x, y \in L$.　□

定理 4.3.10　设 N 是 L 上的强否定, $U \in \mathcal{U}(e)$ 是具有右伴随性质的一致模, U_1 是 L 上的一致模. 则如下两个断言等价;

(1) $C_U = C_{U_1, N}$, 即 RU 余蕴涵 C_U 就是 (U, N) 余蕴涵 $C_{U_1, N}$.

(2) C_U 满足 (CP), 并且三元组 (U, U_1, N) 满足 De Morgan 律.　□

在定理 4.3.10 中, $U_1 = U_N$ 是 L 上的带幺元 $N(e)$ 的具有左伴随性质的一致模. 对于任意的 $x, y \in L$, 令 $I(x, y) = I_{U,N}(x, y) = U(N(x), y)$, 则

$$C_U(x, y) = N(I_{C_U}^R(x, N(y))) = N(U(x, N(y))) = N(U(N(N(x)), N(y)))$$

$$= N(I(N(x), N(y))) = I_N(x, y), \quad \forall x, y \in L,$$

于是 $C_U = I_N$, 即 RU 余蕴涵 C_U 也是 (U, N) 蕴涵 $I_{U,N}$ 的 N 对偶. 因此

$$I = (I_N)_N = (C_U)_N,$$

并且

$$B_{I,N}(x, y) = I(N(x), y) = (C_U)_N(N(x), y) = N(C_U(N(N(x)), N(y)))$$

$$= N(C_U(x, N(y))) = N(N(U(x, N(N(y))))) = U(x, y), \quad \forall x, y \in L,$$

所以 $B_{I,N} = U$. 这样, 由定理 4.3.9 得到

定理 4.3.11 设 N 是 L 上的强否定, U 是 L 上具有左伴随性质的一致模. 则如下两个断言等价;

(1) 存在带幺元 e 的具有右伴随性质的一致模 U_1 使得 $C_{U,N} = C_{U_1}$, 即 (U, N) 余蕴涵 $C_{U,N}$ 就是 RU 余蕴涵 C_{U_1}.

(2) $C_{U,N}$ 满足 (COP_e).

此时, 三元组 (U, U_1, N) 满足 De Morgan 律, 并且 (U, N) 余蕴涵 $C_{U,N}$ 也是 (U, N) 蕴涵 $I_{U_1,N}$ 的 N 对偶. $\square$

4.3.4 一致模诱导的 QL 蕴涵和 QL 余蕴涵

定义 4.3.6[148] 设 $e_1, e_2 \in L$, $U_1 \in \mathcal{U}(e_1)$, $U_2 \in \mathcal{U}(e_2)$, N 是 L 上的强否定. 定义 L 上的二元运算 $Q_{U_1,U_2,N}$ 如下:

$$Q_{U_1,U_2,N}(x, y) = U_2(N(x), U_1(x, y)), \quad \forall x, y \in L. \tag{4.3.8}$$

$Q_{U_1,U_2,N}$ 也称为三元组 (U_1, U_2, N) 诱导的 QL 运算. 若 $Q_{U_1,U_2,N} \in \mathcal{I}(L)$, 则称 $Q_{U_1,U_2,N}$ 为一致模诱导的 QL 蕴涵, 也简称为 QL 蕴涵, 并将 $Q_{U_1,U_2,N}$ 改记为 $I_{U_1,U_2,N}$. 若 $Q_{U_1,U_2,N} \in \mathcal{C}(L)$, 则称 $Q_{U_1,U_2,N}$ 为一致模诱导的 QL 余蕴涵, 简称为 QL 余蕴涵, 并将 $Q_{U_1,U_2,N}$ 改记为 $C_{U_1,U_2,N}$.

显然, $Q_{U_1,U_2,N}$ 关于第二个变量是单调递增的. 当 U_1 是 L 上的三角模 T, 并且 U_2 是 L 上的三角余模 S 时, 若 $Q_{T,S,N} \in \mathcal{I}(L)$, 则 $I_{T,S,N}$ 就是三角模和三角余模诱导的 QL 蕴涵 (参见定义 2.2.5).

命题 4.3.16 设 N 是 L 上的强否定, $U_1 \in \mathcal{U}(e_1)$, $U_2 \in \mathcal{U}(e_2)$. 则下列断言成立.

(1) 若 $Q_{U_1,U_2,N} \in \mathcal{I}(L)$, 则 U_1 是合取一致模, U_2 是三角余模, 并且满足排中律, 即 $U_2(N(x), x) = 1, \forall x \in L$.

(2) 若 $Q_{U_1,U_2,N} \in \mathcal{C}(L)$, 则 U_1 是析取一致模, U_2 是三角模, 并且满足矛盾律, 即 $U_2(N(x),x) = 0, \forall x \in L$.

(3) 若 $Q_{U_1,U_2,N} \in \mathcal{I}(L)$, 则 $(Q_{U_1,U_2,N})_N \in \mathcal{C}(L)$ 并且

$$(Q_{U_1,U_2,N})_N = Q_{(U_1)_N,(U_2)_N,N},$$

即 QL 蕴涵 $I_{U_1,U_2,N}$ 的 N 对偶是三元组 $((U_1)_N,(U_2)_N,N)$ 诱导的 QL 余蕴涵.

证明　这里仅证明断言 (2) 和 (3) 成立.

(2) 设 $Q_{U_1,U_2,N} \in \mathcal{C}(L)$. 令 $C = C_{U_1,U_2,N}$, 则

$$C(1,e_1) = U_2(N(1),U_1(1,e_1)) = U_2(0,1) = 0,$$

即 U_2 是合取一致模. 由于

$$C(0,e_1) = U_2(N(0),U_1(0,e_1)) = U_2(1,0) = 0,$$

因此对于任意的 $x \in L$, $C(x,e_1) = 0$, 即

$$C(x,e_1) = U_2(N(x),U_1(x,e_1)) = U_2(N(x),x) = 0, \quad \forall x \in L.$$

特别地, $N(e_2) = U_2(N(e_2),e_2) = 0$, 于是 $e_2 = 1$. 所以 U_2 是三角模并且满足矛盾律. 又由于

$$C(0,1) = U_2(N(0),U_1(0,1)) = U_2(1,U_1(0,1)) = U_1(0,1) = 1,$$

因此 U_1 是析取一致模.

(3) 若 $Q_{U_1,U_2,N} \in \mathcal{I}(L)$, 则 U_1 是合取一致模, U_2 是三角余模并且满足排中律. 于是由定理 2.2.2, 注 4.1.2 和定理 2.1.3 知, $(Q_{U_1,U_2,N})_N \in \mathcal{C}(L)$, $(U_1)_N$ 是析取一致模, $(U_2)_N$ 是三角模并且

$$(Q_{U_1,U_2,N})_N(x,y) = N^{-1}(Q_{U_1,U_2,N}(N(x),N(y)))$$

$$= N^{-1}(U_2(N(N(x)),U_1(N(x),N(y))))$$

$$= N^{-1}(U_2(N(N(x)),N(N^{-1}(U_1(N(x),N(y))))))$$

$$= N^{-1}(U_2(N(N(x)),N((U_1)_N(x,y))))$$

$$= (U_2)_N(N(x),(U_1)_N(x,y)) = Q_{(U_1)_N,(U_2)_N,N}(x,y), \quad \forall x,y \in L.$$

因此 $(Q_{U_1,U_2,N})_N$ 是由三元组 $((U_1)_N,(U_2)_N,N)$ 诱导的 QL 余蕴涵并且

$$(U_2)_N(N(x),x) = N^{-1}(U_2(N(N(x)),N(x)))$$

$$= N^{-1}(U_2(x, N(x))) = N^{-1}(1) = 0, \quad \forall x \in L,$$

即 $(U_2)_N$ 是三角模并且满足矛盾律.　□

命题 4.3.16 的逆命题不成立.

例 4.3.8　取 U_1 和 U_2 分别是 $[0, 1]$ 上的可表示一致模和 Łukasiewicz 三角余模, N 是 $[0, 1]$ 上的标准强否定时, 则 U_1 是合取一致模, U_2 是三角余模, 并且关于标准强否定满足排中律. 令 $I = I_{U_1, U_2, N}$, 则

$$I(x, y) = \min\{1, 1 - x + h^{-1}(h(x) + h(y))\}, \quad \forall x, y \in [0, 1],$$

其中 h 是可表示一致模 U_1 的加法生成子, 即 $h : [0, 1] \to [-\infty, +\infty]$ 是连续的严格单调递增函数并且满足 $h(0) = -\infty, h(e) = 0$ 及 $h(1) = +\infty$. 由于

$$I(x, x) = \min\{1, 1 - x + h^{-1}(2h(x))\} < 1, \quad \forall x \in \,]0, e_1[,$$

$$I(1, x) = \min\{1, 1 - 1 + h^{-1}(h(1) + h(x))\}$$

$$= \min\{1, h^{-1}(+\infty)\} = 1, \quad \forall x \in [0, 1].$$

因此 I 不满足 (I1) 和 (I11), 所以 I 不是 $[0, 1]$ 上模糊蕴涵.

注 4.3.4　当 $Q_{U_1, U_2, N} \in \mathcal{I}(L)$ 时, 由命题 4.3.16 知

$$I_{U_1, U_2, N}(x, 0) = U_2(N(x), U_1(x, 0)) = U_2(N(x), 0) = N(x), \quad \forall x \in L,$$

$$I_{U_1, U_2, N}(1, x) = U_2(N(1), U_1(1, x)) = U_2(0, U_1(1, x))$$

$$= U_1(1, x) = 1, \quad \forall x \in [e_1, 1].$$

这就是说, QL 蕴涵总满足 (I9). 但是当 $e_1 < 1$ 时, QL 蕴涵不满足 (I6).

同样, 当 $Q_{U_1, U_2, N} \in \mathcal{C}(L)$ 时,

$$C_{U_1, U_2, N}(x, 1) = U_2(N(x), U_1(x, 1)) = U_2(N(x), 1) = N(x), \quad \forall x \in L,$$

$$C_{U_1, U_2, N}(0, x) = U_2(N(0), U_1(0, x)) = U_2(1, U_1(0, x))$$

$$= U_1(0, x) = 0, \quad \forall x \in [0, e_1].$$

命题 4.3.17　(1) 若 QL 蕴涵 I 满足 (EP), 则 U_1 是 L 上的三角模.
(2) 若 QL 余蕴涵 C 满足 (EP), 则 U_1 是 L 上的三角余模.

证明　这里仅证明 (1) 成立.

若 QL 蕴涵 I 满足 (EP), 则由命题 4.3.16 和注 4.3.4 知

$$I(1, I(x, 0)) = I(1, N(x)) = U_2(N(1), U_1(1, N(x)))$$

$$= U_1(1, N(x)) = I(x, I(1, 0)) = I(x, 0) = N(x), \quad \forall x \in L.$$

因此,

$$x = N(N(x)) = U_1(1, N(N(x))) = U_1(1, x), \quad \forall x \in L.$$

所以 1 是 U_1 的幺元并且 U_1 是 L 上的三角模. $\square$

当 QL 蕴涵 I 满足 (EP) 时, 由命题 4.3.16 和命题 4.3.17 知, I 就是三角模和三角余模诱导的 QL 蕴涵 (参见定义 2.2.5). 于是由定理 2.2.7 知, I 是 S 蕴涵. 再由定理 2.2.1 知, I 满足 (I6) 和 (I12).

命题 4.3.18 (1) 若 I 是 QL 蕴涵并且关于一致模 U 满足 (GLI), 则 U 是 L 上的三角模.

(2) 若 C 是 QL 余蕴涵并且关于一致模 U 满足 (GLI), 则 U 是 L 上的三角余模.

证明 (1) 若 QL 蕴涵 I 关于一致模 U 满足 (GLI), 则

$$I(x, I(y, z)) = I(U(x, y), z) = I(y, I(x, z)), \quad \forall x, y, z \in L.$$

于是 I 满足 (EP), 并且由注 4.3.4 知

$$N(U(1, x)) = I(U(1, x), 0) = I(U(x, 1), 0) = I(x, I(1, 0))$$

$$= I(x, 0) = N(x), \quad \forall x \in L.$$

因此对于任意的 $x \in L, U(1, x) = x$, 即 U 是 L 上的三角模.

(2) 若 QL 余蕴涵 C 关于一致模 U 满足 (GLI), 则

$$C(x, C(y, z)) = C(U(x, y), z) = C(y, C(x, z)), \quad \forall x, y, z \in L,$$

即 C 满足 (EP). 于是 U_1 是 L 上的三角余模. 同样由注 4.3.4 知

$$N(U(0, x)) = C(U(0, x), 1) = C(U(x, 0), 1) = C(x, C(0, 1))$$

$$= C(x, 1) = N(x), \quad \forall x \in L.$$

因此对于任意的 $x \in L, U(0, x) = x$, 即 U 是 L 上的三角余模. $\square$

第 5 章　完备格上的左 (右) 半一致模

在模糊控制过程中, 只有考虑多维聚合算子时才要求聚合算子满足结合律. 这说明在考虑实际问题时并不要求解释合取联结词或者析取联结词的模糊逻辑算子满足交换律以及结合律. 去掉一致模公理中结合律和交换律, 本章首先引入完备格上的左 (右) 半一致模概念并且给出计算上、下近似左 (右) 半一致模的计算公式, 然后研究左 (右) 半一致模诱导的模糊蕴涵和模糊余蕴涵的性质, 最后探讨上、下近似左 (右) 半一致模与上、下近似模糊蕴涵和模糊余蕴涵之间的关系.

本章中, 如无特别说明, 总假定 L 是一个给定的完备格, 最小元和最大元分别是 0 和 1, 并且 $0 \neq 1$.

5.1　左 (右) 半一致模

本节引入完备格上的左 (右) 半一致模等概念, 给出计算上、下近似左 (右) 半一致模的计算公式并且讨论这些计算公式之间的关系.

5.1.1　左 (右) 半一致模的概念

首先讨论左 (右) 半一致模的概念.

定义 5.1.1[149−151]　设 U 是 L 上的二元运算. 若 U 具有

(1) 单调性, 即 $y \leqslant z \Rightarrow U(x,y) \leqslant U(x,z), U(y,x) \leqslant U(z,x), \forall x, y, z \in L$;

(2) 存在左 (右) 幺元 $e_L(e_R)$, 即 $U(e_L, x) = x(U(x, e_R) = x), \forall x \in L$,

则称 U 为 L 上的左 (右) 半一致模, 并称 $e_L(e_R)$ 为左 (右) 半一致模的左幺元 (相应地, 右幺元). 若左 (右) 半一致模 U 还满足结合律, 则称 U 为 L 上的左 (右) 一致模.

为简便起见, 我们引入下面记号:

$\mathcal{U}_s(e_L)$: L 上的左半一致模组成的集合;

$\mathcal{U}_s(e_R)$: L 上的右半一致模组成的集合;

$\mathcal{U}_{\vee s}(e_L)$: L 上的左任意并分配的左半一致模组成的集合;

$\mathcal{U}_{\vee s}(e_R)$: L 上的左任意并分配的右半一致模组成的集合;

$\mathcal{U}_{s \vee}(e_L)$: L 上的右任意并分配的左半一致模组成的集合;

$\mathcal{U}_{s \vee}(e_R)$: L 上的右任意并分配的右半一致模组成的集合;

$\mathcal{U}_{\wedge s}(e_L)$: L 上的左任意交分配的左半一致模组成的集合;

$\mathcal{U}_{\wedge s}(e_R)$: L 上的左任意交分配的右半一致模组成的集合;

$\mathcal{U}_{s\wedge}(e_L)$: L 上的右任意交分配的左半一致模组成的集合;

$\mathcal{U}_{s\wedge}(e_R)$: L 上的右任意交分配的右半一致模组成的集合.

显然, 对于任意 $U \in \mathcal{U}_s(e_L)(U \in \mathcal{U}_s(e_R))$, $U(0,0) = 0$, $U(1,1) = 1$, 并且

$$U(e_L, e_L) = e_L \quad (相应地, U(e_R, e_R) = e_R),$$

即左 (右) 幺元 $e_L(e_R)$ 是左半一致模 (相应地, 右半一致模) 的幂等元.

若 $U \in \mathcal{U}_s(e_L)$ 也有右幺元 e_R, 则 $e_R = U(e_L, e_R) = e_L$. 令 $e = e_L = e_R$, 则 e 是 U 的幺元. 此时也称 U 为 L 上的半一致模 [152]. 当 $e = 1$ 时, 半一致模 U 就是半三角模或者 t 半模; 当 $e = 0$ 时, 半一致模 U 就是半三角余模或者 t 半余模.

例 5.1.1 假设 $L_5 = \{0, a, b, c, 1\}$ 是如图 5.1 所示的有限格.

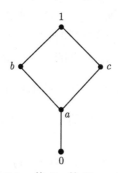

图 5.1 格 L_5 的 Hasse 图

按表 5.1 定义 L_5 上的二元运算 U, 则 U 是左半一致模, b 和 c 都是它的左幺元. 但是 U 没有右幺元. 它既不是左任意并 (交) 分配的也不是右任意并 (交) 分配的, 它既不满足交换律也不满足结合律.

表 5.1 U 的取值表

U	0	a	b	c	1
0	0	0	0	0	0
a	0	0	a	c	1
b	0	a	b	c	1
c	0	a	b	c	1
1	0	1	1	1	1

命题 5.1.1 设 N 是 L 上的强否定. 则下列断言成立.

(1) 若 $U \in \mathcal{U}_s(e_L)$, 则 $U_N \in \mathcal{U}_s(N(e_L))$; 若 $U \in \mathcal{U}_s(e_R)$, 则 $U_N \in \mathcal{U}_s(N(e_R))$.

(2) 若 $U \in \mathcal{U}_{\vee s}(e_L)$, 则 $U_N \in \mathcal{U}_{\wedge s}(N(e_L))$; 若 $U \in \mathcal{U}_{\vee s}(e_R)$, 则 $U_N \in \mathcal{U}_{\wedge s}(N(e_R))$.

(3) 若 $U \in \mathcal{U}_{s \vee}(e_L)$, 则 $U_N \in \mathcal{U}_{s \wedge}(N(e_L))$; 若 $U \in \mathcal{U}_{s \vee}(e_R)$, 则 $U_N \in \mathcal{U}_{s \wedge}(N(e_R))$.

(4) 若 $U \in \mathcal{U}_{\wedge s}(e_L)$, 则 $U_N \in \mathcal{U}_{\vee s}(N(e_L))$; 若 $U \in \mathcal{U}_{\wedge s}(e_R)$, 则 $U_N \in \mathcal{U}_{\vee s}(N(e_R))$.

(5) 若 $U \in \mathcal{U}_{s \wedge}(e_L)$, 则 $U_N \in \mathcal{U}_{s \vee}(N(e_L))$; 若 $U \in \mathcal{U}_{s \wedge}(e_R)$, 则 $U_N \in \mathcal{U}_{s \vee}(N(e_R))$.

证明   若 $U \in \mathcal{U}_s(e_L)(U \in \mathcal{U}_s(e_R))$, 则由注 2.2.1 知, U_N 具有单调性. 由于

$$U_N(N(e_L), x) = N^{-1}(U(N(N(e_L)), N(x))) = N^{-1}(U(e_L, N(x)))$$

$$= N^{-1}(N(x)) = x, \quad \forall x \in L,$$

因此 $U_N \in \mathcal{U}_s(N(e_L))$(相应地, $U_N \in \mathcal{U}_s(N(e_R))$).

由注 2.2.1 和断言 (1) 知, 断言 (2)—(5) 成立. $\square$

其次考虑合取的左 (右) 半一致模和析取的左 (右) 半一致模.

定义 5.1.2[153−154]   设 U 是 L 上的二元运算. 若

$$U(0, 1) = 0 \quad (U(1, 0) = 0),$$

则称 U 是左合取的 (相应地, 右合取的), 若 U 既是左合取的又是右合取的, 也称 U 是合取的; 若

$$U(1, 0) = 1 \quad (U(0, 1) = 1),$$

则称 U 是左析取的 (相应地, 右析取的), 若 U 既是左析取的又是右析取的, 也称 U 是析取的.

例 5.1.2   假设 $M_6 = \{0, a, b, c, d, 1\}$ 是有限格, 其中

$$0 < a < b < d < 1, \quad 0 < a < c < d < 1, \quad b \wedge c = a, \quad b \vee c = d.$$

按表 5.2 和表 5.3 定义 M_6 上的两个二元运算 U_1 和 U_2, 则 U_1 和 U_2 都既不满足交换律也不满足结合律. 容易验证 U_1 和 U_2 分别是合取的任意并分配半一致模和析取的任意交分配半一致模, 幺元都是 b.

表 5.2 U_1 的取值表

U_1	0	a	b	c	d	1
0	0	0	0	0	0	1
a	0	0	a	c	c	1
b	0	a	b	c	d	1
c	0	a	c	d	d	1
d	0	a	d	d	d	1
1	0	1	1	1	1	1

表 5.3 U_2 的取值表

U_2	0	a	b	c	d	1
0	0	0	0	0	0	1
a	0	0	a	0	c	1
b	0	a	b	c	d	1
c	0	0	c	0	c	1
d	0	d	d	d	d	1
1	1	1	1	1	1	1

同样, 根据定义 5.1.2, 我们引入下面记号:

$\mathcal{U}_{cs}(e_L)$: L 上的合取的左半一致模组成的集合;

$\mathcal{U}_{cs}(e_R)$: L 上的合取的右半一致模组成的集合;

$\mathcal{U}_{ds}(e_L)$: L 上的析取的左半一致模组成的集合;

$\mathcal{U}_{ds}(e_R)$: L 上的析取的右半一致模组成的集合;

$\mathcal{U}_{\vee cs}(e_L)$: L 上的合取的左任意并分配的左半一致模组成的集合;

$\mathcal{U}_{\vee cs}(e_R)$: L 上的合取的左任意并分配的右半一致模组成的集合;

$\mathcal{U}_{cs\vee}(e_L)$: L 上的合取的右任意并分配的左半一致模组成的集合;

$\mathcal{U}_{cs\vee}(e_R)$: L 上的合取的右任意并分配的右半一致模组成的集合;

$\mathcal{U}_{\wedge ds}(e_L)$: L 上的析取的左任意交分配的左半一致模组成的集合;

$\mathcal{U}_{\wedge ds}(e_R)$: L 上的析取的左任意交分配的右半一致模组成的集合;

$\mathcal{U}_{ds\wedge}(e_L)$: L 上的析取的右任意交分配的左半一致模组成的集合;

$\mathcal{U}_{ds\wedge}(e_R)$: L 上的析取的右任意交分配的右半一致模组成的集合.

命题 5.1.2   设 N 是 L 上的强否定. 则下列断言成立.

(1) 若 $U \in \mathcal{U}_{cs}(e_L)$, 则 $U_N \in \mathcal{U}_{ds}(N(e_L))$; 若 $U \in \mathcal{U}_{cs}(e_R)$, 则 $U_N \in \mathcal{U}_{ds}(N(e_R))$.

(2) 若 $U \in \mathcal{U}_{ds}(e_L)$, 则 $U_N \in \mathcal{U}_{cs}(N(e_L))$; 若 $U \in \mathcal{U}_{ds}(e_R)$, 则 $U_N \in \mathcal{U}_{cs}(N(e_R))$.

(3) 若 $U \in \mathcal{U}_{\vee cs}(e_L)$, 则 $U_N \in \mathcal{U}_{\wedge ds}(N(e_L))$; 若 $U \in \mathcal{U}_{\vee cs}(e_R)$, 则 $U_N \in \mathcal{U}_{\wedge ds}(N(e_R))$.

(4) 若 $U \in \mathcal{U}_{cs\vee}(e_L)$, 则 $U_N \in \mathcal{U}_{ds\wedge}(N(e_L))$; 若 $U \in \mathcal{U}_{cs\vee}(e_R)$, 则 $U_N \in \mathcal{U}_{ds\wedge}(N(e_R))$.

(5) 若 $U \in \mathcal{U}_{\wedge ds}(e_L)$, 则 $U_N \in \mathcal{U}_{\vee cs}(N(e_L))$; 若 $U \in \mathcal{U}_{\wedge ds}(e_R)$, 则 $U_N \in \mathcal{U}_{\vee cs}(N(e_R))$.

(6) 若 $U \in \mathcal{U}_{ds\wedge}(e_L)$, 则 $U_N \in \mathcal{U}_{cs\vee}(N(e_L))$; 若 $U \in \mathcal{U}_{ds\wedge}(e_R)$, 则 $U_N \in \mathcal{U}_{cs\vee}(N(e_R))$.

证明   若 $U \in \mathcal{U}_{cs}(e_L)(U \in \mathcal{U}_{cs}(e_R))$, 则由命题 5.1.1(1) 知, $U_N \in \mathcal{U}_s(N(e_L))$

(相应地, $U_N \in \mathcal{U}_s(N(e_L))$). 因为 $U(1,0) = U(0,1) = 0$, 所以

$$U_N(1,0) = N^{-1}(U(N(1), N(0))) = N^{-1}(U(0,1)) = N^{-1}(0) = 1,$$

$$U_N(0,1) = N^{-1}(U(N(0), N(1))) = N^{-1}(U(1,0)) = N^{-1}(0) = 1.$$

这就是说, $U_N \in \mathcal{U}_{ds}(N(e_L))$(相应地, $U_N \in \mathcal{U}_{ds}(N(e_R))$).

同理可证, 断言 (2) 成立.

由命题 5.1.1, 断言 (1) 和 (2) 知, 断言 (3)—(6) 成立.　　□

容易看出, $\mathcal{U}_s(e_L), \mathcal{U}_s(e_R)$ 和 $\mathcal{U}_{cs}(e_L)$ 等集合关于二元运算的序关系 $\leqslant$ (参见定义 2.1.2) 都构成偏序集.

例 5.1.3　设 N 是 L 上的强否定, $e_L, e_R \in L$. 定义 L 上的一些二元运算如下:

$$U_{sW}^{e_L}(x,y) = \begin{cases} y, & \text{若 } x \geqslant e_L, \\ 0, & \text{否则,} \end{cases} \qquad U_{sW}^{e_R}(x,y) = \begin{cases} x, & \text{若 } x \geqslant e_R, \\ 0, & \text{否则,} \end{cases}$$

$$U_{sM}^{e_L}(x,y) = \begin{cases} y, & \text{若 } x \leqslant e_L, \\ 1, & \text{否则,} \end{cases} \qquad U_{sM}^{e_R}(x,y) = \begin{cases} x, & \text{若 } x \leqslant e_R, \\ 1, & \text{否则,} \end{cases}$$

$$U_{csM}^{e_L}(x,y) = \begin{cases} 0, & \text{若 } x = 0 \text{ 或 } y = 0, \\ y, & \text{若 } 0 < x \leqslant e_L \text{ 且 } y \neq 0, \\ 1, & \text{否则,} \end{cases}$$

$$U_{csM}^{e_R}(x,y) = \begin{cases} 0, & \text{若 } x = 0 \text{ 或 } y = 0, \\ x, & \text{若 } 0 < y \leqslant e_R \text{ 且 } x \neq 0, \\ 1, & \text{否则,} \end{cases}$$

$$U_{dsW}^{e_L}(x,y) = \begin{cases} 1, & \text{若 } x = 1 \text{ 或 } y = 1, \\ y, & \text{若 } e_L \leqslant x < 1 \text{ 且 } y \neq 1, \\ 0, & \text{否则,} \end{cases}$$

$$U_{dsW}^{e_R}(x,y) = \begin{cases} 1, & \text{若 } x = 1 \text{ 或 } y = 1, \\ x, & \text{若 } e_R \leqslant y < 1 \text{ 且 } x \neq 1, \\ 0, & \text{否则,} \end{cases}$$

$$U_{\vee sM}^{e_L}(x,y) = \begin{cases} 0, & \text{若 } x = 0, \\ y, & \text{若 } 0 < x \leqslant e_L, \\ 1, & \text{否则,} \end{cases} \qquad U_{sM\vee}^{e_R}(x,y) = \begin{cases} 0, & \text{若 } y = 0, \\ x, & \text{若 } 0 < y \leqslant e_R, \\ 1, & \text{否则,} \end{cases}$$

$$U_{sM\vee}^{e_L}(x,y) = \begin{cases} 0, & \text{若 } y = 0, \\ y, & \text{若 } x \leqslant e_L \text{ 且 } y \neq 0, \\ 1, & \text{否则}, \end{cases}$$

$$U_{\vee sM}^{e_R}(x,y) = \begin{cases} 0, & \text{若 } x = 0, \\ x, & \text{若 } y \leqslant e_R \text{ 且 } x \neq 0, \\ 1, & \text{否则}, \end{cases}$$

$$U_{sW\wedge}^{e_L}(x,y) = \begin{cases} 1, & \text{若 } y = 1, \\ y, & \text{若 } x \geqslant e_L \text{ 且 } y \neq 1, \\ 0, & \text{否则}, \end{cases}$$

$$U_{\wedge sW}^{e_R}(x,y) = \begin{cases} 1, & \text{若 } x = 1, \\ x, & \text{若 } y \geqslant e_R \text{ 且 } x \neq 1, \\ 0, & \text{否则}, \end{cases}$$

其中 $x, y \in L$. 经过计算得到

$$(U_{sW}^{e_L})_N = U_{sM}^{N(e_L)}, \quad (U_{sM}^{e_L})_N = U_{sW}^{N(e_L)}, \quad (U_{sW}^{e_R})_N = U_{sM}^{N(e_R)},$$

$$(U_{sM}^{e_R})_N = U_{sW}^{N(e_R)}, (U_{dsW}^{e_L})_N = U_{csM}^{N(e_L)}, \quad (U_{csM}^{e_L})_N = U_{dsW}^{N(e_L)},$$

$$(U_{dsW}^{e_R})_N = U_{csM}^{N(e_R)}, \quad (U_{csM}^{e_R})_N = U_{csW}^{N(e_R)}, \quad (U_{sW\wedge}^{e_L})_N = U_{sM\vee}^{N(e_L)},$$

$$(U_{sM\vee}^{e_L})_N = U_{sW\wedge}^{N(e_L)}, \quad (U_{\wedge sW}^{e_R})_N = U_{\vee sM}^{N(e_R)}, \quad (U_{\vee sM}^{e_R})_N = U_{\wedge sW}^{N(e_R)}.$$

可以验证: $U_{\vee sM}^{e_L}$ 是 $\mathcal{U}_{\vee s}(e_L)$ 的最大元, $U_{sM\vee}^{e_R}$ 是 $\mathcal{U}_{s\vee}(e_R)$ 的最大元, $U_{csM}^{e_L}$ 是 $\mathcal{U}_{cs\vee}(e_L)$ 的最大元, $U_{csM}^{e_R}$ 是 $\mathcal{U}_{\vee cs}(e_R)$ 的最大元, $U_{dsW}^{e_L}$ 是 $\mathcal{U}_{ds\wedge}(e_L)$ 的最小元, $U_{dsW}^{e_R}$ 是 $\mathcal{U}_{\wedge ds}(e_R)$ 的最小元.

命题 5.1.3 设 $e_L, e_R \in L$. 则下列断言成立.

(1) $\mathcal{U}_s(e_L)$ 是完备格, 最小元和最大元分别是 $U_{sW}^{e_L}$ 和 $U_{sM}^{e_L}$; $\mathcal{U}_s(e_R)$ 是完备格, 最小元和最大元分别是 $U_{sW}^{e_R}$ 和 $U_{sM}^{e_R}$.

(2) $\mathcal{U}_{s\wedge}(e_L)$ 是完备格, 最小元和最大元分别是 $U_{sW\wedge}^{e_L}$ 和 $U_{sM}^{c_L}$; $\mathcal{U}_{\wedge s}(e_R)$ 是完备格, 最小元和最大元分别是 $U_{\wedge sW}^{e_R}$ 和 $U_{sM}^{e_R}$.

(3) $\mathcal{U}_{s\vee}(e_L)$ 是完备格, 最小元和最大元分别是 $U_{sW}^{e_L}$ 和 $U_{sM\vee}^{e_L}$; $\mathcal{U}_{\vee s}(e_R)$ 是完备格, 最小元和最大元分别是 $U_{sW}^{e_R}$ 和 $U_{sM\vee}^{e_R}$.

(4) $\mathcal{U}_{cs}(e_L)$ 是完备格, 最小元和最大元分别是 $U_{sW}^{e_L}$ 和 $U_{csM}^{e_L}$; $\mathcal{U}_{cs}(e_R)$ 是完备格, 最小元和最大元分别是 $U_{sW}^{e_R}$ 和 $U_{csM}^{e_R}$.

(5) 当 $e_L \neq 0$ 时, $\mathcal{U}_{cs\vee}(e_L)$ 是完备格, 最小元和最大元分别是 $U_{sW}^{e_L}$ 和 $U_{csM}^{e_L}$; 当 $e_R \neq 0$ 时, $\mathcal{U}_{\vee cs}(e_R)$ 是完备格, 最小元和最大元分别是 $U_{sW}^{e_R}$ 和 $U_{csM}^{e_R}$.

(6) $\mathcal{U}_{ds}(e_L)$ 是完备格, 最小元和最大元分别是 $U_{dsW}^{e_L}$ 和 $U_{sM}^{e_L}$; $\mathcal{U}_{ds}(e_R)$ 是完备格, 最小元和最大元分别是 $U_{dsW}^{e_R}$ 和 $U_{sM}^{e_R}$.

(7) 当 $e_L \neq 1$ 时, $\mathcal{U}_{ds\wedge}(e_L)$ 是完备格, 最小元和最大元分别是 $U_{dsW}^{e_L}$ 和 $U_{sM}^{e_L}$; 当 $e_R \neq 1$ 时, $\mathcal{U}_{\wedge ds}(e_R)$ 是完备格, 最小元和最大元分别是 $U_{dsW}^{e_R}$ 和 $U_{sM}^{e_R}$.

证明　这里仅证明断言 (1),(2) 和 (4) 中第一个结论成立.

(1) 若 $U_j \in \mathcal{U}_s(e_L)(j \in J)$, 其中 J 是非空指标集, 则

$$(\vee_{j\in J}U_j)(e_L, x) = \vee_{j\in J}U_j(e_L, x) = \vee_{j\in J}x = x, \quad \forall x \in L.$$

由于每个 $U_j(j \in J)$ 都具有单调性, 因此 $\vee_{j\in J}U_j$ 也具有单调性, 并且 $\vee_{j\in J}U_j \in \mathcal{U}_s(e_L)$. 不难验证, 例 5.1.3 中 $U_{sW}^{e_L}$ 是 $\mathcal{U}_s(e_L)$ 的最小元. 因此由注 1.2.1 知, $\mathcal{U}_s(e_L)$ 是完备格, 并且例 5.1.3 中的 $U_{sM}^{e_L}$ 是 $\mathcal{U}_s(e_L)$ 的最大元.

(2) 若 $U_j \in \mathcal{U}_{s\wedge}(e_L)(j \in J)$, 其中 J 是非空指标集, 则由断言 (1) 知, $\wedge_{j\in J}U_j \in \mathcal{U}_s(e_L)$. 由于对于任意的 $x, y_k \in L(k \in K)$, 其中 K 是任意指标集, 都有

$$(\wedge_{j\in J}U_j)(x, \wedge_{k\in K}y_k) = \wedge_{j\in J}U_j(x, \wedge_{k\in K}y_k) = \wedge_{j\in J}(\wedge_{k\in K}U_j(x, y_k))$$

$$= \wedge_{k\in K}(\wedge_{j\in J}U_j(x, y_k)) = \wedge_{k\in K}(\wedge_{j\in J}U_j)(x, y_k).$$

因此 $\wedge_{j\in J}U_j \in \mathcal{U}_{s\wedge}(e_L)$. 注意到例 5.1.3 中的 $U_{sM}^{e_L}$ 是 $\mathcal{U}_{s\wedge}(e_L)$ 的最大元, 由注 1.2.1 知, $\mathcal{U}_{s\wedge}(e_L)$ 是完备格, 并且例 5.1.3 中的 $U_{sW\wedge}^{e_L}$ 是 $\mathcal{U}_{s\wedge}(e_L)$ 的最小元.

(4) 若 $U_j \in \mathcal{U}_{cs}(e_L)(j \in J)$, 其中 J 是非空指标集, 则由断言 (1) 知, $\vee_{j\in J}U_j \in \mathcal{U}_s(e_L)$. 由于

$$(\vee_{j\in J}U_j)(1, 0) = \vee_{j\in J}U_j(1, 0) = 0 = \vee_{j\in J}U_j(0, 1) = (\vee_{j\in J}U_j)(0, 1),$$

因此 $\vee_{j\in J}U_j \in \mathcal{U}_{cs}(e_L)$. 因为例 5.1.3 中的 $U_{sW}^{e_L}$ 是 $\mathcal{U}_{cs}(e_L)$ 的最小元, 所以 $\mathcal{U}_{cs}(e_L)$ 也是完备格, 并且例 5.1.3 中的 $U_{csM}^{e_L}$ 是 $\mathcal{U}_{cs}(e_L)$ 的最大元.　　□

最后讨论严格合取的左 (右) 半一致模和严格析取的左 (右) 半一致模.

定义 5.1.3[155]　设 U 是 L 上的二元运算. 若 U 是合取的并且

$$U(x, 1) = 0 \Leftrightarrow x = 0 \quad (U(1, x) = 0 \Leftrightarrow x = 0), \quad \forall x \in L,$$

则称 U 是左严格合取的 (相应地, 右严格合取的); 若 U 是析取的并且

$$U(x, 0) = 1 \Leftrightarrow x = 1 \quad (U(0, x) = 1 \Leftrightarrow x = 1), \quad \forall x \in L,$$

则称 U 是左严格析取的 (相应地, 右严格析取的).

根据定义 5.1.3, 我们引入下面记号:

$\mathcal{U}_{cs}^s(e_L)$: L 上的左严格合取的左半一致模组成的集合;

$\mathcal{U}_{cs}^s(e_R)$: L 上的右严格合取的右半一致模组成的集合;

$\mathcal{U}_{ds}^s(e_L)$: L 上的左严格析取的左半一致模组成的集合;

$\mathcal{U}_{ds}^s(e_R)$: L 上的右严格析取的右半一致模组成的集合;

$\mathcal{U}_{\vee cs}^s(e_L)$: L 上的左严格合取的左任意并分配的左半一致模组成的集合;

$\mathcal{U}_{cs\vee}^s(e_R)$: L 上的右严格合取的右任意并分配的右半一致模组成的集合;

$\mathcal{U}_{\wedge ds}^s(e_L)$: L 上的左严格析取的左任意交分配的左半一致模组成的集合;

$\mathcal{U}_{ds\wedge}^s(e_R)$: L 上的右严格析取的右任意交分配的右半一致模组成的集合.

例 5.1.4 假设 M_4 是例 2.2.4 中四元格. 按表 5.4 和表 5.5 定义 M_4 上的两个二元运算 U_1 和 U_2. 容易看出 U_1 和 U_2 都是左严格析取的左任意交分配的左半一致模并且左幺元都是 0. 但是, $(U_1 \vee U_2)(a,0) = a \vee b = 1$. 因此 $U_1 \vee U_2$ 不是左严格析取的, 即

$$U_1 \vee U_2 \notin \mathcal{U}_{ds}^s(0), \quad U_1 \vee U_2 \notin \mathcal{U}_{\wedge ds}^s(0).$$

这就是说, $\mathcal{U}_{ds}^s(0)$ 和 $\mathcal{U}_{\wedge ds}^s(0)$ 都不是并半格.

表 5.4 U_1 的取值表

U_1	0	a	b	1
0	0	a	b	1
a	a	a	1	1
b	b	1	b	1
1	1	1	1	1

表 5.5 U_2 的取值表

U_2	0	a	b	1
0	0	a	b	1
a	b	1	b	1
b	a	a	1	1
1	1	1	1	1

例 5.1.5 设 $e_L, e_R \in L$. 注意到对于任意的 $x \not\leqslant e_L$, $U_{sM}^{e_L}(x,0) = 1$, 这样当 $e_L \neq 1$ 时, $U_{sM}^{e_L}$ 并不是 $\mathcal{U}_{ds}^s(e_L)$ 的最大元. 不难验证, $U_{dsW}^{e_L}$ 是 $\mathcal{U}_{ds}^s(e_L)$ 的最小元.

对于任意的 $x_j \in L(j \in J)$(其中 J 是任意指标集), 如果 $\wedge_{j \in J} x_j = 1$, 那么对于任意的 $j \in J$, $x_j = 1$, 于是

$$U_{dsW}^{e_L}(\wedge_{j \in J} x_j, y) = 1 = \wedge_{j \in J} U_{dsW}^{e_L}(x_j, y), \quad \forall y \in L;$$

如果 $e_L \leqslant \wedge_{j \in J} x_j < 1$, 那么对于任意的 $j \in J$, $e_L \leqslant x_j$, 并且存在 $j_0 \in J$ 使得

$e_L \leqslant x_{j_0} < 1$, 这样就有

$$U_{dsW}^{e_L}(\wedge_{j \in J} x_j, y) = y = U_{dsW}^{e_L}(x_{j_0}, y) = \wedge_{j \in J} U_{dsW}^{e_L}(x_j, y), \quad \forall y \in L;$$

如果 $e_L \nleqslant \wedge_{j \in J} x_j$, 那么存在 $j_0 \in J$ 使得 $e_L \nleqslant x_{j_0}$, 此时有

$$U_{dsW}^{e_L}(\wedge_{j \in J} x_j, y) = 0 = U_{dsW}^{e_L}(x_{j_0}, y) = \wedge_{j \in J} U_{dsW}^{e_L}(x_j, y), \quad \forall y \in L.$$

这就是说 $U_{dsW}^{e_L}$ 是 $\mathcal{U}_{\wedge ds}^s(e_L)$ 的最小元.

对于任意的 $x, y \in L$, 令

$$U_{dsM}^{se_L}(x, y) = \begin{cases} y, & \text{若 } x \leqslant e_L, \\ \vee\{a \in L | a \neq 1\}, & \text{若 } x \nleqslant e_L, x \neq 1 \text{ 且 } y = 0, \\ 1, & \text{否则.} \end{cases}$$

当 $e_L \neq 1$ 并且 $\vee\{a \in L | a \neq 1\} \neq 1$ 时, $U_{dsM}^{se_L} \in \mathcal{U}_{ds}^s(e_L)$. 如果 $U \in \mathcal{U}_{ds}^s(e_L)$, 那么

$$U(x, y) \leqslant \begin{cases} U(e_L, y) = y, & \text{若 } x \leqslant e_L, \\ \vee\{a \in L | a \neq 1\}, & \text{若 } x \nleqslant e_L, x \neq 1 \text{ 且 } y = 0, \\ 1, & \text{否则,} \end{cases}$$

即 $U \leqslant U_{dsM}^{se_L}$. 因此 $U_{dsM}^{se_L}$ 是 $\mathcal{U}_{ds}^s(e_L)$ 的最大元.

再假设 $\wedge\{a \in L | a \nleqslant e_L\} \nleqslant e_L$. 对于任意的 $x_j \in L(j \in J)$(其中 J 是任意指标集), 如果 $\wedge_{j \in J} x_j \leqslant e_L$, 那么存在 $j_0 \in J$ 使得 $x_{j_0} \leqslant e_L$, 于是

$$U_{dsM}^{se_L}(\wedge_{j \in J} x_j, y) = y = U_{dsM}^{se_L}(x_{j_0}, y) = \wedge_{j \in J} U_{dsM}^{se_L}(x_j, y), \quad \forall y \in L;$$

如果 $\wedge_{j \in J} x_j \nleqslant e_L$ 并且 $\wedge_{j \in J} x_j \neq 1$, 那么对于任意的 $j \in J$, $x_j \nleqslant e_L$, 并且存在 $j_0 \in J$ 使得 $x_{j_0} \nleqslant e_L, x_{j_0} \neq 1$, 因此

$$U_{dsM}^{se_L}(\wedge_{j \in J} x_j, 0) = \vee\{a \in L | a \neq 1\} = U_{dsM}^{se_L}(x_{j_0}, 0) = \wedge_{j \in J} U_{dsM}^{se_L}(x_j, 0),$$

$$U_{dsM}^{se_L}(\wedge_{j \in J} x_j, y) = 1 = U_{dsM}^{se_L}(x_{j_0}, y) = \wedge_{j \in J} U_{dsM}^{se_L}(x_j, y), \text{当 } y \neq 0 \text{ 时};$$

如果 $\wedge_{j \in J} x_j = 1$, 那么对于任意的 $j \in J$, $x_j = 1$, 此时有

$$U_{dsM}^{se_L}(\wedge_{j \in J} x_j, y) = 1 = \wedge_{j \in J} U_{dsM}^{se_L}(x_j, y), \quad \forall y \in L.$$

因此 $U_{dsM}^{se_L}$ 也是 $\mathcal{U}_{\wedge ds}^s(e_L)$ 的最大元.

类似地, $U_{dsW}^{e_R}$ 是 $\mathcal{U}_{ds}^s(e_R)$ 和 $\mathcal{U}_{ds \wedge}^s(e_R)$ 的最小元.

对于任意的 $x, y \in L$, 令

$$U_{dsM}^{ers}(x, y) = \begin{cases} x, & \text{若 } y \leqslant e_R, \\ \vee\{a \in L | a \neq 1\}, & \text{若 } x = 0, y \nleqslant e_R \text{ 且 } y \neq 1, \\ 1, & \text{否则}. \end{cases}$$

则当 $e_R \neq 1$ 并且 $\vee\{a \in L | a \neq 1\} \neq 1$ 时, U_{dsM}^{ers} 是 $\mathcal{U}_{ds}^s(e_R)$ 的最大元. 如果还满足

$$\wedge\{a \in L | a \nleqslant e_R\} \nleqslant e_R,$$

那么 U_{dsM}^{ers} 是 $\mathcal{U}_{ds\wedge}^s(e_R)$ 的最大元.

对偶地, $U_{csM}^{e_L}$ 是 $\mathcal{U}_{cs}^s(e_L)$ 和 $\mathcal{U}_{\vee cs}^s(e_L)$ 的最大元, $U_{csM}^{e_R}$ 是 $\mathcal{U}_{cs}^s(e_R)$ 和 $\mathcal{U}_{cs\vee}^s(e_R)$ 的最大元.

对于任意的 $x, y \in L$, 令

$$U_{csW}^{se_L}(x, y) = \begin{cases} y, & \text{若 } x \geqslant e_L, \\ \wedge\{a \in L | a \neq 0\}, & \text{若 } 0 < x, e_L \nleqslant x \text{ 且 } y = 1, \\ 0, & \text{否则}, \end{cases}$$

$$U_{csW}^{ers}(x, y) = \begin{cases} x, & \text{若 } y \geqslant e_R, \\ \wedge\{a \in L | a \neq 0\}, & \text{若 } 0 < y, e_R \nleqslant y \text{ 且 } x = 1, \\ 0, & \text{否则}, \end{cases}$$

当 $e_L \neq 0$ 并且 $\wedge\{a \in L | a \neq 0\} \neq 0$ 时, $U_{csW}^{se_L}$ 是 $\mathcal{U}_{cs}^s(e_L)$ 的最小元. 如果 L 还满足

$$\vee\{a \in L | a \ngeqslant e_L\} \ngeqslant e_L,$$

那么 $U_{csW}^{se_L}$ 是 $\mathcal{U}_{\vee cs}^s(e_L)$ 的最小元; 当 $e_R \neq 0$ 并且 $\wedge\{a \in L | a \neq 0\} \neq 0$ 时, U_{csW}^{ers} 是 $\mathcal{U}_{cs}^s(e_R)$ 的最小元, 如果 L 还满足

$$\vee\{a \in L | a \ngeqslant e_R\} \ngeqslant e_R,$$

那么 U_{csW}^{ers} 是 $\mathcal{U}_{cs\vee}^s(e_R)$ 的最小元.

最后考虑 $U_{dsM}^{se_L}, U_{dsM}^{ers}, U_{csW}^{se_L}$ 和 U_{csW}^{ers} 之间的关系. 设 N 是 L 上的强否定. 因为对于任意的 $x, y \in L$, 都有

$$(U_{csW}^{se_L})_N(x, y) = N^{-1}(U_{csW}^{se_L}(N(x), N(y)))$$

$$= \begin{cases} N^{-1}(N(y)), & \text{若 } N(x) \geqslant e_L, \\ N^{-1}(\wedge\{a \in L | a \neq 0\}), & \text{若 } 0 < N(x), e_L \nleqslant N(x) \text{ 且 } N(y) = 1, \\ N^{-1}(0), & \text{否则} \end{cases}$$

$$= \begin{cases} y, & 若\ x \leqslant N(e_L), \\ \vee\{a \in L | a \neq 1\}, & 若\ x < 1, x \not\leqslant N(e_L)\ 且\ y = 0, \\ 1, & 否则, \end{cases}$$

因此 $(U_{csW}^{se_L})_N = U_{dsM}^{sN(e_L)}$. 同理可证

$$(U_{csW}^{e_R s})_N = U_{dsM}^{N(e_R)s}, \quad (U_{dsM}^{se_L})_N = U_{csW}^{sN(e_L)}, \quad (U_{dsM}^{e_R s})_N = U_{csW}^{N(e_R)s}.$$

命题 5.1.4　假设 $e_L, e_R \in L$. 则下列断言成立.

(1) $\mathcal{U}_{cs}^s(e_L)$ 和 $\mathcal{U}_{\vee cs}^s(e_L)$ 都是并完备的, 最大元为 $U_{csM}^{e_L}$; $\mathcal{U}_{cs}^s(e_R)$ 和 $\mathcal{U}_{cs\vee}^s(e_R)$ 都是并完备的, 最大元为 $U_{csM}^{e_R}$.

(2) 当 $e_L \neq 0$ 并且 $\wedge\{a \in L | a \neq 0\} \neq 0$ 时, $\mathcal{U}_{cs}^s(e_L)$ 是完备格, 最小元和最大元分别是 $U_{csW}^{se_L}$ 和 $U_{csM}^{e_L}$; 当 $e_R \neq 0$ 并且 $\wedge\{a \in L | a \neq 0\} \neq 0$ 时, $\mathcal{U}_{cs}^s(e_R)$ 是完备格, 最小元和最大元分别是 $U_{csW}^{e_R s}$ 和 $U_{csM}^{e_R}$.

(3) 当 $e_L \neq 0$, $\wedge\{a \in L | a \neq 0\} \neq 0$ 并且 $\vee\{a \in L | a \not\geqslant e_L\} \not\geqslant e_L$ 时, $\mathcal{U}_{\vee cs}^s(e_L)$ 是完备格, 最小元和最大元分别是 $U_{csW}^{se_L}$ 和 $U_{csM}^{e_L}$; 当 $e_R \neq 0$, $\wedge\{a \in L | a \neq 0\} \neq 0$ 并且 $\vee\{a \in L | a \not\geqslant e_R\} \not\geqslant e_R$ 时, $\mathcal{U}_{cs\vee}^s(e_R)$ 是完备格, 最小元和最大元分别是 $U_{csW}^{e_R s}$ 和 $U_{csM}^{e_R}$.

(4) $\mathcal{U}_{ds}^s(e_L)$ 和 $\mathcal{U}_{\wedge ds}^s(e_L)$ 都是交完备的, 最小元为 $U_{dsW}^{e_L}$; $\mathcal{U}_{ds}^s(e_R)$ 和 $\mathcal{U}_{ds\wedge}^s(e_R)$ 都是交完备的, 最小元为 $U_{dsW}^{e_R}$.

(5) 当 $e_L \neq 1$ 并且 $\vee\{a \in L | a \neq 1\} \neq 1$ 时, $\mathcal{U}_{ds}^s(e_L)$ 是完备格, 最小元和最大元分别是 $U_{dsW}^{e_L}$ 和 $U_{dsM}^{se_L}$; 当 $e_R \neq 1$ 并且 $\vee\{a \in L | a \neq 1\} \neq 1$ 时, $\mathcal{U}_{ds}^s(e_R)$ 是完备格, 最小元和最大元分别是 $U_{dsW}^{e_R}$ 和 $U_{dsM}^{e_R s}$.

(6) 当 $e_L \neq 1$, $\vee\{a \in L | a \neq 1\} \neq 1$ 并且 $\wedge\{a \in L | a \not\leqslant e_L\} \not\leqslant e_L$ 时, $\mathcal{U}_{\wedge ds}^s(e_L)$ 是完备格, 最小元和最大元分别是 $U_{dsW}^{e_L}$ 和 $U_{dsM}^{se_L}$; 当 $e_R \neq 1$, $\vee\{a \in L | a \neq 1\} \neq 1$ 并且 $\wedge\{a \in L | a \not\leqslant e_R\} \not\leqslant e_R$ 时, $\mathcal{U}_{ds\wedge}^s(e_R)$ 是完备格, 最小元和最大元分别是 $U_{dsW}^{e_R}$ 和 $U_{dsM}^{e_R s}$.

证明　这里仅证明断言 (1) 和 (2) 中第一个结论成立.

(1) 若 $U_j \in \mathcal{U}_{\vee cs}^s(e_L)(j \in J)$, 其中 J 是非空指标集, 则由命题 5.1.3(4) 知, $\vee_{j \in J} U_j \in \mathcal{U}_{cs}(e_L)$. 由于对于任意的 $x_k, y \in L(k \in K)$, 其中 K 是任意指标集, 都有

$$(\vee_{j \in J} U_j)(\vee_{k \in K} x_k, y) = \vee_{j \in J} U_j(\vee_{k \in K} x_k, y) = \vee_{j \in J}(\vee_{k \in K} U_j(x_k, y))$$

$$= \vee_{k \in K}(\vee_{j \in J} U_j(x_k, y)) = \vee_{k \in K}(\vee_{j \in J} U_j)(x_k, y)$$

并且

$$(\vee_{j \in J} U_j)(x, 1) = 0 \Leftrightarrow \vee_{j \in J} U_j(x, 1) = 0 \Leftrightarrow U_j(x, 1) = 0, \forall j \in J \Leftrightarrow x = 0.$$

因此 $\vee_{j \in J} U_j \in \mathcal{U}_{\vee cs}^s(e_L)$, 即 $\mathcal{U}_{cs}^s(e_L)$ 和 $\mathcal{U}_{\vee cs}^s(e_L)$ 都是并完备的. 由例 5.1.5 知, $U_{csM}^{e_L}$ 是 $\mathcal{U}_{cs}^s(e_L)$ 和 $\mathcal{U}_{\vee cs}^s(e_L)$ 的最大元.

(2) 当 $e_L \neq 0$ 并且 $\wedge\{a \in L | a \neq 0\} \neq 0$ 时, 由例 5.1.5 知, $U_{csW}^{se_L}$ 是 $\mathcal{U}_{cs}^s(e_L)$ 的最小元. 于是由注 1.2.1 知, $\mathcal{U}_{cs}^s(e_L)$ 是完备格并且最大元为 $U_{csM}^{e_L}$. □

5.1.2 上、下近似左 (右) 半一致模

首先考虑上、下近似左 (右) 半一致模的计算公式.

设 A 是 L 上的二元运算. 如果存在 $U \in \mathcal{U}_s(e_L)$ 使得 $A \leqslant U$, 那么由命题 5.1.3 知

$$\wedge\{U | A \leqslant U, U \in \mathcal{U}_s(e_L)\}$$

是 L 上的比 A 大的最小的左半一致模, 称为 A 的上近似左半一致模, 记为 $[A]_s^{e_L}$.

同样, 如果存在 $U \in \mathcal{U}_s(e_L)$ 使得 $U \leqslant A$, 那么

$$\vee\{U | U \leqslant A, U \in \mathcal{U}_s(e_L)\}$$

是 L 上的比 A 小的最大的左半一致模, 称为 A 的下近似左半一致模, 记为 $(A]_s^{e_L}$.

类似地, 引入下面记号:

$[A]_s^{e_R}$: A 的上近似右半一致模;

$(A]_s^{e_R}$: A 的下近似右半一致模;

$[A]_{s\vee}^{e_L}$: A 的上近似右任意并分配的左半一致模;

$[A]_{\vee s}^{e_R}$: A 的上近似左任意并分配的右半一致模;

$(A]_{s\wedge}^{e_L}$: A 的下近似右任意交分配的左半一致模;

$(A]_{\wedge s}^{e_R}$: A 的下近似左任意交分配的右半一致模.

现在探索如何计算一个二元运算的上、下近似左半一致模和右半一致模.

定义 5.1.4[151] 设 A 是 L 上的二元运算, 定义 A 的上近似聚合运算 A_{ua} 和下近似聚合运算 A_{la} 为

$$A_{ua}(x, y) = \vee\{A(u, v) | u \leqslant x, v \leqslant y\},$$

$$A_{la}(x, y) = \wedge\{A(u, v) | u \geqslant x, v \geqslant y\}, \quad \forall x, y \in L.$$

二元运算的上近似聚合运算和下近似聚合运算具有下面性质.

命题 5.1.5 设 A 和 B 都是 L 上二元运算. 则下列断言成立.

(1) $A_{la} \leqslant A \leqslant A_{ua}$.

(2) $(A \vee B)_{ua} = A_{ua} \vee B_{ua}, (A \wedge B)_{la} = A_{la} \wedge B_{la}$.

(3) A_{ua} 和 A_{la} 关于两个变量都是单调递增的.

(4) 若 A 关于两个变量是单调递增的, 则 $A_{la} = A = A_{ua}$.

(5) 若 N 是 L 上的强否定, 则 $(A_N)_{ua} = (A_{la})_N, (A_N)_{la} = (A_{ua})_N$.

(6) 若 A 是左 (右) 任意并分配的, 则 A_{ua} 是左 (右) 任意并分配的; 若 A 是左 (右) 任意交分配的, 则 A_{la} 是左 (右) 任意交分配的.

证明　仅证明断言 (5) 和 (6) 成立.

(5) 若 N 是 L 上的强否定, 则由注 2.2.1 和定义 5.1.4 知

$$(A_N)_{ua}(x,y) = \vee\{A_N(u,v)|u \leqslant x, v \leqslant y\}$$
$$= \vee\{N^{-1}(A(N(u), N(v)))|u \leqslant x, v \leqslant y\}$$
$$= N^{-1}(\wedge\{A(N(u), N(v))|u \leqslant x, v \leqslant y\})$$
$$= N^{-1}(\wedge\{A(u_1, v_1)|u_1 \geqslant N(x), v_1 \geqslant N(y)\})$$
$$= N^{-1}(A_{la}(N(x), N(y))), \quad \forall x, y \in L,$$

即 $(A_N)_{ua} = (A_{la})_N$. 同理可证 $(A_N)_{la} = (A_{ua})_N$.

(6) 若 A 是左任意并分配的, 则 A 关于第一个变量是单调递增的. 于是对于任意的 $x, y \in L$ 都有

$$A_{ua}(x, y) = \vee\{A(u, v)|u \leqslant x, v \leqslant y\} = \vee\{A(x, v)|v \leqslant y\},$$

因此对于任意的 $x_k, y \in L(k \in K)$, 其中 K 是任意指标集, 都有

$$A_{ua}(\vee_{k \in K} x_k, y) = \vee\{A(\vee_{k \in K} x_k, v)|v \leqslant y\} = \vee\{\vee_{k \in K} A(x_k, v)|v \leqslant y\}$$
$$= \vee_{k \in K}(\vee\{A(x_k, v)|v \leqslant y\}) = \vee_{k \in K} A_{ua}(x_k, y),$$

即 A_{ua} 是左任意并分配的.

当 A 是左任意交分配时, 同理可证 A_{la} 是左任意交分配的.　□

由命题 5.1.5(5) 知, 二元运算 A 的上近似聚合运算 A_{ua} 和下近似聚合运算 A_{la} 也是对偶的.

一般来说, 一个二元运算的上、下近似聚合运算未必是左半一致模或者右半一致模.

例 5.1.6　假设 $L = [0, 1]$. 取

$$A(x, y) = \begin{cases} y/2, & \text{若 } x \leqslant 1/2, \\ 1, & \text{否则,} \end{cases}$$

则 $A \leqslant U_{sM}^{(1/2)_L}$ 并且 $A_{ua} = A$. 显然 A_{ua} 既不是左半一致模也不是右半一致模. 令

$$U(x,y) = \begin{cases} y/2, & \text{若 } x < 1/2, \\ y, & \text{若 } x = 1/2, \\ 1, & \text{否则}. \end{cases}$$

容易看出, U 是 A 的上近似左半一致模, 左幺元为 $1/2$.

定理 5.1.1 设 A 是 L 上的二元运算, $e_L, e_R \in L$. 则下列断言成立.

(1) 若 $A \leqslant U_{sM}^{e_L}$, 则 $[A]_s^{e_L} = U_{sW}^{e_L} \vee A_{ua}$; 若 $A \leqslant U_{sM}^{e_R}$, 则 $[A]_s^{e_R} = U_{sW}^{e_R} \vee A_{ua}$.

(2) 若 $U_{sW}^{e_L} \leqslant A$, 则 $(A]_s^{e_L} = U_{sM}^{e_L} \wedge A_{la}$; 若 $U_{sW}^{e_R} \leqslant A$, 则 $(A]_s^{e_R} = U_{sM}^{e_R} \wedge A_{la}$.

(3) 若 $A \leqslant U_{sM\vee}^{e_L}$, A 是右任意并分配的并且 A 关于第一个变量是单调递增的, 则 $[A]_{s\vee}^{e_L} = U_{sW}^{e_L} \vee A$; 若 $A \leqslant U_{\vee sM}^{e_R}$, A 是左任意并分配的并且 A 关于第二个变量是单调递增的, 则 $[A]_{\vee s}^{e_R} = U_{sW}^{e_R} \vee A$.

(4) 若 $U_{sW\wedge}^{e_L} \leqslant A$, A 是右任意交分配的并且 A 关于第一个变量是单调递增的, 则 $(A]_{s\wedge}^{e_L} = U_{sM}^{e_L} \wedge A$; 若 $U_{\wedge sW}^{e_R} \leqslant A$, A 是左任意交分配的并且关于第二个变量是单调递增的, 则 $(A]_{\wedge s}^{e_R} = U_{sM}^{e_R} \wedge A$.

证明 这里仅证明断言 (1) 和 (3) 成立.

(1) 令 $U_1 = U_{sW}^{e_L} \vee A_{ua}$. 若 $A \leqslant U_{sM}^{e_L}$, 则 $A \leqslant U_1$ 并且 $U_{sW}^{e_L} \leqslant U_1 \leqslant U_{sM}^{e_L}$. 因此

$$x = U_{sW}^{e_L}(e_L, x) \leqslant U_1(e_L, x) \leqslant U_{sM}^{e_L}(e_L, x) = x, \quad \forall x \in L,$$

即 e_L 是 U_1 的左幺元. 由命题 5.1.5(3) 知, A_{ua} 关于两个变量都是单调递增的, 于是由 $U_{sW}^{e_L}$ 的单调性知, U_1 关于两个变量都是单调递增的, 因此 $U_1 \in \mathcal{U}_s(e_L)$.

若 $A \leqslant U_2$ 并且 $U_2 \in \mathcal{U}_s(e_L)$, 则

$$U_2 = (U_2)_{ua} \geqslant A_{ua} \Rightarrow U_2 \geqslant U_{sW}^{e_L} \vee A_{ua} = U_1.$$

这就是说, $U_1 = U_{sW}^{e_L} \vee A_{ua} = [A]_s^{e_L}$.

当 $U_{sW}^{e_R} \leqslant A$ 时, 同理可证 $[A]_s^{e_R} = U_{sW}^{e_R} \vee A_{ua}$.

(3) 令 $U_3 = U_{sW}^{e_L} \vee A$. 若 A 是右任意并分配的并且 A 关于第一个变量是单调递增的, 则 A 关于两个变量都是单调递增的. 于是由命题 5.1.5(4) 知, $A_{ua} = A$. 因为 $U_{sW}^{e_L}$ 和 A 都是右任意并分配的, 所以 U_3 也是右任意并分配的. 若 $A \leqslant U_{sM\vee}^{e_L}$, 则 $A \leqslant U_{sM}^{e_L}$, 于是由断言 (1) 的证明知, $[A]_{s\vee}^{e_L} = U_{sW}^{e_L} \vee A$.

当 $A \leqslant U_{\vee sM}^{e_R}$, A 是左任意并分配的并且关于第二个变量是单调递增时, 同理可证 $[A]_{\vee s}^{e_R} = U_{sW}^{e_R} \vee A$. $\square$

当 A 右任意并分配时, 对于任意 $x \in L$, $A(x, 0) = 0$. 因此定理 5.1.1(3) 中 $A \leqslant U_{sM\vee}^{e_L}$ 可以换成 $A \leqslant U_{sM}^{e_L}$. 类似地, 当 A 左任意并分配时, $A \leqslant U_{\vee sM}^{e_R}$ 可以替换为 $A \leqslant U_{sM}^{e_R}$.

例 5.1.7　假设 M_4 是例 2.2.4 中四元格. 按表 5.6 和表 5.7 定义 M_4 上的两个二元运算 A 和 B.

表 5.6　A 的取值表

A	0	a	b	1
0	0	0	0	0
a	a	1	a	1
b	0	0	0	0
1	a	1	a	1

表 5.7　B 的取值表

B	0	a	b	1
0	0	b	0	b
a	1	1	1	1
b	0	b	0	b
1	1	1	1	1

显然, $A \leqslant U_{sM}^0$, $U_{sW}^1 \leqslant B$, A 是右任意交分配的, B 是右任意并分配的, A 和 B 关于第一个变量是单调递增的.

令 $U_1 = U_{sW\wedge}^0 \vee A$, $U_2 = U_{sM\vee}^1 \wedge B$, 则 U_1 不是右任意交分配的, U_2 不是右任意并分配的, 即 U_1 不是 A 的上近似右任意交分配的左半一致模, U_2 不是 B 的下近似右任意并分配的左半一致模. 这说明对于二元运算的上近似右任意交分配的左半一致模和下近似右任意并分配的左半一致模而言, 类似的公式不成立.

下面考虑上近似左 (右) 半一致模和下近似左 (右) 半一致模之间的关系.

定理 5.1.2　设 N 是 L 上的强否定, A 是 L 上的二元运算, $e_L, e_R \in L$. 则下列断言成立.

(1) 若 $A \leqslant U_{sM}^{e_L}$, 则 $[A]_s^{e_L} = ((A_N)_s^{N(e_L)})_N$; 若 $A \leqslant U_{sM}^{e_R}$, 则 $[A]_s^{e_R} = ((A_N)_s^{N(e_R)})_N$.

(2) 若 $U_{sW}^{e_L} \leqslant A$, 则 $(A]_s^{e_L} = ([A_N)_s^{N(e_L)})_N$; 若 $U_{sW}^{e_R} \leqslant A$, 则 $(A]_s^{e_R} = ([A_N)_s^{N(e_R)})_N$.

(3) 若 $A \leqslant U_{sM}^{e_L}$, A 是右任意并分配的并且 A 关于第一个变量是单调递增的, 则 $[A]_{s\vee}^{e_L} = ((A_N)_{s\wedge}^{N(e_L)})_N$; 若 $A \leqslant U_{sM}^{e_R}$, A 是左任意并分配的并且 A 关于第二个变量是单调递增的, 则 $[A]_{\vee s}^{e_R} = ((A_N)_{\wedge s}^{N(e_R)})_N$.

(4) 若 $U_{sW}^{e_L} \leqslant A$, A 是右任意交分配的并且 A 关于第一个变量是单调递增的, 则 $(A]_{s\wedge}^{e_L} = ([A_N)_{s\vee}^{N(e_L)})_N$; 若 $U_{\wedge sW}^{e_R} \leqslant A$, A 是左任意交分配的并且 A 关于第二个变量是单调递增的, 则 $(A]_{\wedge s}^{e_R} = ([A_N)_{\vee s}^{N(e_R)})_N$.

证明　这里仅证明断言 (1) 和 (3) 中第一个等式成立.

(1) 若 $A \leqslant U_{sM}^{e_L}$, 则由定理 5.1.1(1) 知, $[A]_s^{e_L} = U_{sW}^{e_L} \vee A_{ua}$. 由注 2.2.1 和例 5.1.3 得

$$A_N \geqslant (U_{sM}^{e_L})_N = U_{sW}^{N(e_L)}.$$

于是由定理 5.1.1(2) 知, $(A_N]_s^{N(e_L)} = U_{sM}^{N(e_L)} \wedge (A_N)_{la}$. 因此由注 2.2.1 和命题 5.1.5(5) 得

$$((A_N]_s^{N(e_L)})_N = (U_{sM}^{N(e_L)} \wedge (A_N)_{la})_N = (U_{sM}^{N(e_L)} \wedge (A_{ua})_N)_N$$

$$= (U_{sM}^{N(e_L)})_N \vee ((A_{ua})_N)_N = U_{sW}^{N(N(e_L))} \vee A_{ua} = U_{sW}^{e_L} \vee A_{ua} = [A]_s^{e_L}.$$

(3) 若 $A \leqslant U_{sM}^{e_L}$, A 是右任意并分配的并且 A 关于第一个变量是单调递增的, 则 $A_{ua} = A$ 并且 $[A]_{s\vee}^{e_L} = U_{sW}^{e_L} \vee A$. 因为 $A_N \geqslant (U_{sM}^{e_L})_N = U_{sW}^{N(e_L)}$, A_N 是右任意交分配的并且 A_N 关于第一个变量是单调递增的, 所以

$$((A_N]_{s\wedge}^{N(e_L)})_N = (U_{sM}^{N(e_L)} \wedge A_N)_N = (U_{sM}^{N(e_L)})_N \vee (A_N)_N$$

$$= U_{sW}^{N(N(e_L))} \vee A = U_{sW}^{e_L} \vee A.$$

这样由定理 5.1.1(3) 得 $[A]_{s\vee}^{e_L} = ((A_N]_{s\wedge}^{N(e_L)})_N$. $\square$

其次研究上、下近似合取的左 (右) 半一致模和上、下近似析取的左 (右) 半一致模的计算公式.

当 $e_L \neq 0$ 时, $\mathcal{U}_{cs}(e_L)$ 是完备格, 最小元和最大元分别是 $U_{sW}^{e_L}$ 和 $U_{csM}^{e_L}$. 这样, 对于 L 上的二元运算 A, 如果存在 $U \in \mathcal{U}_{cs}(e_L)$ 使得 $A \leqslant U$, 那么

$$\wedge\{U | A \leqslant U, U \in \mathcal{U}_{cs}(e_L)\}$$

是 L 上的比 A 大的最小的合取左半一致模, 称为 A 的上近似合取左半一致模, 记为 $[A)_{cs}^{e_L}$. 同样, 如果存在 $U \in \mathcal{U}_{cs}(e_L)$ 使得 $U \leqslant A$, 那么

$$\vee\{U | U \leqslant A, U \in \mathcal{U}_{cs}(e_L)\}$$

是 L 上的比 A 小的最大的合取左半一致模, 称为 A 的下近似合取左半一致模, 记为 $(A]_{cs}^{e_L}$.

同样, 我们引入下面记号:

$[A)_{cs}^{e_R}$: A 的上近似合取右半一致模;

$(A]_{cs}^{e_R}$: A 的下近似合取右半一致模;

$[A)_{cs\vee}^{e_L}$: A 的上近似合取的右任意并分配的左半一致模;

$[A)_{\vee cs}^{e_R}$: A 的上近似合取的左任意并分配的右半一致模;

$[A)_{ds}^{e_L}$: A 的上近似析取左半一致模;

$(A)_{ds}^{e_L}$: A 的下近似析取左半一致模;

$[A]_{ds}^{e_R}$: A 的上近似析取右半一致模;

$(A)_{ds}^{e_R}$: A 的下近似析取右半一致模;

$(A)_{ds\wedge}^{e_L}$: A 的下近似析取的右任意交分配的左半一致模;

$(A)_{\wedge ds}^{e_R}$: A 的下近似合取的左任意并分配的右半一致模.

定理 5.1.3　设 A 是 L 上的二元运算, $e_L, e_R \in L \backslash \{0\}$. 则下列断言成立.

(1) 若 $A \leqslant U_{csM}^{e_L}$, 则 $[A]_{cs} = U_{sW}^{e_L} \vee A_{ua}$.

(2) 若 $A \leqslant U_{csM}^{e_R}$, 则 $[A]_{cs}^{e_R} = U_{sW}^{e_R} \vee A_{ua}$.

(3) 若 $U_{sW}^{e_L} \leqslant A$, 则 $(A)_{cs}^{e_L} = U_{csM}^{e_L} \wedge A_{la}$.

(4) 若 $U_{sW}^{e_R} \leqslant A$, 则 $(A)_{cs}^{e_R} = U_{csM}^{e_R} \wedge A_{la}$.

(5) 若 $A \leqslant U_{csM}^{e_L}$, A 是右任意并分配的, 则 $[A]_{cs\vee}^{e_L} = U_{sW}^{e_L} \vee A_{ua}$. 如果 A 关于第一个变量还是单调递增的, 那么 $[A]_{cs\vee}^{e_L} = U_{sW}^{e_L} \vee A$.

(6) 若 $A \leqslant U_{csM}^{e_R}$, A 是左任意并分配的, 则 $[A]_{\vee cs}^{e_R} = U_{sW}^{e_R} \vee A_{ua}$. 如果 A 关于第二个变量还是单调递增的, 那么 $[A]_{\vee cs}^{e_R} = U_{sW}^{e_R} \vee A$.

证明　这时仅证明断言 (1) 和 (5) 成立.

(1) 令 $U_1 = U_{sW}^{e_L} \vee A_{ua}$. 若 $A \leqslant U_{csM}^{e_L}$, 则 $A \leqslant U_1$ 并且 $A_{ua} \leqslant (U_{csM}^{e_L})_{ua} = U_{csM}^{e_L}$. 于是, $U_{sW}^{e_L} \leqslant U_1 \leqslant U_{csM}^{e_L}$. 因此

$$U_1(1,0) = U_1(0,1) = 0, \quad U_1(e_L, x) = x, \quad \forall x \in L.$$

由 $U_{sW}^{e_L}$ 的单调性知, U_1 关于两个变量都是单调递增的, 所以 $U_1 \in \mathcal{U}_{cs}(e_L)$.

若 $A \leqslant U_2$ 并且 $U_2 \in \mathcal{U}_{cs}(e_L)$, 则

$$U_2 = (U_2)_{ua} \geqslant A_{ua} \Rightarrow U_2 \geqslant U_{sW}^{e_L} \vee A_{ua} = U_1.$$

这就是说, $U_1 = U_{sW}^{e_L} \vee A_{ua} = [A]_{cs}^{e_L}$.

(5) 令 $U_3 = U_{sW}^{e_L} \vee A_{ua}$. 若 $A \leqslant U_{csM}^{e_L}$, 则由断言 (1) 知, $U_3 \in \mathcal{U}_{cs}(e_L)$. 若 A 是右任意并分配的, 则由命题 5.1.5(6) 知, A_{ua} 也是右任意并分配的. 因为 $U_{sW}^{e_L}$ 是右任意并分配的, 所以 U_3 也是右任意并分配的. 于是由断言 (1) 的证明知

$$[A]_{cs\vee}^{e_L} = U_{sW}^{e_L} \vee A_{ua}.$$

如果 A 关于第一个变量还是单调递增的, 那么 $A_{ua} = A$. 此时

$$[A]_{cs\vee}^{e_L} = U_{sW}^{e_L} \vee A. \qquad \square$$

类似地, 我们可以证明下面结论成立.

定理 5.1.4　设 A 是 L 上的二元运算, $e_L, e_R \in L \backslash \{1\}$. 则下列断言成立.

(1) 若 $A \leqslant U_{sM}^{eL}$, 则 $[A]_{ds}^{eL} = U_{dsW}^{eL} \vee A_{ua}$.

(2) 若 $A \leqslant U_{sM}^{eR}$, 则 $[A]_{ds}^{eR} = U_{dsW}^{eR} \vee A_{ua}$.

(3) 若 $U_{dsW}^{eL} \leqslant A$, 则 $(A]_{ds}^{eL} = U_{sM}^{eL} \wedge A_{la}$.

(4) 若 $U_{dsW}^{eR} \leqslant A$, 则 $(A]_{ds}^{eR} = U_{sM}^{eR} \wedge A_{la}$.

(5) 若 $U_{dsW}^{eL} \leqslant A$ 并且 A 是右任意交分配的, 则 $(A]_{ds\wedge}^{eL} = U_{sM}^{eL} \wedge A_{la}$. 如果 A 关于第一个变量还是单调递增的, 那么 $(A]_{ds\wedge}^{eL} = U_{sM}^{eL} \wedge A$.

(6) 若 $U_{dsW}^{eR} \leqslant A$ 并且 A 是左任意交分配的, 则 $(A]_{\wedge ds}^{eR} = U_{sM}^{eR} \wedge A_{la}$. 如果 A 关于第二个变量还是单调递增的, 那么 $(A]_{\wedge ds}^{eR} = U_{sM}^{eR} \wedge A$. $\square$

例 5.1.8 假设 M_4 是例 2.2.4 中四元格. 按表 5.8 定义 M_4 上的二元运算 A.

表 5.8 A 的取值表

A	0	a	b	1
0	0	0	a	a
a	0	0	a	a
b	0	1	a	1
1	0	1	1	1

容易看出, $U_{sW}^1 \leqslant A$, A 是右任意并分配的并且 A 关于第一个变量是单调递增的. 令 $U_1 = U_{csM}^1 \wedge A$ (表 5.9). 由于

$$U_1(b, a \vee b) = U_1(b, 1) = 1 \neq a = U_1(b, a) \vee U_1(b, b),$$

因此 U_1 不是右任意并分配的. 说明对于下近似合取的右任意并分配的左半一致模相应的计算公式不成立.

表 5.9 U_1 的取值表

U_1	0	a	b	1
0	0	0	0	0
a	0	0	0	a
b	0	a	0	1
1	0	a	b	1

按表 5.10 定义 M_4 上二元运算 B. 显然, $B \leqslant U_{sM}^{aL}$, B 是右任意并分配的并且 B 关于第一个变量是单调递增的. 令 $U_2 = U_{dsW}^{aL} \vee A_{ua} = U_{dsW}^{aL} \vee A$ (表 5.11), 则

$$U_2(b, a \vee b) = U_2(b, 1) = 1 \neq 0 = U_2(b, a) \vee U_2(b, b),$$

即 U_2 不是右任意并分配的. 这说明: 即使 B 是右任意并分配的并且 B 关于第一个变量是单调递增的, U_2 也不是 B 的上近似析取的右任意并分配的左半一致模.

表 5.10　　B 的取值表

B	0	a	b	1
0	0	0	0	0
a	0	a	b	1
b	0	0	0	0
1	a	1	1	1

表 5.11　　U_2 的取值表

U_2	0	a	b	1
0	0	0	0	1
a	0	a	b	1
b	0	0	0	1
1	1	1	1	1

利用例 5.1.3, 命题 5.1.5(5), 定理 5.1.3 和定理 5.1.4 可以得到上、下近似合取的左 (右) 半一致模和上、下近似析取的左 (右) 半一致模之间的关系.

定理 5.1.5　设 N 是 L 上的强否定, A 是 L 上的二元运算, $e_L, e_R \in L \backslash \{0\}$. 则下列断言成立.

(1) 若 $A \leqslant U_{csM}^{e_L}$, 则 $([A]_{cs}^{e_L})_N = (A_N)_{ds}^{N(e_L)}$.

(2) 若 $A \leqslant U_{csM}^{e_R}$, 则 $([A]_{cs}^{e_R})_N = (A_N)_{ds}^{N(e_R)}$.

(3) 若 $U_{sW}^{e_L} \leqslant A$, 则 $((A]_{cs}^{e_L})_N = [A_N)_{ds}^{N(e_L)}$.

(4) 若 $U_{sW}^{e_R} \leqslant A$, 则 $((A]_{cs}^{e_R})_N = [A_N)_{ds}^{N(e_R)}$.

(5) 若 $A \leqslant U_{csM}^{e_L}$ 并且 A 是右任意并分配的, 则 $([A]_{cs\vee}^{e_L})_N = (A_N)_{ds\wedge}^{N(e_L)}$.

(6) 若 $A \leqslant U_{csM}^{e_R}$ 并且 A 是左任意并分配的, 则 $([A]_{\vee cs}^{e_R})_N = (A_N)_{\wedge ds}^{N(e_R)}$.

证明　这里仅证明断言 (1) 和 (5) 成立.

(1) 若 $A \leqslant U_{csM}^{e_L}$, 则由定理 5.1.3(1) 知, $[A]_{cs}^{e_L} = U_{sW}^{e_L} \vee A_{ua}$. 由注 2.2.1 和例 5.1.3 得到

$$A_N \geqslant (U_{csM}^{e_L})_N = U_{dsW}^{N(e_L)}.$$

于是由定理 5.1.4(3) 知, $(A_N]_{ds}^{N(e_L)} = U_{sM}^{N(e_L)} \wedge (A_N)_{la}$. 因此由注 2.2.1 和命题 5.1.5(5) 得到

$$([A]_{cs}^{e_L})_N = (U_{sW}^{e_L} \vee A_{ua})_N = (U_{sW}^{e_L})_N \wedge (A_{ua})_N$$

$$= U_{sM}^{N(e_L)} \wedge (A_N)_{la} = (A_N]_{ds}^{N(e_L)}.$$

(5) 若 $A \leqslant U_{csM}^{e_L}$ 并且 A 是右任意并分配的, 则 $A_N \geqslant (U_{csM}^{e_L})_N = U_{dsW}^{N(e_L)}$, 并且 A_N 是右任意交分配的. 因此

$$([A]_{cs\vee}^{e_L})_N = (U_{sW}^{e_L} \vee A_{ua})_N = (U_{sW}^{e_L})_N \wedge (A_{ua})_N = U_{sM}^{N(e_L)} \wedge (A_N)_{la}.$$

这样, 由定理 5.1.4(5) 得到 $([A]_{cs\vee}^{e_L})_N = (A_N)_{ds\wedge}^{N(e_L)}$. □

最后讨论上、下近似严格合取的左 (右) 半一致模和上、下近似严格析取的左 (右) 半一致模的计算公式.

当 $e_L \neq 0$ 并且 $\wedge\{a \in L|a \neq 0\} \neq 0$ 时, $\mathcal{U}_{cs}^s(e_L)$ 是完备格, 最小元和最大元分别是 $U_{csW}^{e_L}$ 和 $U_{csM}^{e_L}$. 于是, 对于 L 上的二元运算 A, 如果存在 $U \in \mathcal{U}_{cs}^s(e_L)$ 使得 $A \leqslant U$, 那么

$$\wedge\{U|A \leqslant U, U \in \mathcal{U}_{cs}^s(e_L)\}$$

是 L 上的比 A 大的最小的左严格合取左半一致模, 称为 A 的上近似左严格合取的左半一致模, 记为 $[A]_{cs}^{se_L}$. 同样, 如果存在 $U \in \mathcal{U}_{cs}^s(e_L)$ 使得 $U \leqslant A$, 那么

$$\vee\{U|U \leqslant A, U \in \mathcal{U}_{cs}^s(e_L)\}$$

是 L 上的比 A 小的最大的左严格合取左半一致模, 称为 A 的下近似左严格合取的左半一致模, 记为 $(A]_{cs}^{se_L}$.

类似地, 我们引入下面记号:

$[A)_{cs}^{e_Rs}$: A 的上近似右严格合取的右半一致模;

$(A]_{cs}^{e_Rs}$: A 的下近似右严格合取的右半一致模;

$[A)_{\vee cs}^{se_L}$: A 的上近似左严格合取的左任意并分配的左半一致模;

$(A]_{\vee cs}^{se_L}$: A 的下近似左严格合取的左任意并分配的左半一致模;

$[A)_{cs\vee}^{e_Rs}$: A 的上近似右严格合取的右任意并分配的右半一致模;

$(A]_{cs\vee}^{e_Rs}$: A 的下近似右严格合取的右任意并分配的右半一致模;

$[A)_{ds}^{se_L}$: A 的上近似左严格析取的左半一致模;

$(A]_{ds}^{se_L}$: A 的下近似左严格析取的左半一致模;

$[A)_{ds}^{e_Rs}$: A 的上近似右严格析取的右半一致模;

$(A]_{ds}^{e_Rs}$: A 的下近似右严格析取的右半一致模;

$[A)_{\wedge ds}^{se_L}$: A 的上近似左严格析取的左任意交分配的左半一致模;

$(A]_{\wedge ds}^{se_L}$: A 的下近似左严格析取的左任意交分配的左半一致模;

$[A)_{ds\wedge}^{e_Rs}$: A 的上近似右严格析取的右任意并分配的右半一致模;

$(A]_{ds\wedge}^{e_Rs}$: A 的下近似右严格析取的右任意并分配的右半一致模.

定理 5.1.6 设 A 是 L 上的二元运算, $e_L, e_R \in L\backslash\{1\}$ 并且 $\vee\{a \in L|a \neq 1\} \neq 1$. 则下列断言成立.

(1) 若 $A \leqslant U_{dsM}^{se_L}$, 则 $[A)_{ds}^{se_L} = U_{dsW}^{e_L} \vee A_{ua}$.

(2) 若 $A \leqslant U_{dsM}^{e_Rs}$, 则 $[A)_{ds}^{e_Rs} = U_{dsW}^{e_R} \vee A_{ua}$.

(3) 若 $U_{dsW}^{e_L} \leqslant A$, 则 $(A]_{ds}^{se_L} = U_{dsM}^{se_L} \wedge A_{la}$.

(4) 若 $U_{dsW}^{e_R} \leqslant A$, 则 $(A]_{ds}^{e_Rs} = U_{dsM}^{e_Rs} \wedge A_{la}$.

(5) 若 $\wedge\{a \in L | a \not\leqslant e_L\} \not\leqslant e_L$, $U_{dsW}^{e_L} \leqslant A$ 并且 A 是左任意交分配的, 则

$$(A]_{\wedge ds}^{se_L} = U_{dsM}^{se_L} \wedge A_{la}.$$

如果 A 关于第二个变量还是单调递增的, 那么 $(A]_{\wedge ds}^{se_L} = U_{dsM}^{se_L} \wedge A$.

(6) 若 $\wedge\{a \in L | a \not\leqslant e_R\} \not\leqslant e_R$, $U_{dsW}^{e_R} \leqslant A$ 并且 A 是右任意交分配的, 则

$$(A]_{ds\wedge}^{e_R s} = U_{dsM}^{e_R s} \wedge A_{la}.$$

如果 A 关于第一个变量还是单调递增的, 那么 $(A]_{ds\wedge}^{e_R s} = U_{dsM}^{e_R s} \wedge A$.

证明　仅证明断言 (1),(3) 和 (5) 成立.

设 $e_L, e_R \in L \backslash \{1\}$ 并且 $\vee\{a \in L | a \neq 1\} \neq 1$, 则由命题 5.1.4(5) 知, $U_{dsW}^{e_L}$ 和 $U_{dsM}^{se_L}$ 分别是 $\mathcal{U}_{ds}^s(e_L)$ 的最小元和最大元.

(1) 令 $U_1 = U_{dsW}^{e_L} \vee A_{ua}$. 若 $A \leqslant U_{dsM}^{se_L}$, 则

$$A \leqslant U_1, \quad A_{ua} \leqslant (U_{dsM}^{se_L})_{ua} = U_{dsM}^{se_L}.$$

于是 $U_{dsW}^{e_L} \leqslant U_1 \leqslant U_{dsM}^{se_L}$. 因此

$$U_1(1,0) = U_1(0,1) = 0, \quad U_1(e_L, x) = x, \quad \forall x \in L.$$

如果 $U_1(x,0) = 1$, 那么 $U_{dsM}^{se_L}(x,0) = 1$, 因此 $x = 0$, 即 U_1 是左严格析取的. 由于 $U_{dsW}^{e_L}$ 和 A_{ua} 都具有单调性, 因此 U_1 也具有单调性. 由此可见 $U_1 \in \mathcal{U}_{ds}^s(e_L)$.

若 $A \leqslant U$ 并且 $U \in \mathcal{U}_{ds}^s(e_L)$, 则 $A_{ua} \leqslant U_{ua} = U$ 并且 $U_1 = U_{dsW}^{e_L} \vee A_{ua} \leqslant U$. 因此

$$[A)_{ds}^{se_L} = U_{dsW}^{e_L} \vee A_{ua}.$$

(3) 令 $U_2 = U_{dsM}^{se_L} \wedge A_{la}$. 若 $U_{dsW}^{e_L} \leqslant A$, 则 $U_{dsW}^{e_L} = (U_{dsW}^{e_L})_{la} \leqslant A_{la}$ 并且

$$U_{dsW}^{e_L} \leqslant U_2 \leqslant U_{dsM}^{se_L}.$$

由断言 (1) 的证明知, $U_2 \in \mathcal{U}_{ds}^s(e_L)$. 若 $U \leqslant A$ 并且 $U \in \mathcal{U}_{ds}^s(e_L)$, 则

$$U = U_{la} \leqslant A_{la}, \quad U \leqslant U_{dsM}^{se_L} \wedge A_{la} = U_2.$$

因此 $(A]_{ds}^{se_L} = U_{dsM}^{se_L} \wedge A_{la}$.

(5) 当 $\wedge\{a \in L | a \not\leqslant e_L\} \not\leqslant e_L$ 时, 由命题 5.1.4(6) 知, $U_{dsW}^{e_L}$ 和 $U_{dsM}^{se_L}$ 分别是 $\mathcal{U}_{\wedge ds}^s(e_L)$ 的最小元和最大元. 若 $U_{dsW}^{e_L} \leqslant A$, 则由断言 (3) 的证明知, $U_2 \in \mathcal{U}_{ds}^s(e_L)$. 由于 A 是左任意交分配的, 因此 A_{la} 也是左任意交分配的, 并且 U_2 是左任意交分配的, 即 $U_2 \in \mathcal{U}_{\wedge ds}^s(e_L)$. 这样, 由断言 (1) 的证明得 $(A]_{\wedge ds}^{se_L} = U_{dsM}^{se_L} \wedge A_{la}$.

如果 A 关于第二个变量也是单调递增的, 那么 $A_{la} = A$. 此时

$$(A]_{\wedge ds}^{se_L} = U_{dsM}^{se_L} \wedge A. \qquad \square$$

例 5.1.9 假设 L 是例 5.1.1 中有限格 L_5 的对偶 (图 5.2). 取 $e_L = b$. 按表 5.12 定义 L 上的二元运算 A. 由表 5.12 看出 A 是左任意交分配的并且关于第二个变量是单调递增的.

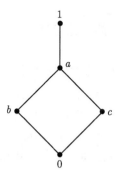

图 5.2 L_5 的对偶格的 Hasse 图

表 5.12 A 的取值表

A	0	b	c	a	1
0	0	0	0	b	1
b	0	0	0	b	1
c	0	a	b	a	1
a	a	a	a	1	1
1	1	1	1	1	1

令 $U = U_{dsW}^{b} \vee A$, 由表 5.13 和表 5.14 看到 $A \leqslant U_{dsM}^{sb}$ 并且 $A_{ua} = A$. 由于

$$U(b \wedge c, b) = U(0, b) = 0 \neq b = U(b, b) \wedge U(c, b),$$

因此 U 不是左任意交分配的. 这说明 U 并不是 A 的上近似左严格析取的左任意交分配的左半一致模.

表 5.13 U_{dsM}^{sb} 的取值表

U_{dsM}^{sb}	0	b	c	a	1
0	0	b	c	a	1
b	0	b	c	a	1
c	a	1	1	1	1
a	a	1	1	1	1
1	1	1	1	1	1

表 5.14　U 的取值表

U	0	b	c	a	1
0	0	0	0	b	1
b	0	b	c	a	1
c	0	a	b	a	1
a	a	a	a	1	1
1	1	1	1	1	1

类似地, 我们可以验证下面结论成立.

定理 5.1.7　设 A 是 L 上的二元运算, $e_L, e_R \in L\backslash\{0\}$ 并且 $\wedge\{a \in L | a \neq 0\} \neq 0$. 则下列断言成立.

(1) 若 $A \leqslant U_{csM}^{e_L}$, 则 $[A]_{cs}^{se_L} = U_{csW}^{se_L} \vee A_{ua}$.

(2) 若 $A \leqslant U_{csM}^{e_R}$, 则 $[A]_{cs}^{e_R s} = U_{csW}^{e_R s} \vee A_{ua}$.

(3) 若 $U_{csW}^{se_L} \leqslant A$, 则 $(A)_{cs}^{se_L} = U_{csM}^{e_L} \wedge A_{la}$.

(4) 若 $U_{csW}^{e_R s} \leqslant A$, 则 $(A)_{cs}^{e_R s} = U_{csM}^{e_R} \wedge A_{la}$.

(5) 若 $\vee\{a \in L | a \not\geqslant e_L\} \not\geqslant e_L$, $A \leqslant U_{csM}^{e_L}$ 并且 A 是左任意并分配的, 则

$$[A)_{\vee cs}^{se_L} = U_{csW}^{se_L} \vee A_{ua}.$$

如果 A 关于第二个变量还是单调递增的, 那么 $[A)_{\vee cs}^{se_L} = U_{csW}^{se_L} \vee A$.

(6) 若 $\vee\{a \in L | a \not\geqslant e_R\} \not\geqslant e_R$, $A \leqslant U_{csM}^{e_R}$ 并且 A 是右任意并分配的, 则

$$[A)_{cs\vee}^{e_R s} = U_{csW}^{e_R s} \vee A_{ua}.$$

如果 A 关于第一个变量还是单调递增的, 那么 $[A)_{cs\vee}^{e_R s} = U_{csW}^{e_R s} \vee A$. 　□

下面利用例 5.1.5, 命题 5.1.5(5), 定理 5.1.6 和定理 5.1.7 讨论上、下近似严格合取的左 (右) 半一致模和上、下近似严格析取的左 (右) 半一致模之间的关系.

定理 5.1.8　设 N 是 L 上的强否定, A 是 L 上的二元运算, $e_L, e_R \in L\backslash\{1\}$ 并且 $\vee\{a \in L | a \neq 1\} \neq 1$. 则下列断言成立.

(1) 若 $A \leqslant U_{dsM}^{se_L}$, 则 $([A]_{ds}^{se_L})_N = (A_N)_{cs}^{sN(e_L)}$.

(2) 若 $A \leqslant U_{dsM}^{e_R s}$, 则 $([A]_{ds}^{e_R s})_N = (A_N)_{cs}^{N(e_R)s}$.

(3) 若 $U_{dsW}^{e_L} \leqslant A$, 则 $((A]_{ds}^{se_L})_N = [A_N)_{cs}^{sN(e_L)}$.

(4) 若 $U_{dsW}^{e_R} \leqslant A$, 则 $((A]_{ds}^{e_R s})_N = [A_N)_{cs}^{N(e_R)s}$.

(5) 若 $\wedge\{a \in L | a \not\leqslant e_L\} \not\leqslant e_L$, $U_{dsW}^{e_L} \leqslant A$ 并且 A 是左任意交分配的, 则

$$((A]_{\wedge ds}^{se_L})_N = [A_N)_{\vee cs}^{sN(e_L)}.$$

(6) 若 $\wedge\{a \in L | a \not\leqslant e_R\} \not\leqslant e_R$, $U_{dsW}^{e_R} \leqslant A$ 并且 A 是右任意交分配的, 则

$$((A]_{ds\wedge}^{e_R s})_N = [A_N)_{cs\vee}^{N(e_R)s}.$$

证明 当 $e_L, e_R \in L \backslash \{1\}$ 并且 $\vee \{a \in L | a \neq 1\} \neq 1$ 时, $N(e_L), N(e_R) \in L \backslash \{0\}$ 并且

$$\wedge \{b \in L | b \neq 0\} = \wedge \{N(a) \in L | N(a) \neq 0\}$$

$$= N(\vee \{a \in L | a \neq 1\}) \neq N(1) = 0.$$

下面仅证明断言 (1),(3) 和 (5) 成立.

(1) 若 $A \leqslant U_{dsM}^{se_L}$, 则由定理 5.1.6(1) 知, $[A]_{ds}^{se_L} = U_{dsW}^{e_L} \vee A_{ua}$. 由注 2.2.1 和例 5.1.5 得到

$$A_N \geqslant (U_{dsM}^{se_L})_N = U_{csW}^{sN(e_L)}.$$

于是由定理 5.1.7(3) 知, $(A_N)_{cs}^{sN(e_L)} = U_{csM}^{N(e_L)} \wedge (A_N)_{la}$. 因此由注 2.2.1 和命题 5.1.5(5) 可得

$$([A]_{ds}^{se_L})_N = (U_{dsW}^{e_L} \vee A_{ua})_N = (U_{dsW}^{e_L})_N \wedge (A_{ua})_N$$

$$= U_{csM}^{N(e_L)} \wedge (A_N)_{la} = (A_N)_{cs}^{sN(e_L)}.$$

(3) 若 $U_{dsW}^{e_L} \leqslant A$, 则 $A_N \leqslant (U_{dsW}^{e_L})_N = U_{csM}^{N(e_L)}$. 因此由定理 5.1.6(3) 和定理 5.1.7(1) 得到

$$((A]_{ds}^{se_L})_N = (U_{dsM}^{se_L} \wedge A_{la})_N = (U_{dsM}^{se_L})_N \vee (A_N)_{ua}$$

$$= U_{csW}^{sN(e_L)} \vee (A_N)_{ua} = [A_N]_{cs}^{sN(e_L)}.$$

(5) 若 $\wedge \{a \in L | a \not\leqslant e_L\} \not\leqslant e_L$, $U_{dsW}^{e_L} \leqslant A$ 并且 A 是左任意交分配的, 则

$$\vee \{b \in L | b \not\geqslant N(e_L)\} = \vee \{N(a) \in L | N(a) \not\geqslant N(e_L)\}$$

$$= N(\wedge \{a \in L | a \not\leqslant e_L\}) \not\geqslant N(e_L),$$

$A_N \leqslant (U_{dsW}^{e_L})_N = U_{csM}^{N(e_L)}$ 并且 A_N 是右任意并分配的. 因此由定理 5.1.6(5) 得到

$$((A]_{\wedge ds}^{se_L})_N = (U_{dsM}^{se_L} \wedge A_{la})_N = (U_{dsM}^{se_L})_N \vee (A_{la})_N = U_{csW}^{sN(e_L)} \vee (A_N)_{ua}.$$

这样由定理 5.1.7(5) 得 $((A]_{\wedge ds}^{se_L})_N = [A_N]_{\vee cs}^{sN(e_L)}$. $\square$

5.2 左 (右) 半一致模诱导的模糊蕴涵和模糊余蕴涵

本节首先讨论左 (右) 半一致模的剩余蕴涵和剩余余蕴涵, 然后给出上、下近似 INP 模糊蕴涵, CNP 模糊余蕴涵, IOP 模糊蕴涵和 COP 模糊余蕴涵的计算公式, 最后研究上、下近似左 (右) 半一致模和这些上、下近似模糊蕴涵及上、下近似模糊余蕴涵之间的关系.

5.2.1　左 (右) 半一致模的剩余蕴涵和剩余余蕴涵

定义 5.2.1[156−158]　设 A 是 L 上二元运算. 定义

$$I_A^L(x,y) = \vee\{z \in L | A(z,x) \leqslant y\},$$

$$I_A^R(x,y) = \vee\{z \in L | A(x,z) \leqslant y\},$$

$$C_A^L(x,y) = \wedge\{z \in L | y \leqslant A(z,x)\},$$

$$C_A^R(x,y) = \wedge\{z \in L | y \leqslant A(x,z)\}, \quad \forall x, y \in L,$$

并分别称 I_A^L 和 I_A^R 为 A 的左剩余蕴涵运算和右剩余蕴涵运算, 分别称 C_A^L 和 C_A^R 为 A 的左剩余余蕴涵运算和右剩余余蕴涵运算.

注 5.2.1　设 A_1 和 A_2 都是 L 上的二元运算并且 $A_1 \leqslant A_2$, 则

$$I_{A_1}^L \geqslant I_{A_2}^L, \quad I_{A_1}^R \geqslant I_{A_2}^R, \quad C_{A_1}^L \geqslant C_{A_2}^L, \quad C_{A_1}^R \geqslant C_{A_2}^R.$$

注 5.2.2　设 A 是 L 上二元运算, $x, y \in L$. 容易验证:

$$I_A^L(x,1) = I_A^R(x,1) = 1, \quad C_A^L(x,0) = C_A^R(x,0) = 0,$$

$$x \leqslant I_A^L(y, A(x,y)), \quad y \leqslant I_A^R(x, A(x,y)),$$

$$C_A^L(y, A(x,y)) \leqslant x, \quad C_A^R(x, A(x,y)) \leqslant y.$$

若 A 是右合取的, 则 $I_A^L(0,x) = 1$, 若 A 是左合取的, 则 $I_A^R(0,x) = 1$, 若 A 是右析取的, 则 $C_A^L(1,x) = 0$, 若 A 是左析取的, 则 $C_A^R(1,x) = 0$.

当 U 是 L 上带右幺元 e_R 的右半一致模 (带左幺元 e_L 的左半一致模) 时, I_U^L, I_U^R, C_U^L 和 C_U^R 都是混合单调的并且

$$I_U^L(e_R,x) = C_U^L(e_R,x) = x \quad (\text{相应地}, I_U^R(e_L,x) = C_U^R(e_L,x) = x), \quad \forall x \in L,$$

即 I_U^L 满足 (INP_{e_R})(相应地, I_U^R 满足 (INP_{e_L})), C_U^L 满足 (CNP_{e_R})(相应地, C_U^R 满足 (CNP_{e_L})). 当 U 是 L 上带幺元 e 的半一致模时,

$$I_U^L(e,x) = I_U^R(e,x) = C_U^L(e,x) = C_U^R(e,x) = x, \quad \forall x \in L,$$

此时, I_U^L 和 I_U^R 都满足 (INP_e) 并且 C_U^L 和 C_U^R 都满足 (CNP_e).

当 U 是 L 上带幺元 e 的一致模时,

$$I_U^L = I_U^R = I_U, \quad C_U^L = C_U^R = C_U.$$

这时 U 的左、右剩余蕴涵运算就是 U 的剩余蕴涵运算 (参见定义 4.3.3), U 的左、右剩余余蕴涵运算就是 U 的剩余余蕴涵运算 (参见定义 4.3.4).

命题 5.2.1 设 A 是 L 上的二元运算, N 是 L 上强否定, 则

$$(I_A^L)_N = C_{A_N}^L, \quad (C_A^L)_N = I_{A_N}^L, \quad (I_A^R)_N = C_{A_N}^R, \quad (C_A^R)_N = I_{A_N}^R.$$

证明 由注 2.2.1 得到

$$(I_A^L)_N(x,y) = N(I_A^L(N(x),N(y))) = N(\vee\{z \in L | A(z,N(x)) \leqslant N(y)\}),$$

$$= \wedge\{N(z) \in L | N(A(N(N(z)),N(x))) \geqslant y\} = \wedge\{N(z) \in L | y \leqslant A_N(N(z),x)\}$$

$$= \wedge\{u \in L | y \leqslant A_N(u,x)\} = C_{A_N}^L(x,y), \quad \forall x,y \in L,$$

即 $(I_A^L)_N = C_{A_N}^L$. 于是, $(I_{A_N}^L)_N = C_{(A_N)_N}^L = C_A^L$. 因此, $(C_A^L)_N = I_{A_N}^L$.

同理可证: $(I_A^R)_N = C_{A_N}^R, (C_A^R)_N = I_{A_N}^R$. □

根据命题 5.2.1, 二元运算 A 的左、右剩余蕴涵运算的 N 对偶就是 A_N 的左、右剩余余蕴涵运算. 因此下面主要讨论左、右剩余蕴涵运算的性质.

例 5.2.1 设 $e_L, e_R \in L$. 对于例 5.1.3 和例 5.1.5 中左半一致模和右半一致模, 通过计算得到

$$I_{U_{sW}^{e_L}}^L(x,y) = \begin{cases} 1, & \text{若 } x \leqslant y, \\ \vee\{a \in L\,; a \not\geqslant e_L\}, & \text{否则,} \end{cases} \quad I_{U_{sW}^{e_L}}^R(x,y) = \begin{cases} y, & \text{若 } x \geqslant e_L, \\ 1, & \text{否则,} \end{cases}$$

$$I_{U_{sW}^{e_R}}^L(x,y) = \begin{cases} y, & \text{若 } x \geqslant e_R, \\ 1, & \text{否则,} \end{cases} \quad I_{U_{sW}^{e_R}}^R(x,y) = \begin{cases} 1, & \text{若 } x \leqslant y, \\ \vee\{a \in L | a \not\geqslant e_R\}, & \text{否则,} \end{cases}$$

$$C_{U_{sW}^{e_L}}^L(x,y) = \begin{cases} 0, & \text{若 } y = 0, \\ e_L, & \text{若 } 0 < y \leqslant x, \\ 1, & \text{否则,} \end{cases} \quad C_{U_{sW}^{e_R}}^R(x,y) = \begin{cases} 0, & \text{若 } y = 0, \\ e_R, & \text{若 } 0 < y \leqslant x, \\ 1, & \text{否则,} \end{cases}$$

$$C_{U_{sW}^{e_L}}^R(x,y) = C_{U_{sW\wedge}^{e_L}}^R(x,y) = \begin{cases} 0, & \text{若 } y = 0, \\ y, & \text{若 } x \geqslant e_L, \\ 1, & \text{否则,} \end{cases}$$

$$C_{U_{sW}^{e_R}}^L(x,y) = C_{U_{\wedge sW}^{e_R}}^L(x,y) = \begin{cases} 0, & \text{若 } y = 0, \\ y, & \text{若 } x \geqslant e_R, \\ 1, & \text{否则,} \end{cases}$$

$$I_{U_{sM}^{e_L}}^L(x,y) = I_{U_{\vee sM}^{e_L}}^L(x,y) = \begin{cases} 1, & \text{若 } y = 1, \\ e_L, & \text{若 } x \leqslant y < 1, \\ 0, & \text{否则,} \end{cases}$$

$$I_{U_{sM}^{e_L}}^{R}(x,y) = I_{U_{sM\vee}^{e_L}}^{R}(x,y) = \begin{cases} 1, & \text{若 } y = 1, \\ y, & \text{若 } x \leqslant e_L, \\ 0, & \text{否则}, \end{cases}$$

$$I_{U_{sM}^{e_R}}^{L}(x,y) = I_{U_{\vee sM}^{e_R}}^{L}(x,y) = \begin{cases} 1, & \text{若 } y = 1, \\ y, & \text{若 } x \leqslant e_R, \\ 0, & \text{否则}, \end{cases}$$

$$I_{U_{sM}^{e_R}}^{R}(x,y) = I_{U_{sM\vee}^{e_R}}^{R}(x,y) = \begin{cases} 1, & \text{若 } y = 1, \\ e_R, & \text{若 } x \leqslant y < 1, \\ 0, & \text{否则}, \end{cases}$$

$$C_{U_{sM}^{e_L}}^{L}(x,y) = \begin{cases} 0, & \text{若 } y \leqslant x, \\ \wedge\{a \in L | a \nleqslant e_L\}, & \text{否则}, \end{cases} \qquad C_{U_{sM}^{e_L}}^{R}(x,y) = \begin{cases} y, & \text{若 } x \leqslant e_L, \\ 0, & \text{否则}, \end{cases}$$

$$C_{U_{sM}^{e_R}}^{L}(x,y) = \begin{cases} y, & \text{若 } x \leqslant e_R, \\ 0, & \text{否则}, \end{cases} \qquad C_{U_{sM}^{e_R}}^{R}(x,y) = \begin{cases} 0, & \text{若 } y \leqslant x, \\ \wedge\{a \in L | a \nleqslant e_R\}, & \text{否则}, \end{cases}$$

$$I_{U_{csM}^{e_L}}^{L}(x,y) = I_{U_{sM\vee}^{e_L}}^{L}(x,y) = \begin{cases} 1, & \text{若 } x = 0 \text{ 或 } y = 1, \\ e_L, & \text{若 } 0 < x \leqslant y < 1, \\ 0, & \text{否则}, \end{cases}$$

$$I_{U_{csM}^{e_L}}^{R}(x,y) = I_{U_{\vee sM}^{e_L}}^{R}(x,y) = \begin{cases} 1, & \text{若 } x = 0 \text{ 或 } y = 1, \\ y, & \text{若 } 0 < x \leqslant e_L \text{ 且 } y \neq 1, \\ 0, & \text{否则}, \end{cases}$$

$$I_{U_{csM}^{e_R}}^{L}(x,y) = I_{U_{sM\vee}^{e_R}}^{L}(x,y) = \begin{cases} 1, & \text{若 } x = 0 \text{ 或 } y = 1, \\ y, & \text{若 } 0 < x \leqslant e_R \text{ 且 } y \neq 1, \\ 0, & \text{否则}, \end{cases}$$

$$I_{U_{csM}^{e_R}}^{R}(x,y) = I_{U_{\vee sM}^{e_R}}^{R}(x,y) = \begin{cases} 1, & \text{若 } x = 0 \text{ 或 } y = 1, \\ e_R, & \text{若 } 0 < x \leqslant y < 1, \\ 0, & \text{否则}, \end{cases}$$

$$I_{U_{csW}^{se_L}}^{L}(x,y) = \begin{cases} 0, & \text{若 } x = 1 \text{ 且 } y = 0, \\ 1, & \text{若 } x \leqslant y, \\ \vee\{a \in L | a \ngeqslant e_L\}, & \text{否则}, \end{cases}$$

$$I_{U_{csW}^{e_R s}}^{R}(x,y) = \begin{cases} 0, & \text{若 } x = 1 \text{ 且 } y = 0, \\ 1, & \text{若 } x \leqslant y, \\ \vee\{a \in L | a \ngeqslant e_R\}, & \text{否则}, \end{cases}$$

$$
C^L_{U^{e_L}_{dsW}}(x,y) = C^L_{U^{e_L}_{sW\wedge}}(x,y) = \begin{cases} 0, & \text{若 } x = 0 \text{ 或 } y = 0, \\ e_L, & \text{若 } 0 < y \leqslant x < 1, \\ 1, & \text{否则}, \end{cases}
$$

$$
C^R_{U^{e_R}_{dsW}}(x,y) = C^R_{U^{e_R}_{\wedge sW}}(x,y) = \begin{cases} 0, & \text{若 } x = 1 \text{ 或 } y = 0, \\ e_R, & \text{若 } 0 < y \leqslant x < 1, \\ 1, & \text{否则}, \end{cases}
$$

$$
C^L_{U^{e_R}_{dsW}}(x,y) = \begin{cases} 0, & \text{若 } x = 1 \text{ 或 } y = 0, \\ y, & \text{若 } e_R \leqslant x < 1, \\ 1, & \text{否则}, \end{cases}
$$

$$
C^R_{U^{e_L}_{dsW}}(x,y) = \begin{cases} 0, & \text{若 } x = 1 \text{ 或 } y = 0, \\ y, & \text{若 } e_L \leqslant x < 1, \\ 1, & \text{否则}, \end{cases}
$$

$$
C^L_{U^{se_L}_{dsM}}(x,y) = \begin{cases} 1, & \text{若 } x = 0 \text{ 且 } y = 1, \\ 0, & \text{若 } y \leqslant x, \\ \wedge\{a \in L | a \nleqslant e_L\}, & \text{否则}, \end{cases}
$$

$$
C^R_{U^{e_Rs}_{dsM}}(x,y) = \begin{cases} 1, & \text{若 } x = 0 \text{ 且 } y = 1, \\ 0, & \text{若 } y \leqslant x, \\ \wedge\{a \in L | a \nleqslant e_R\}, & \text{否则}, \end{cases}
$$

其中 $x, y \in L$. 当 $e_L, e_R \in L\backslash\{0,1\}$ 时, $I^L_{U^{e_L}_{csM}}$, $I^R_{U^{e_R}_{csM}}$, $I^L_{U^{e_L}_{sM\vee}}$, $I^R_{U^{e_R}_{\vee sM}}$, $I^L_{U^{se_L}_{csW}}$ 和 $I^R_{U^{e_Rs}_{csW}}$ 都是模糊蕴涵, $I^L_{U^{e_R}_{sW}}$, $I^R_{U^{e_L}_{sW}}$, $I^R_{U^{e_L}_{csM}}$, $I^R_{U^{e_L}_{\vee sM}}$, $I^L_{U^{e_R}_{csM}}$ 和 $I^L_{U^{e_R}_{sM\vee}}$ 都是右任意交分配模糊蕴涵,

$$I^L_{U^{e_R}_{sM}}, \ I^L_{U^{e_R}_{\vee sM}}, \ I^L_{U^{e_L}_{sM}}, \ I^R_{U^{e_L}_{sM}}, \ I^R_{U^{e_L}_{sM\vee}}, \ I^R_{U^{e_R}_{sM\vee}}, \ I^L_{U^{e_L}_{\vee sM}}, \ I^R_{U^{e_R}_{sW}}, \ I^L_{U^{e_L}_{sW}}, \ I^R_{U^{e_R}_{sM}}$$

都不是模糊蕴涵; $C^L_{U^{e_L}_{sW\wedge}}$, $C^L_{U^{e_L}_{dsW}}$, $C^R_{U^{e_R}_{dsW}}$, $C^R_{U^{e_R}_{\wedge sW}}$, $C^L_{U^{se_L}_{dsM}}$ 和 $C^R_{U^{e_Rs}_{dsM}}$ 都是模糊余蕴涵, $C^L_{U^{e_R}_{dsW}}$, $C^R_{U^{e_L}_{dsW}}$, $C^L_{U^{e_R}_{sM}}$ 和 $C^R_{U^{e_L}_{sM}}$ 都是右任意并分配模糊余蕴涵,

$$C^L_{U^{e_R}_{sW}}, \ C^L_{U^{e_R}_{\wedge sW}}, \ C^L_{U^{e_L}_{sW}}, \ C^R_{U^{e_R}_{sW}}, \ C^R_{U^{e_L}_{sW}}, \ C^R_{U^{e_L}_{sW\wedge}}, \ C^L_{U^{e_L}_{sM}}, \ C^R_{U^{e_R}_{sM}}$$

都不是模糊余蕴涵.

命题 5.2.2[159] 设 $e_L \in L(e_R \in L)$, $U \in \mathcal{U}_s(e_L)(U \in \mathcal{U}_s(e_R))$, 则下列断言成立.

(1) 对于任意的 $x, y \in L$, $x \leqslant y \Rightarrow I_U^L(x, y) \geqslant e_L$ (相应地, $x \leqslant y \Rightarrow I_U^R(x, y) \geqslant e_R$).

(2) $I_U^R(e_L, x) = x, \forall x \in L$ (相应地, $I_U^L(e_R, x) = x, \forall x \in L$).

(3) 若 U 是左 (右) 合取的, 则 $I_U^R \in \mathcal{I}(L)$ (相应地, $I_U^L \in \mathcal{I}(L)$).

(4) 若 U 是左 (右) 合取的并且 $U \in \mathcal{U}_{s\vee}(e_L)$ ($U \in \mathcal{U}_{\vee s}(e_R)$), 则 I_U^R 满足右剩余规则 (相应地, I_U^L 满足左剩余规则)

$$U(x, z) \leqslant y \Leftrightarrow z \leqslant I_U^R(x, y) \quad (U(z, x) \leqslant y \Leftrightarrow z \leqslant I_U^L(x, y)), \quad \forall x, y, z \in L,$$

$I_U^R \in \mathcal{I}_\wedge(L)$ (相应地, $I_U^L \in \mathcal{I}_\wedge(L)$), 并且

$$I_U^R(x, y) = \max\{z \in L | U(x, z) \leqslant y\}, \quad \forall x, y \in L$$

$$(\text{相应地}, I_U^L(x, y) = \max\{z \in L | U(z, x) \leqslant y\}, \forall x, y \in L).$$

这里, $I_U^R(I_U^L)$ 称为左 (右) 半一致模 U 的右剩余蕴涵 (相应地, 左剩余蕴涵).

(5) 若 $U \in \mathcal{U}_{\vee s}(e_L)$ ($U \in \mathcal{U}_{s\vee}(e_R)$), 则 $I_U^L(I_U^R)$ 是右任意交分配的并且满足 (IOP_{e_L}) (相应地, 满足 (IOP_{e_R})) 和左剩余规则 (相应地, 右剩余规则).

(6) 若 $U \in \mathcal{U}_{\vee cs}^s(e_L)$ ($U \in \mathcal{U}_{cs\vee}^s(e_R)$), 则 $I_U^L \in \mathcal{I}_\wedge(L)$ (相应地, $I_U^R \in \mathcal{I}_\wedge(L)$).

证明   显然, 断言 (1) 和 (2) 成立.

(3) 若 U 是左合取的, 根据注 5.2.2, I_U^R 是混合单调的并且

$$I_U^R(x, 1) = I_U^R(0, x) = 1, \quad \forall x \in L.$$

因为

$$I_U^R(1, 0) = \vee\{z \in L | U(1, z) \leqslant 0\} = \vee\{z \in L | z = U(e_L, z) \leqslant U(1, z) = 0\} = 0,$$

所以 $I_U^R \in \mathcal{I}(L)$.

(4) 若 U 是左合取的并且 $U \in \mathcal{U}_{s\vee}(e_L)$, 则由断言 (3) 知, $I_U^R \in \mathcal{I}(L)$. 设 $x, y, z \in L$. 若 $U(x, z) \leqslant y$, 则由定义 5.2.1 知, $z \leqslant I_U^R(x, y)$; 若 $z \leqslant I_U^R(x, y)$, 则由 U 的单调性和分配性得到

$$U(x, z) \leqslant U(x, I_U^R(x, y)) = U(x, \vee\{z \in L | U(x, z) \leqslant y\})$$

$$= \vee\{U(x, z) | z \in L, U(x, z) \leqslant y\} \leqslant y.$$

因为 $U(x, I_U^R(x, y)) \leqslant y$, 所以 $I_U^R(x, y) = \max\{z \in L | U(x, z) \leqslant y\}$.

对于任意的 $x, y_j \in L(j \in J)$, 其中 J 是非空指标集, 我们有

$$I_U^R(x, \wedge_{j \in J} y_j) = \vee\{z \in L | U(x, z) \leqslant \wedge_{j \in J} y_j\}$$

$$= \vee\{z \in L | U(x,z) \leqslant y_j, \forall j \in J\} = \vee\{z \in L | z \leqslant I_U^R(x,y_j), \forall j \in J\}$$

$$= \vee\{z \in L | z \leqslant \wedge_{j \in J} I_U^R(x,y_j)\} = \wedge_{j \in J} I_U^R(x,y_j);$$

当 $J = \varnothing$ 时,

$$I_U^R(x, \wedge_{j \in \varnothing} y_j) = I_U^R(x, 1) = 1 = \wedge_{j \in \varnothing} I_U^R(x, y_j).$$

因此 $I_U^R \in \mathcal{I}_\wedge(L)$.

(5) 设 $U \in \mathcal{U}_{\vee s}(e_L)$, $x, y, z \in L$. 若 $U(z,x) \leqslant y$, 则由定义 5.2.1 知, $z \leqslant I_U^L(x,y)$; 若 $z \leqslant I_U^L(x,y)$, 则由 U 的单调性和分配性得到

$$U(z,x) \leqslant U(I_U^L(x,y), x) = U(\vee\{z \in L | U(z,x) \leqslant y\}, x)$$

$$= \vee\{U(z,x) | z \in L, U(z,x) \leqslant y\} \leqslant y.$$

因为 $U(I_U^L(x,y), x) \leqslant y$, 所以 $I_U^L(x,y) = \max\{z \in L | U(z,x) \leqslant y\}$.

设 $x, y \in L$ 并且 $x \leqslant y$. 由断言 (1) 知, $I_U^L(x,y) \geqslant e_L$; 若 $I_U^L(x,y) \geqslant e_L$, 则

$$x = U(e_L, x) \leqslant U(I_U^L(x,y), x) \leqslant y.$$

因此, I_U^L 满足 (IOP_{e_L}).

由断言 (4) 的证明知, I_U^L 是右任意交分配的.

(6) 若 $U \in \mathcal{U}_{\vee cs}^s(e_L)$, 则 U 是左严格合取的. 于是

$$I_U^L(1,0) = \vee\{z \in L | U(z,1) \leqslant 0\} = \vee\{z \in L | U(z,1) = 0\} = 0.$$

这样一来, 由断言 (3) 的证明知, $I_U^L \in \mathcal{I}(L)$. 再根据断言 (5), $I_U^L \in \mathcal{I}_\wedge(L)$.　□

当 U 左任意并分配时, 由命题 5.2.2(5) 的证明可以看到: U 和 I_U^L 满足广义 MP 规则

$$U(I_U^L(x,y), x) \leqslant y, \quad \forall x, y \in L.$$

这样, 当命题 P 和 $P \to Q$ 的真值确定后, 广义 MP 规则给出了命题 Q 的真值的一个下界.

对于左剩余余蕴涵运算和右剩余余蕴涵运算, 我们有类似的结论.

命题 5.2.3[160] 设 $e_L \in L(e_R \in L)$, $U \in \mathcal{U}_s(e_L)(U \in \mathcal{U}_s(e_R))$, 则下列断言成立.

(1) 对于任意 $x, y \in L$, $y \leqslant x \Rightarrow C_U^L(x,y) \leqslant e_L$ (相应地, $y \leqslant x \Rightarrow C_U^R(x,y) \leqslant e_R$).

(2) $C_U^R(e_L, y) = y, \forall y \in L$ (相应地, $C_U^L(e_R, y) = y, \forall y \in L$).

(3) 若 U 是左 (右) 析取的, 则 $C_U^R \in \mathcal{C}(L)$ (相应地, $C_U^L \in \mathcal{C}(L)$).

(4) 若 U 是左 (右) 析取的并且 $U \in \mathcal{U}_{s\wedge}(e_L)(U \in \mathcal{U}_{\wedge s}(e_R))$, 则 C_U^R 满足右剩余规则 (相应地, C_U^L 满足左剩余规则)

$$y \leqslant U(x,z) \Leftrightarrow C_U^R(x,y) \leqslant z \quad (y \leqslant U(z,x) \Leftrightarrow I_U^L(x,y) \leqslant z), \quad \forall x,y,z \in L,$$

$C_U^R \in \mathcal{C}_{\vee}(L)$(相应地, $C_U^L \in \mathcal{C}_{\vee}(L)$), 并且

$$C_U^R(x,y) = \min\{z \in L | y \leqslant U(x,z)\}, \quad \forall x,y \in L$$

$$(相应地, C_U^L(x,y) = \min\{z \in L | y \leqslant U(z,x)\}, \forall x,y \in L).$$

这里, $C_U^R(C_U^L)$ 称为左 (右) 半一致模 U 的右剩余余蕴涵 (相应地, 左剩余余蕴涵).

(5) 若 $U \in \mathcal{U}_{\wedge s}(e_L)(U \in \mathcal{U}_{s\wedge}(e_R))$, 则 $C_U^L(C_U^R)$ 是右任意并分配的并且满足 (COP$_{e_L}$)(相应地, 满足 (COP$_{e_R}$)) 和左剩余规则 (相应地, 右剩余规则).

(6) 若 $U \in \mathcal{U}_{\wedge ds}^s(e_L)(U \in \mathcal{U}_{ds\wedge}^s(e_R))$, 则 $C_U^L \in \mathcal{C}_{\vee}(L)$(相应地, $C_U^R \in \mathcal{C}_{\vee}(L)$).　　□

由例 5.2.1 知, $C_{U_{sW\wedge}^{e_L}}^L \in \mathcal{C}(L)$. 当 $e_L < 1$ 时,

$$C_{U_{sW\wedge}^{e_L}}^L(e_L,y) = e_L \neq y, \quad \forall y \in]0,e_L[,$$

即 $C_{U_{sW\wedge}^{e_L}}^L$ 不满足 (INP$_{e_L}$).

在经典逻辑中, MP 规则的对偶形式为 $Q \Rightarrow (P \vee (P \nLeftarrow Q))$. 当 U 右任意交分配时, 由命题 5.2.3(5) 也可以看到: U 和 C_U^R 满足广义对偶 MP 规则

$$y \leqslant U(x, C_U^R(x,y)), \quad \forall x,y \in L.$$

这样, 当命题 P 和 $P \nLeftarrow Q$ 的真值确定后, 广义对偶 MP 规则给出了命题 Q 的真值的一个上界.

命题 5.2.4[154,161]　设 A 是 L 上二元运算. 则下列断言成立.

(1) 若 A 是左任意并分配的, 则 $(I_A^L)_{li} = I_{A_{ua}}^L$, $(I_A^L)_{ui} \leqslant I_{A_{la}}^L$, 并且

$$A_{ua}((I_A^L)_{li}(x,y),x) \leqslant y, \quad \forall x,y \in L.$$

若 A 关于第二个变量还是单调递增的, 则

$$A_{la}((I_A^L)_{ui}(x,y),x) \leqslant y, \quad \forall x,y \in L.$$

(2) 若 A 是右任意交分配的, 则 A_{li} 也是右任意交分配的.

(3) 若 A 是右任意并分配的, 则 A_{ui} 也是右任意并分配的并且

$$(I_A^R)_{li} = I_{A_{ua}}^R, \quad (I_A^R)_{ui} \leqslant I_{A_{la}}^R, \quad A_{ua}(x, (I_A^R)_{li}(x,y)) \leqslant y, \quad \forall x, y \in L.$$

若 A 关于第一个变量还是单调递增的, 则

$$A_{la}(x, (I_A^R)_{ui}(x,y)) \leqslant y, \quad \forall x, y \in L.$$

(4) 若 A 是左任意交分配的, 则 $(C_A^L)_{uc} = C_{A_{la}}^L$, $C_{A_{ua}}^L \leqslant (C_A^L)_{la}$, 并且

$$y \leqslant A_{la}((C_A^L)_{uc}(x,y), x), \quad \forall x, y \in L.$$

若 A 关于第二个变量还是单调递增的, 则

$$y \leqslant A_{ua}((C_A^L)_{lc}(x,y), x), \quad \forall x, y \in L.$$

(5) 若 A 是右任意并分配的, 则 A_{uc} 也是右任意并分配的.

(6) 若 A 是右任意交分配的, 则 A_{lc} 也是右任意并分配的并且

$$(C_A^R)_{uc} = C_{A_{la}}^R, \quad C_{A_{ua}}^R \leqslant (C_A^R)_{lc}, \quad y \leqslant A_{la}(x, (C_A^R)_{uc}(x,y)), \quad \forall x, y \in L.$$

若 A 关于第一个变量还是单调递增的, 则

$$y \leqslant A_{ua}(x, (C_A^R)_{lc}(x,y)), \quad \forall x, y \in L.$$

证明 这里仅证明断言 (3) 成立.

若 A 是右任意并分配的, 则 A 关于第二个变量是单调递增的. 于是由定义 2.2.6 知

$$A_{ui}(x,y) = \vee\{A(u,v) | u \geqslant x, v \leqslant y\} = \vee\{A(u,y) | u \geqslant x\}, \quad \forall x, y \in L.$$

这样一来, 对于任意指标集 J, 都有

$$A_{ui}(x, \vee_{j \in J} y_j) = \vee\{A(u, \vee_{j \in J} y_j) | u \geqslant x\} = \vee\{\vee_{j \in J} A(u, y_j) | u \geqslant x\}$$

$$= \vee_{j \in J}(\vee\{A(u, y_j) | u \geqslant x\}) = \vee_{j \in J} A_{ui}(x, y_j), \quad \forall x, y_j \in L,$$

即 A_{ui} 也是右任意并分配的. 同理可证: A_{ua} 也是右任意并分配的.

由命题 5.2.2(4) 的证明知, A 和 I_A^R 满足右剩余规则. 因为 A 和 I_A^R 关于第二个变量都是单调递增的, 所以

$$I_{A_{ua}}^R(x,y) = \vee\{z \in L | A_{ua}(x,z) \leqslant y\} = \vee\{z \in L | \vee\{A(u,v) | u \leqslant x, v \leqslant z\} \leqslant y\}$$

$$= \vee\{z \in L| \vee \{A(u,z)|u \leqslant x\} \leqslant y\} = \vee\{z \in L|A(u,z) \leqslant y, \forall u \leqslant x\}$$

$$= \vee\{z \in L|z \leqslant I_A^R(u,y), \forall u \leqslant x\} = \vee\{z \in L|z \leqslant \wedge_{u \leqslant x} I_A^R(u,y)\}$$

$$= \wedge_{u \leqslant x} I_A^R(u,y), \quad \forall x,y \in L,$$

$$(I_A^R)_{li}(x,y) = \wedge\{I_A^R(u,v)|u \leqslant x, v \geqslant y\} = \wedge\{I_A^R(u,y)|u \leqslant x\}, \quad \forall x,y \in L,$$

因此, $(I_A^R)_{li} = I_{A_{ua}}^R$. 类似地, 对于任意的 $x,y \in L$, 我们有

$$(I_A^R)_{ui}(x,y) = \vee\{I_A^R(u,v)|u \geqslant x, v \leqslant y\} = \vee\{I_A^R(u,y)|u \geqslant x\},$$

$$A_{la}(x,y) = \wedge\{A(u_1,v)|u_1 \geqslant x, v \geqslant y\} = \wedge\{A(u_1,y)|u_1 \geqslant x\},$$

$$(I_{A_{la}}^R)(x,y) = \vee\{z \in L| \wedge \{A(u_1,z)|u_1 \geqslant x\} \leqslant y\}.$$

若 $u \geqslant x$, 令 $z = I_A^R(u,y)$, 则

$$A(u,z) = A(u, \vee\{c \in L|A(u,c) \leqslant y\}) = \vee\{A(u,c)|A(u,c) \leqslant y\} \leqslant y,$$

$$\wedge\{A(u_1,z)|u_1 \geqslant x\} \leqslant A(u,z) \leqslant y,$$

$$(I_A^R)_{ui}(x,y) = \vee\{I_A^R(u,y)|u \geqslant x\} \leqslant I_{A_{la}}^R(x,y).$$

因此, $(I_A^R)_{ui} \leqslant I_{A_{la}}^R$. 因为 A_{ua} 是右任意并分配的, 所以对于任意的 $x,y \in L$, 有

$$A_{ua}(x,(I_A^R)_{li}(x,y)) = A_{ua}(x,I_{A_{ua}}^R(x,y))$$

$$= A_{ua}(x, \vee\{z \in L|A_{ua}(x,z) \leqslant y\}) = \vee\{A_{ua}(x,z)|z \in L, A_{ua}(x,z) \leqslant y\} \leqslant y.$$

若 A 关于第一个变量还是单调递增的, 则 A 关于两个变量都是单调递增的, I_A^R 是混合单调的. 根据命题 5.1.5(4) 和命题 2.2.14(4), $A_{la} = A$, $(I_A^R)_{ui} = I_A^R$. 因此,

$$A_{la}(x,(I_A^R)_{ui}(x,y)) = A(x,I_A^R(x,y)) \leqslant y, \quad \forall x,y \in L. \qquad \square$$

5.2.2　上、下近似左 (右) 半一致模与上、下近似模糊蕴涵和模糊余蕴涵

用 $\mathcal{I}^{npe}(L)(\mathcal{I}_\wedge^{npe}(L))$ 和 $C^{npe}(L)(C_\vee^{npe}(L))$ 分别表示 L 上所有满足 (INP$_e$) 的模糊蕴涵 (相应地, 右任意交分配的模糊蕴涵) 组成的集合和所有满足 (CNP$_e$) 模糊余蕴涵 (相应地, 右任意并分配的模糊余蕴涵) 组成的集合; 用 $\mathcal{I}^{ope}(L)(\mathcal{I}_\wedge^{ope}(L))$ 和 $C^{ope}(L)(C_\vee^{ope}(L))$ 分别表示 L 上所有满足 (IOP$_e$) 的模糊蕴涵 (相应地, 右任意交分配的模糊蕴涵) 组成的集合和所有满足 (COP$_e$) 的模糊余蕴涵 (相应地, 右任意并分配的模糊余蕴涵) 组成的集合.

例 5.2.2 设 $e_L, e_R \in L$, 则下列断言成立.

(1) $I_{U_{csM}^{e_L}}^{R}$ 是 $\mathcal{I}^{npe_L}(L)$ 和 $\mathcal{I}_{\wedge}^{npe_L}(L)$ 的最小元; $I_{U_{csM}^{e_R}}^{L}$ 是 $\mathcal{I}^{npe_R}(L)$ 和 $\mathcal{I}_{\wedge}^{npe_R}(L)$ 的最小元; 当 $e_L \neq 0$ 时, $I_{U_{sW}^{e_L}}^{R}$ 是 $\mathcal{I}^{npe_L}(L)$ 和 $\mathcal{I}_{\wedge}^{npe_L}(L)$ 的最大元; 当 $e_R \neq 0$ 时, $I_{U_{sW}^{e_R}}^{L}$ 是 $\mathcal{I}^{npe_R}(L)$ 和 $\mathcal{I}_{\wedge}^{npe_R}(L)$ 的最大元.

(2) $C_{U_{dsW}^{e_L}}^{R}$ 是 $\mathcal{C}^{npe_L}(L)$ 和 $\mathcal{C}_{\vee}^{npe_L}(L)$ 的最大元; $C_{U_{dsW}^{e_R}}^{L}$ 是 $\mathcal{C}^{npe_R}(L)$ 和 $\mathcal{C}_{\vee}^{npe_R}(L)$ 的最大元; 当 $e_L \neq 1$ 时, $C_{U_{sM}^{e_L}}^{R}$ 是 $\mathcal{C}^{npe_L}(L)$ 和 $\mathcal{C}_{\vee}^{npe_L}(L)$ 的最小元; 当 $e_R \neq 1$ 时, $C_{U_{sM}^{e_R}}^{L}$ 是 $\mathcal{C}^{npe_R}(L)$ 和 $\mathcal{C}_{\vee}^{npe_R}(L)$ 的最小元.

(3) $I_{U_{csM}^{e_L}}^{L}$ 是 $\mathcal{I}^{ope_L}(L)$ 和 $\mathcal{I}_{\wedge}^{ope_L}(L)$ 的最小元; $I_{U_{csM}^{e_R}}^{R}$ 是 $\mathcal{I}^{ope_R}(L)$ 和 $\mathcal{I}_{\wedge}^{ope_R}(L)$ 的最小元. 若 $e_L \neq 0$ 并且 $\vee\{a \in L | a \ngeqslant e_L\} \ngeqslant e_L$, 则 $I_{U_{csW}^{se_L}}^{L}$ 是 $\mathcal{I}^{ope_L}(L)$ 的最大元, 如果还满足 $\wedge\{a \in L | a \neq 0\} \neq 0$, 那么 $I_{U_{csW}^{se_L}}^{L}$ 也是 $\mathcal{I}_{\wedge}^{ope_L}(L)$ 的最大元. 若 $e_R \neq 0$ 并且 $\vee\{a \in L | a \ngeqslant e_R\} \ngeqslant e_R$, 则 $I_{U_{csW}^{e_R s}}^{R}$ 是 $\mathcal{I}^{ope_R}(L)$ 的最大元, 如果还满足 $\wedge\{a \in L | a \neq 0\} \neq 0$, 那么 $I_{U_{csW}^{e_R s}}^{R}$ 也是 $\mathcal{I}_{\wedge}^{ope_R}(L)$ 的最大元.

(4) $C_{U_{dsW}^{e_L}}^{L}$ 是 $\mathcal{C}^{ope_L}(L)$ 和 $\mathcal{C}_{\vee}^{ope_L}(L)$ 的最大元; $C_{U_{dsW}^{e_R}}^{R}$ 是 $\mathcal{C}^{ope_R}(L)$ 和 $\mathcal{C}_{\vee}^{ope_R}(L)$ 的最大元. 若 $e_L \neq 1$ 并且 $\wedge\{a \in L | a \nleqslant e_L\} \nleqslant e_L$, 则 $C_{U_{dsM}^{se_L}}^{L}$ 是 $\mathcal{C}^{ope_L}(L)$ 的最小元, 如果还满足 $\vee\{a \in L | a \neq 1\} \neq 1$, 那么 $C_{U_{dsM}^{se_L}}^{L}$ 也是 $\mathcal{C}_{\vee}^{ope_L}(L)$ 的最小元. 若 $e_R \neq 1$ 并且 $\wedge\{a \in L | a \nleqslant e_R\} \nleqslant e_R$, 则 $C_{U_{dsM}^{e_R s}}^{R}$ 是 $\mathcal{C}^{ope_R}(L)$ 的最小元, 如果还满足 $\vee\{a \in L | a \neq 1\} \neq 1$, 那么 $C_{U_{dsM}^{e_R s}}^{R}$ 也是 $\mathcal{C}_{\vee}^{ope_R}(L)$ 的最小元.

当 $J \neq \varnothing$ 时, 容易验证,

$$I_j \in \mathcal{I}^{npe}(L), \forall j \in J \Rightarrow \wedge_{j \in J} I_j \in \mathcal{I}^{npe}(L).$$

因此, 对于 L 上的二元运算 A, 如果存在 $I \in \mathcal{I}^{npe}(L)$ 使得 $A \leqslant I$, 那么

$$\wedge\{I \mid A \leqslant I, I \in \mathcal{I}^{npe}(L)\}$$

就是 L 上比 A 大并且满足 (INP$_e$) 的最小的模糊蕴涵, 称为 A 的上近似 NP 模糊蕴涵, 记为 $[A]_I^{npe}$.

同样, 若 $J \neq \varnothing$, 则

$$I_j \in \mathcal{I}^{npe}(L), \forall j \in J \Rightarrow \vee_{j \in J} I_j \in \mathcal{I}^{npe}(L).$$

如果存在 $I \in \mathcal{I}^{npe}(L)$ 使得 $I \leqslant A$, 那么

$$\vee\{I \mid I \leqslant A, I \in \mathcal{I}^{npe}(L)\}$$

就是 L 上比 A 小并且满足 (INP_e) 的最大的模糊蕴涵, 称为 A 的下近似 NP 模糊蕴涵, 记为 $(A)_I^{npe}$.

类似地, 我们引入下列符号:

$[A]_I^{ope}$: A 的上近似 OP 模糊蕴涵;

$(A)_I^{ope}$: A 的下近似 OP 模糊蕴涵;

$[A]_I^{npe\wedge}$: A 的上近似右任意交分配的 NP 模糊蕴涵;

$(A)_I^{npe\wedge}$: A 的下近似右任意交分配的 NP 模糊蕴涵;

$[A]_I^{ope\wedge}$: A 的上近似右任意交分配的 OP 模糊蕴涵;

$(A)_I^{ope\wedge}$: A 的下近似右任意交分配的 OP 模糊蕴涵;

$[A]_C^{npe}$: A 的上近似 NP 模糊余蕴涵;

$(A)_C^{npe}$: A 的下近似 NP 模糊余蕴涵;

$[A]_C^{ope}$: A 的上近似 OP 模糊余蕴涵;

$(A)_C^{ope}$: A 的下近似 OP 模糊余蕴涵;

$[A]_C^{npe\vee}$: A 的上近似右任意并分配的 NP 模糊余蕴涵;

$(A)_C^{npe\vee}$: A 的下近似右任意并分配的 NP 模糊余蕴涵;

$[A]_C^{ope\vee}$: A 的上近似右任意并分配的 OP 模糊余蕴涵;

$(A)_C^{ope\vee}$: A 的下近似右任意并分配的 OP 模糊余蕴涵.

下面给出上、下近似 NP 模糊蕴涵和 OP 模糊蕴涵的计算公式.

定理 5.2.1　设 A 是 L 上二元运算, $e_L, e_R \in L$ 并且 $e_L, e_R \neq 0$. 则下列断言成立.

(1) 若 $A \leqslant I_{U_{sW}^{e_L}}^R$, 则 $[A]_I^{npe_L} = I_{U_{csM}^{e_L}}^R \vee A_{ui}$; 若 $A \leqslant I_{U_{sW}^{e_R}}^L$, 则 $[A]_I^{npe_R} = I_{U_{csM}^{e_R}}^L \vee A_{ui}$.

(2) 若 $I_{U_{csM}^{e_L}}^R \leqslant A$, 则 $(A]_I^{npe_L} = I_{U_{sW}^{e_L}}^R \wedge A_{li}$; 若 $I_{U_{csM}^{e_R}}^L \leqslant A$, 则 $(A]_I^{npe_R} = I_{U_{sW}^{e_R}}^L \wedge A_{li}$.

(3) 若 $I_{U_{csM}^{e_L}}^R \leqslant A$ 并且 A 是右任意交分配的, 则 $(A)_I^{npe_L\wedge} = I_{U_{sW}^{e_L}}^R \wedge A_{li}$. 特别地, 若 A 关于第一个变量是单调递减的, 则 $(A]_I^{npe_L\wedge} = I_{U_{sW}^{e_L}}^R \wedge A$.

(4) 若 $I_{U_{csM}^{e_R}}^L \leqslant A$ 并且 A 是右任意交分配的, 则 $(A)_I^{npe_R\wedge} = I_{U_{sW}^{e_R}}^L \wedge A_{li}$. 特别地, 若 A 关于第一个变量是单调递减的, 则 $(A]_I^{npe_L\wedge} = I_{U_{sW}^{e_L}}^R \wedge A$.

(5) 当 $\vee\{a \in L | a \not\geqslant e_L\} \not\geqslant e_L$ 时, 若 $A \leqslant I_{U_{csW}^{se_L}}^L$, 则 $[A]_I^{ope_L} = I_{U_{csM}^{e_L}}^L \vee A_{ui}$; 若 $I_{U_{csM}^{e_L}}^L \leqslant A$, 则 $(A]_I^{ope_L} = I_{U_{csW}^{se_L}}^L \wedge A_{li}$.

(6) 当 $\vee\{a \in L | a \not\geqslant e_R\} \not\geqslant e_R$ 时, 若 $A \leqslant I_{U_{csW}^{e_Rs}}^R$, 则 $[A]_I^{ope_R} = I_{U_{csM}^{e_R}}^R \vee A_{ui}$; 若 $I_{U_{csM}^{e_R}}^R \leqslant A$, 则 $(A]_I^{ope_R} = I_{U_{csW}^{e_Rs}}^R \wedge A_{li}$.

(7) 当 $\vee\{a \in L | a \not\geqslant e_L\} \not\geqslant e_L$ 并且 $\wedge\{a \in L | a \neq 0\} \neq 0$ 时, 若 $I^L_{U^{e_L}_{csM}} \leqslant A$ 并且 A 是右任意交分配的, 则 $(A)^{ope_L\wedge}_I = I^L_{U^{se_L}_{csW}} \wedge A_{li}$. 特别地, 若 A 关于第一个变量还是单调递减的, 则 $(A)^{ope_L\wedge}_I = I^L_{U^{se_L}_{csW}} \wedge A$.

(8) 当 $\vee\{a \in L | a \not\geqslant e_R\} \not\geqslant e_R$ 并且 $\wedge\{a \in L | a \neq 0\} \neq 0$ 时, 若 $I^R_{U^{e_R}_{csM}} \leqslant A$ 并且 A 是右任意交分配的, 则 $(A)^{ope_R\wedge}_I = I^R_{U^{e_{R^s}}_{csW}} \wedge A_{li}$. 特别地, 若 A 关于第一个变量是单调递减的, 则 $(A)^{ope_R\wedge}_I = I^R_{U^{e_{R^s}}_{csW}} \wedge A$.

证明 我们仅证明断言 (1), (3), (5) 和 (7) 成立.

(1) 若 $A \leqslant I^R_{U^{e_L}_{sW}}$, 令 $I_1 = I^R_{U^{e_L}_{csM}} \vee A_{ui}$, 则 $A \leqslant I_1$ 并且 $I^R_{U^{e_L}_{csM}} \leqslant I_1 \leqslant I^R_{U^{e_L}_{sW}}$. 因此

$$I_1(0,0) = I_1(0,0) = 1, \quad I_1(1,0) = 0, \quad I_1(e_L, y) = y, \quad \forall y \in L.$$

由命题 2.2.14(3) 知, A_{ui} 是混合单调的, 于是由 $I^R_{U^{e_L}_{csM}}$ 的混合单调性知, I_1 也是混合单调的, 因此 $I_1 \in \mathcal{I}^{npe_L}(L)$.

若 $A \leqslant I_2$ 并且 $I_2 \in \mathcal{I}^{npe_L}(L)$, 则由 $I^R_{U^{e_L}_{csM}}$ 是 $\mathcal{I}^{npe_L}(L)$ 的最小元知

$$I_2 = (I_2)_{ui} \geqslant A_{ui} \Rightarrow I_2 \geqslant I^R_{U^{e_L}_{csM}} \vee A_{ui} = I_1.$$

这就是说, $I_1 = I^R_{U^{e_L}_{csM}} \vee A_{ui} = [A]^{npe_L}_I$.

当 $A \leqslant I^L_{U^{e_R}_{sW}}$ 时, 同理可证 $[A]^{npe_R}_I = I^L_{U^{e_R}_{csM}} \vee A_{ui}$.

(3) 令 $I_3 = I^R_{U^{e_L}_{sW}} \wedge A_{li}$. 若 $I^R_{U^{e_L}_{csM}} \leqslant A$, 则 $I_3 \leqslant A$ 并且

$$A_{li} \geqslant (I^R_{U^{e_L}_{csM}})_{li} = I^R_{U^{e_L}_{csM}}, \quad I^R_{U^{e_L}_{csM}} \leqslant I_3 \leqslant I^R_{U^{e_L}_{sW}}.$$

因此 $I_3 \in \mathcal{I}^{npe_L}(L)$. 当 A 右任意交分配时, 根据命题 5.2.4(2), A_{li} 也是右任意交分配的, 即 $I_3 \in \mathcal{I}^{npe_L}_{\wedge}(L)$.

若 $A \leqslant I_4$ 并且 $I_4 \in \mathcal{I}^{npe_L}_{\wedge}(L)$, 则由 $I^R_{U^{e_L}_{sW}}$ 是 $\mathcal{I}^{npe_L}_{\wedge}(L)$ 的最大元知

$$I_4 = (I_4)_{li} \leqslant A_{li} \Rightarrow I_4 \leqslant I^R_{U^{e_L}_{sW}} \wedge A_{li} = I_3.$$

故 $I_3 = I^R_{U^{e_L}_{sW}} \wedge A_{li} = (A)^{npe_L\wedge}_I$.

当 A 关于第一个变量还是单调递减时, $A_{li} = A$, $(A)^{npe_L\wedge}_I = I^R_{U^{e_L}_{sW}} \wedge A$.

(5) 当 $\vee\{a \in L | a \not\geqslant e_L\} \not\geqslant e_L$ 时, $I^L_{U^{e_L}_{csM}}$ 和 $I^L_{U^{se_L}_{csW}}$ 分别是 $\mathcal{I}^{ope_L}(L)$ 的最小元和最大元. 若 $A \leqslant I^L_{U^{se_L}_{csW}}$, 令 $I_5 = I^L_{U^{e_L}_{csM}} \vee A_{ui}$, 则 $A \leqslant I_5$ 并且 $I^L_{U^{e_L}_{csM}} \leqslant I_5 \leqslant I^L_{U^{se_L}_{csW}}$.

于是,

$$I_5(0,0) = I_5(1,1) = 1, \quad I_5(1,0) = 0.$$

设 $x, y \in L$. 如果 $x \leqslant y$, 那么 $I_5(x,y) \geqslant I^L_{U^{e_L}_{csM}}(x,y) \geqslant e_L$; 如果 $I_5(x,y) \geqslant e_L$, 那么 $I^L_{U^{se_L}_{csW}}(x,y) \geqslant I_5(x,y) \geqslant e_L$, 即 $x \leqslant y$. 因此 I_5 满足 (IOP_{e_L}). 由断言 (1) 的证明知, I_5 也是混合单调的, 因此 $I_5 \in \mathcal{I}^{ope_L}(L)$.

若 $A \leqslant I_6$ 并且 $I_6 \in \mathcal{I}^{ope_L}(L)$, 则由 $I^L_{U^{e_L}_{csM}}$ 是 $\mathcal{I}^{ope_L}(L)$ 的最小元知

$$I_6 = (I_6)_{ui} \geqslant A_{ui} \Rightarrow I_6 \geqslant I^R_{U^{e_L}_{csM}} \vee A_{ui} = I_5.$$

这就是说, $I_5 = I^L_{U^{e_L}_{csM}} \vee A_{ui} = [A]^{ope_L}_I$.

若 $I^L_{U^{e_L}_{csM}} \leqslant A$, 令 $I_7 = I^L_{U^{se_L}_{csW}} \wedge A_{li}$, 则 $I_7 \leqslant A$ 并且

$$A_{li} \geqslant (I^L_{U^{e_L}_{csM}})_{li} = I^L_{U^{e_L}_{csM}}, \quad I^L_{U^{e_L}_{csM}} \leqslant I_7 \leqslant I^L_{U^{se_L}_{csW}}.$$

类似地, $I_7 \in \mathcal{I}^{ope_L}(L)$ 并且 $[A]^{ope_L}_I = I^L_{U^{se_L}_{csW}} \wedge A_{li}$.

(7) 当 $\vee\{a \in L | a \not\geqslant e_L\} \not\geqslant e_L$ 并且 $\wedge\{a \in L | a \neq 0\} \neq 0$ 时, $I^L_{U^{e_L}_{csM}}$ 和 $I^L_{U^{se_L}_{csW}}$ 分别是 $\mathcal{I}^{ope_L}_\wedge(L)$ 的最小元和最大元. 若 $I^L_{U^{e_L}_{csM}} \leqslant A$, 则由断言 (5) 的证明知, $I_7 \in \mathcal{I}^{ope_L}(L)$. 由于 A 是右任意交分配的, 根据命题 5.2.4(2), A_{li} 是右任意交分配的, 所以 I_7 也是右任意交分配的, 即 $I_7 \in \mathcal{I}^{ope_L}_\wedge(L)$. 这样由断言 (5) 的证明知, $[A]^{ope_L\wedge}_I = I^L_{U^{se_L}_{csW}} \wedge A_{li}$.

如果 A 关于第一个变量还是单调递减的, 那么 $A_{li} = A$. 因此,

$$[A]^{ope_L\wedge}_I = I^L_{U^{se_L}_{csW}} \wedge A. \qquad \square$$

对偶地, 关于上、下近似 NP 模糊余蕴涵和 OP 模糊余蕴涵, 下面结论成立.

定理 5.2.2　设 A 是 L 上二元运算, $e_L, e_R \in L$ 并且 $e_L, e_R \neq 1$. 则下列断言成立.

(1) 若 $C^R_{U^{e_L}_{sM}} \leqslant A$, 则 $[A]^{npe_L}_C = C^R_{U^{e_L}_{dsW}} \wedge A_{lc}$; 若 $C^L_{U^{e_R}_{sM}} \leqslant A$, 则 $[A]^{npe_R}_C = C^L_{U^{e_R}_{dsW}} \wedge A_{lc}$.

(2) 若 $A \leqslant C^R_{U^{e_L}_{dsW}}$, 则 $[A]^{npe_L}_C = C^R_{U^{e_L}_{sM}} \vee A_{uc}$; 若 $A \leqslant C^L_{U^{e_R}_{dsW}}$, 则 $[A]^{npe_R}_C = C^L_{U^{e_R}_{sM}} \vee A_{uc}$.

(3) 若 $A \leqslant C^R_{U^{e_L}_{dsW}}$ 并且 A 是右任意并分配的, 则 $[A]^{npe_L\vee}_C = C^R_{U^{e_L}_{sM}} \vee A_{uc}$. 特别地, 若 A 关于第一个变量是单调递减的, 则 $[A]^{npe_L\vee}_C = C^R_{U^{e_L}_{sM}} \vee A$.

(4) 若 $A \leqslant C^{L}_{U^{e_R}_{dsW}}$ 并且 A 是右任意并分配的, 则 $[A]^{npe_R\vee}_C = C^{L}_{U^{e_R}_{sM}} \vee A_{uc}$. 特别地, 若 A 关于第一个变量是单调递减的, 则 $[A]^{npe_R\vee}_C = C^{L}_{U^{e_R}_{sM}} \vee A$.

(5) 当 $\wedge\{a \in L | a \not\leqslant e_L\} \not\leqslant e_L$ 时, 若 $A \leqslant C^{L}_{U^{e_L}_{dsW}}$, 则 $[A]^{ope_L}_C = C^{L}_{U^{se_L}_{dsM}} \vee A_{uc}$; 若 $C^{L}_{U^{se_L}_{dsM}} \leqslant A$, 则 $(A]^{ope_L}_C = C^{L}_{U^{e_L}_{dsW}} \wedge A_{lc}$.

(6) 当 $\wedge\{a \in L | a \not\leqslant e_R\} \not\leqslant e_R$ 时, 若 $A \leqslant C^{R}_{U^{e_R}_{dsW}}$, 则 $[A]^{ope_R}_C = C^{R}_{U^{e_{R^s}}_{dsM}} \vee A_{uc}$; 若 $C^{R}_{U^{e_{R^s}}_{dsM}} \leqslant A$, 则 $(A]^{ope_R}_C = C^{R}_{U^{e_R}_{dsW}} \wedge A_{lc}$.

(7) 当 $\wedge\{a \in L | a \not\leqslant e_L\} \not\leqslant e_L$ 并且 $\vee\{a \in L | a \neq 1\} \neq 1$ 时, 若 $A \leqslant C^{L}_{U^{e_L}_{dsW}}$ 并且 A 是右任意并分配的, 则 $(A]^{ope_L\vee}_C = C^{L}_{U^{se_L}_{dsM}} \vee A_{uc}$. 特别地, 若 A 关于第一个变量还是单调递减的, 则 $(A]^{ope_L\vee}_C = C^{L}_{U^{se_L}_{dsM}} \vee A$.

(8) 当 $\wedge\{a \in L | a \not\leqslant e_R\} \not\leqslant e_R$ 并且 $\vee\{a \in L | a \neq 1\} \neq 1$ 时, 若 $A \leqslant C^{R}_{U^{e_R}_{dsW}}$ 并且 A 是右任意并分配的, 则 $[A]^{ope_R\vee}_C = C^{R}_{U^{e_{R^s}}_{dsM}} \vee A_{uc}$. 特别地, 若 A 关于第一个变量还是单调递减的, 则 $[A]^{ope_R\vee}_C = C^{R}_{U^{e_{R^s}}_{dsM}} \vee A$. $\square$

例 5.2.3 设 L 是例 5.1.9 中五元格 (即例 5.1.1 中五元格 L_5 的对偶), 取 $e_L = b$. 按表 5.15 定义 L 上二元运算 A. 由表 5.15 看出, $C^{L}_{U^{se_L}_{dsM}} \leqslant A$, $A_{lc} = A$, A 是右任意并分配的并且关于第一个变量是单调递减的.

表 5.15　A 的取值表

A	0	b	c	a	1
0	0	1	1	1	1
b	0	1	c	1	1
c	0	a	c	a	1
a	0	0	0	0	c
1	0	0	0	0	0

令 $C = C^{L}_{U^{e_L}_{dsW}} \wedge A$. 由表 5.16 看出

$$C(b, b \vee c) = C(b, a) = 1 \neq a = C(b, b) \vee C(b, c),$$

表 5.16　C 的取值表

C	0	b	c	a	1
0	0	1	1	1	1
b	0	b	c	1	1
c	0	a	0	a	1
a	0	0	0	0	c
1	0	0	0	0	0

所以 C 不是右任意并分配的. 这说明 C 并不是 A 的下近似右任意并分配的 OP 模糊余蕴涵, 即对于下近似右任意并分配的 OP 模糊余蕴涵, 定理 5.2.2(7) 不成立.

现在讨论上、下近似左 (右) 半一致模和上、下近似模糊蕴涵及上、下近似模糊余蕴涵之间的关系.

定理 5.2.3[154,162]　设 A 是 L 上二元运算, $e_L, e_R \in L$ 并且 $e_L, e_R \neq 0$. 则下列断言成立.

(1) 当 A 右任意并分配时, 若 $A \leqslant U_{csM}^{e_L}$, 则 $(I_A^R)_I^{npe_L \wedge} = I_{[A]_{cs \vee}^{e_L}}^R$; 若 $U_{sW}^{e_L} \leqslant A$, A 关于第一个变量是单调递增的, 并且

$$A(x, y) \leqslant y, \quad \forall x \in]0, e_L], \quad y \in L,$$

则 $(A]_{cs}^{e_L}$ 和 $[I_A^R]_I^{npe_L}$ 满足广义 MP 规则

$$(A]_{cs}^{e_L}(x, [I_A^R]_I^{npe_L}(x, y)) \leqslant y, \quad \forall x, y \in L.$$

(2) 当 A 左任意并分配时, 若 $A \leqslant U_{csM}^{e_R}$, 则 $(I_A^R)_I^{npe_R \wedge} = I_{[A]_{\vee cs}^{e_R}}^L$; 若 $U_{sW}^{e_R} \leqslant A$, A 关于第二个变量是单调递增的, 并且

$$A(x, y) \leqslant x, \quad \forall x \in L, y \in]0, e_R],$$

则 $(A]_{cs}^{e_R}$ 和 $[I_A^L]_I^{npe_R}$ 满足广义 MP 规则

$$(A]_{cs}^{e_R}([I_A^L]_I^{npe_R}(x, y), x) \leqslant y, \quad \forall x, y \in L.$$

(3) 当 $\vee \{a \in L | a \not\geqslant e_L\} \not\geqslant e_L$, $\wedge \{a \in L | a \neq 0\} \neq 0$ 并且 A 左任意并分配时, 若 $A \leqslant U_{csM}^{e_L}$, 则 $(I_A^L)_I^{ope_L \wedge} = I_{[A]^{se_L}}^L$; 若 $U_{csW}^{se_L} \leqslant A$, A 关于第二个变量是单调递增的并且当 $0 < x \leqslant y < 1$ 时, $I_A^L(x, y)$ 和 e_L 是可比的, 则 $(A]_{cs}^{se_L}$ 和 $[I_A^L)_I^{ope_L}$ 满足广义 MP 规则

$$(A]_{cs}^{se_L}([I_A^L)_I^{ope_L}(x, y), x) \leqslant y, \quad \forall x, y \in L.$$

(4) 当 $\vee \{a \in L | a \not\geqslant e_R\} \not\geqslant e_R$, $\wedge \{a \in L | a \neq 0\} \neq 0$ 并且 A 右任意并分配时, 若 $A \leqslant U_{csM}^{e_R}$, 则 $(I_A^R)_I^{ope_R \wedge} = I_{[A]_{cs \vee}^{e_R s}}^R$; 若 $U_{csW}^{e_R s} \leqslant A$, A 关于第一个变量是单调递增的并且当 $0 < x \leqslant y < 1$ 时, $I_A^R(x, y)$ 和 e_R 是可比的, 则 $(A]_{cs}^{e_R s}$ 和 $[I_A^R)_I^{ope_R}$ 满足广义 MP 规则

$$(A]_{cs}^{e_R s}(x, [I_A^R)_I^{ope_R}(x, y)) \leqslant y, \quad \forall x, y \in L.$$

证明　这里仅证明断言 (1) 和 (3) 成立.

(1) 若 A 是右任意并分配的并且 $A \leqslant U_{csM}^{e_L}$, 则由命题 5.2.2(4) 的证明知, I_A^R 是右任意交分配的并且 $I_{U_{csM}^{e_L}}^R \leqslant I_A^R$. 根据定理 5.1.3(5) 和定理 5.2.1(3),

$$[A]_{cs\vee}^{e_L} = U_{sW}^{e_L} \vee A_{ua}, \quad (I_A^R)_I^{npe_L\wedge} = I_{U_{sW}^{e_L}}^R \wedge (I_A^R)_{li}.$$

由命题 5.1.5(6) 知, A_{ua} 也是右任意并分配的. 因此,

$$I_{[A]_{cs\vee}^{e_L}}^R(x,y) = \vee\{z \in L | [A]_{cs\vee}^{e_L}(x,z) \leqslant y\} = \vee\{z \in L | (U_{sW}^{e_L} \vee A_{ua})(x,z) \leqslant y\}$$

$$= \vee\{z \in L | U_{sW}^{e_L}(x,z) \vee A_{ua}(x,z) \leqslant y\} = \vee\{z \in L | U_{sW}^{e_L}(x,z) \leqslant y, A_{ua}(x,z) \leqslant y\}$$

$$= \vee\{z \in L | z \leqslant I_{U_{sW}^{e_L}}^R(x,y), z \leqslant I_{A_{ua}}^R(x,y)\} = \vee\{z \in L | z \leqslant I_{U_{sW}^{e_L}}^R(x,y) \wedge I_{A_{ua}}^R(x,y)\}$$

$$= (I_{U_{sW}^{e_L}}^R \wedge I_{A_{ua}}^R)(x,y), \quad \forall x,y \in L,$$

即 $I_{[A]_{cs\vee}^{e_L}}^R = I_{U_{sW}^{e_L}}^R \wedge I_{A_{ua}}^R$. 根据命题 5.2.4(3), $I_{A_{ua}}^R = (I_A^R)_{li}$. 所以

$$(I_A^R)_I^{npe_L\wedge} = I_{U_{sW}^{e_L}}^R \wedge (I_A^R)_{li} = I_{U_{sW}^{e_L}}^R \wedge I_{A_{ua}}^R = I_{[A]_{cs\vee}^{e_L}}^R.$$

若 $U_{sW}^{e_L} \leqslant A$, A 是右任意并分配的并且关于第一个变量是单调递增的, 则由命题 2.2.14(1) 和 5.2.4(3) 知

$$I_A^R \leqslant I_{U_{sW}^{e_L}}^R, \quad A_{la} = A, \quad (I_A^R)_{ui} = I_A^R.$$

对于任意的 $x,y \in L$, 由定理 5.1.3(3) 知

$$(A]_{cs}^{e_L}(x, [I_A^R]_I^{npe_L}(x,y)) = U_{csM}^{e_L}(x, [I_A^R]_I^{npe_L}(x,y)) \wedge A(x, [I_A^R]_I^{npe_L}(x,y)).$$

根据例 5.2.1 和定理 5.2.1(1), 我们有

$$[I_A^R]_I^{npe_L}(x,y) = I_{U_{csM}^{e_L}}^R(x,y) \vee I_A^R(x,y) = \begin{cases} 1, & \text{若 } x = 0 \text{ 或 } y = 1, \\ y \vee I_A^R(x,y), & \text{若 } 0 < x \leqslant e_L \text{ 且 } y \neq 1, \\ I_A^R(x,y), & \text{否则}. \end{cases}$$

这样, 当 $0 < x \leqslant e_L, y \neq 1$ 并且 $[I_A^R]_I^{npe_L}(x,y) \neq 0$ 时,

$$(A]_{cs}^{e_L}(x, [I_A^R]_I^{npe_L}(x,y)) = (y \vee I_A^R(x,y)) \wedge A(x, y \vee I_A^R(x,y)).$$

因此

$$(A]_{cs}^{e_L}(x, [I_A^R]_I^{npe_L}(x,y))$$

$$= \begin{cases} 0, & \text{若 } x = 0 \text{ 或 } [I_A^R]_I^{npe_L}(x, y) = 0, \\ A(x, 1), & \text{若 } 0 < x \leqslant e_L \text{ 且 } y = 1, \\ A(x, I_A^R(x, y)), & \text{否则}. \end{cases}$$

如果对于任意的 $x \in]0, e_L]$ 和 $y \in L$, $A(x, y) \leqslant y$, 那么

$$A(x, y \vee I_A^R(x, y)) = A(x, y) \vee A(x, I_A^R(x, y)) \leqslant y.$$

所以

$$(A]_{cs}^{e_L}(x, [I_A^R]_I^{npe_L}(x, y)) \leqslant y, \quad \forall x, y \in L,$$

即 $(A]_{cs}^{e_L}$ 和 $[I_A^R]_I^{npe_L}$ 满足广义 MP 规则.

(3) 若 A 是左任意并分配的并且 $A \leqslant U_{csM}^{e_L}$, 则由命题 5.2.2(4) 的证明知, I_A^L 是右任意交分配的并且 $I_{U_{csM}^{e_L}}^L \leqslant I_A^L$. 根据定理 5.1.7(5) 和定理 5.2.1(7),

$$[A)_{\vee cs}^{se_L} = U_{csW}^{se_L} \vee A_{ua}, \quad (I_A^L]_I^{ope_L \wedge} = I_{U_{csW}^{se_L}}^L \wedge (I_A^L)_{li}.$$

由命题 5.1.5(6) 知, A_{ua} 也是左任意并分配的. 因此,

$$I_{[A)_{\vee cs}^{se_L}}^L(x, y) = \vee \{z \in L | [A)_{\vee cs}^{se_L}(x, z) \leqslant y\}$$

$$= \vee \{z \in L | (U_{csW}^{se_L} \vee A_{ua})(x, z) \leqslant y\}$$

$$= \vee \{z \in L | U_{csW}^{se_L}(x, z) \vee A_{ua}(x, z) \leqslant y\}$$

$$= \vee \{z \in L | U_{csW}^{se_L}(x, z) \leqslant y, A_{ua}(x, z) \leqslant y\}$$

$$= \vee \{z \in L | z \leqslant I_{U_{csW}^{se_L}}^L(x, y), z \leqslant I_{A_{ua}}^L(x, y)\}$$

$$= \vee \{z \in L | z \leqslant I_{U_{csW}^{se_L}}^L(x, y) \wedge I_{A_{ua}}^L(x, y)\}$$

$$= (I_{U_{csW}^{se_L}}^L \wedge I_{A_{ua}}^L)(x, y), \quad \forall x, y \in L,$$

即 $I_{[A)_{\vee cs}^{se_L}}^L = I_{U_{csW}^{se_L}}^L \wedge I_{A_{ua}}^L$. 根据命题 5.2.4(1), $I_{A_{ua}}^L = (I_A^L)_{li}$. 所以

$$(I_A^L]_I^{ope_L \wedge} = I_{U_{csW}^{se_L}}^L \wedge (I_A^L)_{li} = I_{U_{csW}^{se_L}}^L \wedge I_{A_{ua}}^L = I_{[A)_{\vee cs}^{se_L}}^L.$$

若 $U_{csW}^{se_L} \leqslant A$, A 是左任意并分配的并且关于第二个变量是单调递增的, 则由命题 5.1.5(4) 知, $I_A^L \leqslant I_{U_{csW}^{se_L}}^L$, $A_{la} = A$, I_A^L 是右任意并分配的且关于第一个变量是单调递增的, $(I_A^L)_{ui} = I_A^L$ 并且

$$A(I_A^L(x, y), x) = A(\vee \{z \in L | A(z, x) \leqslant y\}, x)$$

$$= \vee\{A(z,x)|A(z,x) \leqslant y\} \leqslant y, \quad \forall x,y \in L.$$

对于任意的 $x,y \in L$, 由定理 5.1.7(3) 知

$$(A]_{cs}^{se_L}([I_A^L)_I^{ope_L}(x,y),x) = U_{csM}^{e_L}([I_A^L)_I^{ope_L}(x,y),x) \wedge A([I_A^L)_I^{ope_L}(x,y),x).$$

根据例 5.2.1 和定理 5.2.1(5), 我们有

$$[I_A^L)_I^{ope_L}(x,y) = I_{U_{csM}^{e_L}}^L(x,y) \vee I_A^L(x,y) = \begin{cases} 1, & \text{若 } x = 0 \text{ 或 } y = 1, \\ e_L \vee I_A^L(x,y), & \text{若 } 0 < x \leqslant y < 1, \\ I_A^L(x,y), & \text{否则}. \end{cases}$$

因此,

$$(A]_{cs}^{se_L}([I_A^L)_I^{ope_L}(x,y),x)$$

$$= \begin{cases} U_{csM}^{e_L}(1,0) \wedge A(1,0), & \text{若 } x = 0, \\ U_{csM}^{e_L}(1,x) \wedge A(1,x), & \text{若 } y = 1, \\ U_{csM}^{e_L}(e_L \vee I_A^L(x,y),x) \wedge A(e_L \vee I_A^L(x,y),x), & \text{若 } 0 < x \leqslant y < 1, \\ U_{csM}^{e_L}(I_A^L(x,y),x) \wedge A(I_A^L(x,y),x), & \text{否则}. \end{cases}$$

当 $0 < x \leqslant y < 1$ 时, $I_A^L(x,y)$ 和 e_L 是可比的, 于是

$$U_{csM}^{e_L}(e_L \vee I_A^L(x,y),x) \wedge A(e_L \vee I_A^L(x,y),x)$$

$$\leqslant \begin{cases} U_{csM}^{e_L}(e_L,x) = x \leqslant y, & \text{若 } I_A^L(x,y) \leqslant e_L, \\ A(I_A^L(x,y),x) \leqslant y, & \text{若 } I_A^L(x,y) \geqslant e_L. \end{cases}$$

所以

$$(A]_{cs}^{se_L}([I_A^L)_I^{ope_L}(x,y),x) \leqslant y, \quad \forall x,y \in L,$$

即 $(A]_{cs}^{se_L}$ 和 $[I_A^L)_I^{ope_L}$ 满足广义 MP 规则. $\square$

例 5.2.4 设 L 是例 2.2.4 中四元格 M_4, 按表 5.17 定义 L 上二元运算 A. 显然, $U_{sW}^{1_L} \leqslant A$, $A_{la} = A$, $(I_A^R)_{ui} = I_A^R$, A 是右任意并分配的并且关于第一个变量是单调递增的. 令 $I = I_{U_{csM}^{1_L}}^R \vee (I_A^R)_{ui}$, 则由定理 5.1.3(3) 和定理 5.2.1(1) 知

$$(A]_{cs}^{1_L}(b,[I_A^R)_I^{np1_L}(b,a)) = U_{csM}^{1_L}(b,[I_A^R)_I^{np1_L}(b,a)) \wedge A(b,[I_A^R)_I^{np1_L}(b,a))$$

$$= U_{csM}^{1_L}(b,I(b,a)) \wedge A(b,I(b,a)) = U_{csM}^{1_L}(b,1) \wedge A(b,1) = 1 \nleqslant a,$$

即 $(A]_{cs}^{1_L}$ 和 $[I_A^R)_I^{np1_L}$ 不满足广义 MP 规则.

表 5.17 A 的取值表

A	0	a	b	1
0	0	0	a	a
a	0	0	a	a
b	0	1	a	1
1	0	1	1	1

这个例子说明定理 5.2.3(1) 中条件是不可少的. 另外, $I_A^R \leqslant I_{U_{sW}^{1L}}^R$, I_A^R 是右任意交分配的并且关于第一个变量是单调递减的. 由表 5.18 可以看出

$$I(b, a \wedge b) = I(b, 0) = 0 \neq b = I(b, a) \wedge I(b, b),$$

即 I 不是右任意交分配的. 这个例子也说明定理 5.2.1(3) 对上近似右任意交分配的 NP 模糊蕴涵不成立.

表 5.18 I 的取值表

I	0	a	b	1
0	1	1	1	1
a	a	1	1	1
b	0	1	b	1
1	0	a	b	1

对偶地, 上、下近似左 (右) 半一致模和上、下近似模糊余蕴涵之间有如下关系.

定理 5.2.4[155,161]   设 A 是 L 上二元运算, $e_L, e_R \in L$ 并且 $e_L, e_R \neq 1$. 则下列断言成立.

(1) 当 A 右任意交分配时, 若 $U_{dsW}^{e_L} \leqslant A$, 则 $[C_A^R]_C^{npe_L\vee} = C_{(A]_{ds\wedge}^{e_L}}^R$; 若 $A \leqslant U_{sM}^{e_L}$, A 关于第一个变量是单调递增的, 并且

$$y \leqslant A(x, y), \quad \forall x \in [e_L, 1), y \in L,$$

则 $[A)_{ds}^{e_L}$ 和 $(C_A^R)_C^{npe_L}$ 满足广义对偶 MP 规则

$$y \leqslant [A)_{ds}^{e_L}(x, (C_A^R]_C^{npe_L}(x, y)), \quad \forall x, y \in L.$$

(2) 当 A 左任意交分配时, 若 $U_{dsW}^{e_R} \leqslant A$, 则 $[C_A^L]_I^{npe_R\vee} = C_{(A]_{\wedge ds}^{e_R}}^L$; 若 $A \leqslant U_{sM}^{e_R}$, A 关于第二个变量是单调递增的, 并且

$$x \leqslant A(x, y), \quad \forall x \in L, y \in [e_R, 1),$$

则 $[A)_{ds}^{e_R}$ 和 $(C_A^L)_C^{npe_R}$ 满足广义对偶 MP 规则

$$y \leqslant [A)_{ds}^{e_R}((C_A^L]_C^{npe_R}(x, y), x), \quad \forall x, y \in L.$$

(3) 当 $\wedge\{a \in L|a \nleqslant e_L\} \nleqslant e_L$, $\wedge\{a \in L|a \neq 1\} \neq 1$ 并且 A 左任意交分配时, 若 $U_{dsW}^{e_L} \leqslant A$, 则 $[C_A^L]_C^{ope_L \vee} = C_{(A)_{\wedge ds}^{se_L}}^L$; 若 $A \leqslant U_{dsM}^{se_L}$, A 关于第二个变量是单调递增的并且当 $0 < y \leqslant x < 1$ 时, $C_A^L(x,y)$ 和 e_L 是可比的, 则 $[A]_{ds}^{se_L}$ 和 $(C_A^L)_C^{ope_L}$ 满足广义对偶 MP 规则

$$y \leqslant [A]_{ds}^{se_L}((C_A^L]_C^{ope_L}(x,y),x), \quad \forall x,y \in L.$$

(4) 当 $\wedge\{a \in L|a \nleqslant e_R\} \nleqslant e_R$, $\wedge\{a \in L|a \neq 1\} \neq 1$ 并且 A 右任意交分配时, 若 $U_{dsW}^{e_R} \leqslant A$, 则 $[C_A^R]_C^{ope_R \vee} = C_{(A)_{ds\wedge}^{e_R s}}^R$; 若 $A \leqslant U_{dsM}^{e_R s}$, A 关于第一个变量是单调递增的并且当 $0 < y \leqslant x < 1$ 时, $C_A^R(x,y)$ 和 e_R 是可比的, 则 $[A]_{ds}^{e_R s}$ 和 $(C_A^R]_C^{ope_R}$ 满足广义对偶 MP 规则

$$y \leqslant [A]_{ds}^{e_R s}(x,(C_A^R]_C^{ope_R}(x,y)), \quad \forall x,y \in L. \qquad \square$$

例 5.2.5 设 L 是例 5.1.9 中五元格 (即例 5.1.1 中五元格 L_5 的对偶), 取 $e_L = b$. 按表 5.19 定义 L 上二元运算 A. 由表 5.19 看出, $A \leqslant U_{dsM}^{sb}$, $A_{ua} = A$, A 是左任意交分配的并且关于第二个变量是单调递增的. 由表 5.20 看出, $C_A^L \geqslant C_{U_{dsM}^{sb}}^L$, $(C_A^L)_{lc} \geqslant C_A^L$, C_A^L 是右任意并分配的并且关于第一个变量是单调递增的.

表 5.19 A 的取值表

A	0	b	c	a	1
0	0	0	0	b	1
b	0	0	0	b	1
c	0	a	b	a	1
a	a	a	a	1	1
1	1	1	1	1	1

表 5.20 C_A^L 的取值表

C_A^L	0	b	c	a	1
0	0	a	a	a	1
b	0	c	c	c	1
c	0	c	a	a	1
a	0	0	c	c	c
1	0	0	0	0	0

根据定理 5.1.6(3) 和定理 5.2.2(5), 我们有

$$[A]_{ds}^{sb}((C_A^L]_C^{opb}(a,c),a) = U_{dsW}^b((C_A^L]_C^{opb}(a,c),a) \vee A((C_A^L]_C^{opb}(a,c),a)$$

$$= U_{dsW}^b(b \wedge C_A^L(a,c),a) \vee A(b \wedge C_A^L(a,c),a)$$

$$= U_{dsW}^b(b \wedge c, a) \vee A(b \wedge c, a) = U_{dsW}^b(0, a) \vee A(0, a) = 0 \vee b \not\geqslant c.$$

这个例子说明即使 $A \leqslant U_{dsM}^{se_L}$ 并且 A 是左任意交分配的, $[A)_{ds}^{se_L}$ 和 $(C_A^L]_C^{ope_L}$ 也不满足广义对偶 MP 规则.

参 考 文 献

[1] 刘绍学. 近世代数基础. 北京: 高等教育出版社, 1999

[2] 胡长流, 宋振明. 格论基础. 郑州: 河南大学出版社, 1990

[3] Birkhoff G. Lattice Theory. 3rd ed. Rhode Island: American Mathematical Society, 1973

[4] Grätzer G. General Lattice Theory. New York: Academic Press, 1978

[5] Blyth T S. Lattices and Ordered Algebraic Structures. London: Springer, 2005

[6] Burris S, Sankappanavar H P. A Course in Universal Algebra. Beijing: Springer-Verlag, 1981

[7] 王国俊. 数理逻辑引论与归结原理. 北京: 科学出版社, 2003

[8] Blount K, Tsinakis C. The structure of residuated lattices. International Journal of Algebra and Computation, 2003, 13: 437-461

[9] Běohlávek R. Some properties of residuated lattices. Czechoslovak Mathematical Journal, 2003, 53 (128): 161-171

[10] Galatos N, Jipsen P, Kowalski T, et al. Residuated Lattices: An Algebraic Glimpse at Substructural Logics. Amsterdam: Elsevier, 2007

[11] Hart J B, Rafter L, Tsinakis C. The structure of commutative residuated lattices. International Journal of Algebra and Computation, 2002, 12: 509-524

[12] Höhle U. Commutative residuated monoids//Höhle U, Klement E P, eds. Non-classical Logics and Their Applications to Fuzzy Subsets. Dordrecht: Kluwer Academic Publisher, 1995

[13] Menger K. Statistical metrics. Proceedings of the National Academy of Sciences of the United States of America, 1942, 8: 535-537

[14] Schweizer B, Sklar A. Statistic metric spaces. Pacific Journal of Mathematics, 1960, 10: 313-334

[15] Schweizer B, Sklar A. Associative functions and statistical triangle inequalities. Publicationes Mathematicae Debrecen, 1961, 8: 169-186

[16] Schweizer B, Sklar A. Associative functions and abstract semigroups. Publicationes Mathematicae Debrecen, 1963, 10: 69-81

[17] Ma Z, Wu W M. Logical operators on complete lattices. Information Sciences, 1991, 55: 77-97

[18] 裴道武. 基于三角模的模糊逻辑理论及其应用. 北京: 科学出版社, 2013

[19] 王国俊. 非经典数理逻辑与近似推理. 北京: 科学出版社, 2000

[20] 吴望名. 模糊推理的原理和方法. 贵阳: 贵州科技出版社, 1994

[21] 张小红. 模糊逻辑及其代数分析. 北京: 科学出版社, 2008

[22] Cignoli R, Itala M, Mundici D. Algebraic Foundation of Many-Valued Reasoning. Dordrecht: Kluwer Academic Publisher, 2000

[23] Fodor J C, Roubens M. Fuzzy Preference Modelling and Multicriteria Decision Support. Dordrecht: Kluwer Academic Publisher, 1994

[24] Gottwald S. A Treatise on Many-valued Logics. Baldock: Research Studies Press, 2000

[25] Hájek P. Metamathematics of Fuzzy Logic. Dordrecht: Kluwer Academic Publisher, 1995

[26] Turunen E. Mathematics Behind Fuzzy Logic. Berlin: Physica-Verlag, 1999

[27] Susanner-Platz S, Klement E P, Mesiar R. On extensions of triangular norms on bounded lattices. Indagationes Mathematicae, 2008, 19: 135-150

[28] Zhang D. Triangular norms on partially ordered sets. Fuzzy Sets and Systems, 2005, 153: 195-209

[29] Karaçal F, Khadjiev D. ∨-Distributive and infinitely ∨-distributive t-norms on complete lattices. Fuzzy Sets and Systems, 2005, 151: 341-352

[30] Chajda I, Halaš R, Mesiar R. On the decomposability of aggregation functions on direct products of posets. Fuzzy Sets and Systems, 2020, 385: 25-35

[31] De Baets B, Mesiar R. Triangular norms on product lattices. Fuzzy Sets and Systems, 1999, 104: 61-75

[32] Jenei S, De Baets B. On the direct decomposability of t-norms on product lattices. Fuzzy Sets and Systems, 2003, 139: 699-707

[33] Wang Z D, Fang J X. On the direct decomposability of pseudo-t-norms, t-norms and implication operators on product lattices. Fuzzy Sets and Systems, 2007, 158: 2494-2503

[34] Klement E P, Mesiar R, Pap E. Triangular Norms. Dordrecht: Kluwer Academic Publishers, 2000

[35] 覃峰. 聚合函数及其应用. 北京: 科学出版社, 2019

[36] Alsina C, Frank M J, Schweizer B. Associative Functions: Triangular Norms and Copulas. New Jersey: World Scientific Publishing, 2006

[37] Wang G J. On the logic foundation of fuzzy reasoning. Information Sciences, 1999, 117: 47-88

[38] Wang G J. Formalized theory of general fuzzy reasoning. Information Sciences, 2004, 160: 251-266

[39] Pei D W. R_0-implication: Characteristics and applications. Fuzzy Sets and System, 2002, 131: 297-302

[40] Fodor J C. Contrapositive symmetry of fuzzy implications. Fuzzy Sets and Systems, 1995, 69: 141-156

[41] Ling C M. Representation of associative functions. Publicationes Mathematicae Debrecen, 1965, 12: 189-212

[42] Marichal J L. On the associativity functional equation. Fuzzy Sets and Systems, 2000, 114: 381-389

[43] Marko J L, Mesiar R. Continuous Archimedean t-norms and their bounds. Fuzzy Sets and Systems, 2001, 121: 183-190

[44] Clifford A H. Naturally totally ordered commutative semigroups. American Journal of Mathematics, 1954, 76: 631-646

[45] Gabbay D, Metcalfe G. Fuzzy logics based on $[0, 1)$-continuous uninorms. Archive for Mathematical Logic, 2007, 46: 425-449

[46] Hájek P. Basic fuzzy logic and BL-algebras. Soft Computing, 1998, 2: 124-128

[47] Metcalfe G, Montagna F. Substructural fuzzy logics. Journal of Symbolic Logic, 2007, 72: 834-864

[48] Morsi N N. Propositional calculus under adjointness. Fuzzy Sets and Systems, 2002, 132: 91-106

[49] Novák V, Perfilieva I, Močkoř J. Mathematical Principles of Fuzzy Logic. Dordrecht: Kluwer Academic Publisher, 1999

[50] Pavelka J. On fuzzy logic I, II, III. Zeitschrift fur Mathematische Logik und Grundlagen der Mathematik, 1979, 25: 45-52; 119-134; 447-464

[51] Pei D W. On the strict logic foundation of fuzzy reasoning. Soft Computing, 2003, 8: 539-545

[52] Ying M S. Reasonable of the compositional rule of fuzzy inference. Fuzzy Sets and Systems, 1990, 36: 305-310

[53] Ying M S. A logic for approximate reasoning. Journal of Symbolic Logic, 1994, 59: 830-837

[54] Baczyński M, Beliakov G, Sola H B, et al. Advances in Fuzzy Implication Functions. Berlin: Springer, 2013

[55] Baczyński M, Jayaram B. Fuzzy Implications. Studies in Fuzziness and Soft Computing. Vol. 231. Berlin: Springer, 2008

[56] Bustince H, Burillo P, Soria F. Automorphisms, negations and implication operators. Fuzzy Sets and System, 2003, 134: 209-229

[57] Fodor J C. On fuzzy implication operators. Fuzzy Sets and Systems, 1991, 42: 293-300

[58] Mas M, Monserrat M, Torrens J, et al. A survey on fuzzy implication functions. IEEE Transaction on Fuzzy Systems, 2007, 15: 1107-1121

[59] Ouyang Y. On fuzzy implications determined by aggregation operators. Information Sciences, 2012, 193: 153-162

[60] Smets P, Magrez P. Implication in fuzzy Logic. International Journal of Approximate Reasoning, 1987, 1: 327-347

[61] De Baets B. Coimplicators, the forgotten connectives. Tatra Mountains Mathematical Publications, 1997, 12: 229-240

[62] Shi Y, Van Gasse B, Ruan D, et al. On dependencies and independencies of fuzzy implication axioms. Fuzzy Sets and Systems, 2010, 161: 1388-1405

[63] Baczyński M, Jayaram B. (S, N)- and R-implcations: A state-of-the art survey. Fuzzy Sets and Systems, 2008, 159: 1836-1859

[64] Aguiló I, Suñer J, Torrens J. A characterization of residual implications derived from left-continuous uninorms. Information Sciences, 2010, 180: 3992-4005

[65] Baczyński M. Residual implications revisited. Notes on the Smets-Magrez theorem. Fuzzy Sets and Systems, 2004, 145: 267-277

[66] Cignoli R, Esteva F, Godo L, et al. Basic fuzzy logic is the logic of left-continuous t-norms and their residual. Soft Computing, 2001, 4: 106-112

[67] Demirli K, De Baets B. Basic properties of implications in a residual framework. Tatra Mountains Mathematical Publications, 1999, 16: 31-46

[68] Durante F, Klement E P, Mesiar R, et al. Conjunctors and their residual implicators: Characterizations and construction methods. Mediterranean Journal of Mathematics, 2007, 4: 343-356

[69] Esteva F, Godo L. Monoidal t-norm based logic: Towards a logic for left continuous t-norm. Fuzzy Sets and Systems, 2001, 124: 271-288

[70] Esteva F, Godo L, Hájek P, et al. Residuated fuzzy logic with an involutive negation. Archive for Mathematical Logic, 2000, 39: 103-124

[71] Łukasik R. A note on the mutual independence of the properties in the characterization of residual fuzzy implications derived from left-continuous uninorms. Information Sciences, 2014, 260: 209-214

[72] Ovchinnikov S, Roubens M. On strict preference relations. Fuzzy Sets and Systems, 1991, 43: 319-326

[73] Ovchinnikov S, Roubens M. On fuzzy strict preference, indifference and incomparability relations. Fuzzy Sets and Systems, 1992, 47: 313-318

[74] Mas M, Monserrat M, Torrens J. QL-implications versus D-implications. Kybernetika, 2006, 42: 351-366

[75] Su Y, Wang Z D. Constructing implications and coimplications on a complete lattice. Fuzzy Sets and Systems, 2014, 247: 68-80

[76] Yager R R, Rybalov A. Uninorm aggregation operators. Fuzzy Sets and System, 1996, 80: 111-120

[77] Fodor J C, Yager R R, Rybalov A. Structure of uninorms. International Journal of Uncertainty, Fuzziness and Knowledge-Based Systems, 1997, 5: 411-427

[78] Calvo T, Mayor G, Mesiar R. Aggregation Operators: New Trends and Applications. Berlin: Springer, 2002

[79] Buchanan B G, Shortliffe E H. Rule-Based Expert Systems-The MYCIN Experiments of the Stanford Heuristic Programming Project. Reading, MA: Addison-Wesley, 1984

[80] De Baets B, Fodor J C. Van Melle's combining function in MYCIN is a representable uninorm: An alternative proof. Fuzzy Sets and System, 1999, 104: 133-136

[81] Benítez J M, Castro J L, Requena I. Are artificial neural networks black boxes? IEEE Transactions on Neural Networks, 1997, 8: 1156-1163

[82] Yager R R. Uninorms in fuzzy systems modeling. Fuzzy Sets and System, 2001, 122: 167-175

[83] Yager R R, Kreinovich V. Universal approximation theorem for uninorm-based fuzzy systems modelling. Fuzzy Sets and Systems, 2003, 140: 331-339

[84] Yager R R, Kreinovich V. On the relation between two approaches to combining evidence: Ordered Abelian groups and uninorms. Journal of Intelligent & Fuzzy Systems, 2003, 14: 7-12

[85] Benvenuti P, Mesiar R. Pseudo-arithmetical operations as a basis for the general measure and integration theory. Information Sciences, 2004, 160: 1-11

[86] Klement E P, Mesiar R, Pap E. Integration with respect to decomposable measures based on a conditionally distributive semiring on the unit interval. International Journal of Uncertainty, Fuzziness and Knowledge-Based Systems, 2000, 8: 701-717

[87] Pap E. Pseudo-additive measures and their applications// Pap E, eds. A Handbook of Measure Theory. Amsterdam: Elsevier, 2002: 1403-1468

[88] Bustince H, Mohedano V, Barrenechea E, et al. Definition and construction of fuzzy DI-subsethood measures. Information Sciences, 2006, 176: 3190-3231

[89] Bustince H, Pagola M, Barrenechea E. Construction of fuzzy indices from fuzzy DI-subsethood measures: Application to the global comparison of images. Information Sciences, 2007, 177: 906-929

[90] Yan P, Chen G. Discovering a cover set of ARsi with hierarchy from quantitative databases. Information Sciences, 2005, 173: 319-336

[91] Drewniak J, Drygas P. On a class of uninorms. International Journal of Uncertainty, Fuzziness and Knowledge-Based Systems, 2002, 10(suppl): 5-10

[92] Drygas P. Discussion of the structure of uninorms. Kybernetika, 2005, 41: 213-226

[93] Li Y M, Shi Z K. Remarks on uninorm aggregation operators. Fuzzy Sets and Systems, 2000, 114: 377-380

[94] Mas M, Massanet S, Ruiz-Aguilera D, et al. A survey on the existing classes of uninorms. Journal of Intelligent & Fuzzy Systems, 2015, 29: 1021-1037

[95] Drygas P. On the structure of continuous uninorms. Kybernetika, 2007, 43: 183-196

[96] Hu S K, Li Z F. The structure of continuous uninorms. Fuzzy Sets and System, 2001, 124: 43-52

[97] Ruiz D, Torrens J. Distributivity and conditional distributivity of a uninorm and a continuous t-conorm. IEEE Transcations Fuzzy Systems, 2006, 14: 180-190

[98] Dombi J. Basic concepts for a theory of evaluation: The aggregative operator. European Journal of Operational Research, 1981, 10: 282-293

[99] Klement E P, Mesiar R, Pap E. On the relationship of associative compensatory operators to triangular norms and conorms. International Journal of Uncertainty Fuzziness and Knowledge-Based Systems, 1996, 4: 129-144

[100] Li G, Liu H W. On a characterization of representable uninorms. Fuzzy Sets and System, 2021, 408: 57-64

[101] Fodor J C, De Baets B. A single-point characterization of representable uninorms. Fuzzy Sets and Systems, 2012, 202: 89-99

[102] Czogala E, Drewniak J. Associative monotonic operations in fuzzy set theory. Fuzzy Sets and System, 1984, 12: 249-269

[103] Mayor G, Martín J. Locally internal aggregation functions. International Journal of Uncertainty, Fuzziness and Knowledge-Based Systems, 1999, 7: 235-241

[104] Martín J, Mayor G, Torrens J. On locally internal monotonic operations. Fuzzy Sets and Systems, 2003, 137: 27-42

[105] Ruiz-Aguilera D, Torrens J, De Baets B, et al. Some remarks on the characterization of idempotent uninorms// Hüllermeier E, Kruse R, Hoffmann F, eds. Computational Intelligence for Knowledge-Based Systems Design, LNAI 6178. Berlin: Springer, 2010: 425-434

[106] De Baets B. Idempotent uninorms. European Journal of Operational Research, 1999, 118: 631-642

[107] Li G, Liu H W. Distributivity and conditional distributivity of a uninorm with continuous underlying operators over a continuous t-conorm. Fuzzy Sets and System, 2016, 287: 154-171

[108] Li G, Liu H W, Fodor J C. Single-point characterization of uninorms with nilpotent underlying t-norm and t-conorm. International Journal of Uncertainty, Fuzziness and Knowledge-Based Systems, 2014, 22: 591-604

[109] Drygas P. On properties of uninorms with underlying t-norm and t-conorm given as ordinal sums. Fuzzy Sets and System, 2010, 161: 149-157

[110] Drygas P, Ruiz-Aguilera D, Torrens J. A characterization of a class of uninorms with continuous underlying operators. Fuzzy Sets and System, 2016, 287: 137-153

[111] Su Y, Zong W, Drygas P. Properties of uninorms with the underlying operators given as ordinal sums. Fuzzy Sets and System, 2019, 357: 47-57

[112] Li W, Qin F, Zhao Y. A note on uninorms with continuous underlying operators. Fuzzy Sets and System, 2020, 386: 36-47

[113] Su Y, Qin F, Zhao B. On the inner structure of uninorms with continuous underlying operators. Fuzzy Sets and System, 2021, 403: 1-9

[114] Mesiarová-Zemánková A. Characterization of uninorms with continuous underlying t-norm and t-conorm by their set of discontinuity points. IEEE Transcations Fuzzy Systems, 2018, 26: 705-714

[115] Mesiarová-Zemánková A. Characterizing set-valued function of a uninorm with continuous underlying functions. Fuzzy Sets and System, 2018, 334: 83-93

[116] Karaçal F, Mesiar R. Uninorms on bounded lattices. Fuzzy Sets and Systems, 2015, 261: 33-43

[117] Karaçal F, Mesiar R. Aggregation functions on bounded lattices. International Journal of General Systems, 2017, 46: 37-51

[118] Çaylı G D, Karaçal F, Mesiar R. On a new class of uninorms on bounded lattices. Information Sciences, 2016, 367-368: 221-231

[119] Çaylı G D. A characterization of uninorms on bounded lattices by means of triangular

norms and triangular conorms. International Journal of General Systems, 2018, 47: 772-793

[120] Deschrijver G. Uninorms which are neither conjunctive nor disjunctive in interval-valued fuzzy set theory. Information Sciences, 2013, 244: 48-59

[121] Karaçal F, Ertuğrul Ü, Mesiar R. Characterization of uninorms on bounded lattices. Fuzzy Sets and Systems, 2017, 308: 54-71

[122] Çaylı G D. On the structure of uninorms on bounded lattices. Fuzzy Sets and Systems, 2019, 357: 2-26

[123] Zhang H P, Wu M X, Wang Z D, et al. A characterization of the classes Umin and Umax of uninorms on a bounded lattice. Fuzzy Sets and Systems, 2021, 423: 107-121

[124] Hua X J, Ji W. Uninorms on bounded lattices constructed by t-norms and t-subconorms. Fuzzy Sets and Systems, 2022, 427: 109-131

[125] Aşıcı E. Uninorms on bounded lattices with the underlying t-norms and t-conorms. Fuzzy Sets and Systems, 2020, 395: 107-129

[126] Aşıcı E, Mesiar R. On the construction of uninorms on bounded lattices. Fuzzy Sets and Systems, 2022, 427: 109-131

[127] Çaylı G D. Uninorms on bounded lattices with the underlying t-norms and t-conorms. Fuzzy Sets and Systems, 2020, 395: 107-129

[128] Çaylı G D, Karaçal F. Construction of uninorms on bounded lattices. Kybernetika, 2017, 53: 394-417

[129] Dan Y X, Hu B Q. A new structure for uninorms on bounded lattices. Fuzzy Sets and Systems, 2020, 386: 77-94

[130] Dan Y X, Hu B Q, Qiao J S. New constructions of uninorms on bounded lattices. International Journal of Approximate Reasoning, 2019, 110: 185-209

[131] Ji W. Constructions of uninorms on bounded lattices by means of t-subnorms and t-subconorms. Fuzzy Sets and Systems, 2021, 403: 38-55

[132] Ouyang Y, Zhang H P. Constructing uninorms via closure operators on a bounded lattice. Fuzzy Sets and Systems, 2020, 395: 93-106

[133] Xie A, Li S. On constructing the largest and smallest uninorms on bounded lattices. Fuzzy Sets and Systems, 2020, 386: 95-104

[134] Çaylı G D. New methods to construct uninorms on bounded lattices. International Journal of Approximate Reasoning, 2019, 115: 254-264

[135] Çaylı G D. Alternative approaches for generating uninorms on bounded lattices. Information Sciences, 2019, 488: 111-139

[136] Baczyński B, Jayaram B. (U, N)-implications and their characterizations. Fuzzy Sets and Systems, 2009, 160: 2049-2062

[137] Zhou H J, Liu X. Characterizations of (U, N)-implications generated by 2-uninorms and fuzzy negations from the point of view of material implication. Fuzzy Sets and Systems, 2020, 378: 79-102

[138] De Baets B, Fodor J C. Residual operators of uninorms. Soft Computing, 1999, 3: 89-100

[139] Ruiz-Aguilera D, Torrens J. Residual implications and co-implications from idempotent uninorms. Kybernetiaka, 2004, 40: 21-38

[140] Su Y, Wang Z D. Deresiduums of implications on a complete lattice. Information Sciences, 2015, 325: 504-520

[141] Jayaram B. On the law of importation $(x \wedge y) \rightarrow z \equiv (x \rightarrow (y \rightarrow z))$ in fuzzy logic. IEEE Transactions on Fuzzy Systems, 2008, 16: 130-144

[142] Mas M, Monserrat M, Torrens J. A characterization of (U, N), RU, QL and D-implications derived from uninorms satisfying the law of importation. Fuzzy Sets and Systems, 2010, 161: 1369-1387

[143] Massanet S, Ruiz-Aguilera D, Torrens J. Characterization of a class of fuzzy implication functions satisfying the law of importation with respect to a fixed uninorm (Part I). IEEE Transations on Fuzzy Systems, 2018, 26: 1983-1994

[144] Massanet S, Ruiz-Aguilera D, Torrens J. Characterization of a class of fuzzy implication functions satisfying the law of importation with respect to a fixed uninorm (Part II). IEEE Transations on Fuzzy Systems, 2018, 26: 1995-2003

[145] Massanet S, Torrens J. The law of importation versus the exchange principle on fuzzy implications. Fuzzy Sets and Systems, 2011, 168: 47-69

[146] Su Y, Liu H W. Characterizations of residual coimplications of pseudo-uninorms on a complete lattice. Fuzzy Sets and Systems, 2015, 261: 44-59

[147] Baczyński B, Jayaram B. Intersections between some families of (U, N)-implications and RU-implications. Fuzzy Sets and Systems, 2011, 167: 30-44

[148] Mas M, Monserrat M, Torrens J. Two types of implications derived from uninorms. Fuzzy Sets and Systems, 2007, 158: 2612-2626

[149] Mas M, Monserrat M, Torrens J. On left and right uninorms. International Journal of Uncertainty, Fuzziness and Knowledge-based Systems, 2001, 9: 491-507

[150] Mas M, Monserrat M, Torrens J. On left and right uninorms on a finite chain. Fuzzy Sets and Systems, 2004, 146: 3-17

[151] Su Y, Wang Z D, Tang K M. Left and right semi-uninorms on a complete lattice. Kybernetika, 2013, 49: 948-961

[152] Liu H W. Semi-uninorms and implications on a complete lattice. Fuzzy Sets and Systems, 2012, 191: 72-82

[153] Hao X Y, Niu M X, Wang Z D. The relations between implications and left (right) semi-uninorms on a complete lattice. International Journal of Uncertainty, Fuzziness and Knowledge-Based Systems, 2015, 23: 245-261

[154] Hao X Y, Niu M X, Wang Y, et al. Constructing conjunctive left (right) semi-uninorms and implications satisfying the neutrality principle. Journal of Intelligent & Fuzzy Systems, 2016, 31: 1819-1829

[155] Wang Z D, Wang Y, Niu M X, et al. Constructing strict left (right)-disjunctive left

(right) semi-uninorms and coimplications satisfying the order property. Fuzzy Sets and Systems, 2017, 323: 79-93

[156] Wang Z D, Fang J X. Residual operations of left and right uninorms on a complete lattice. Fuzzy Sets and Systems, 2009, 160: 22-31

[157] Wang Z D, Fang J X. Residual coimplicators of left and right uninorms on a complete lattice. Fuzzy Sets and Systems, 2009, 160: 2086-2096

[158] Sun F, Wang X P, Qu X B, et al. Residual operations of monotone binary operations over complete lattices. International Journal of Approximate Reasoning, 2019, 110: 127-144

[159] Niu M X, Hao X Y, Wang Z D. Relations among implications, coimplications and left (right) semi-uninorms. Journal of Intelligent & Fuzzy Systems, 2015, 29: 927-938

[160] Wang Z D. Left (right) semi-uninorms and coimplications on a complete lattice. Fuzzy Sets and Systems, 2016, 287: 227-239

[161] Wang Z D, Niu M X, Hao X Y. Constructions of coimplications and left (right) semi-uninorms on a complete lattice. Information Sciences, 2015, 317: 181-195

[162] Wang Z D, Wang Y, Tang K M. Strict left (right)-conjunctive left (right) semi-uninorms and implications satisfying the order property. Applied and Computational Mathematics, 2017, 6(1): 45-53

索　引

《模糊数学与系统及其应用丛书》已出版书目

（按出版时间排序）